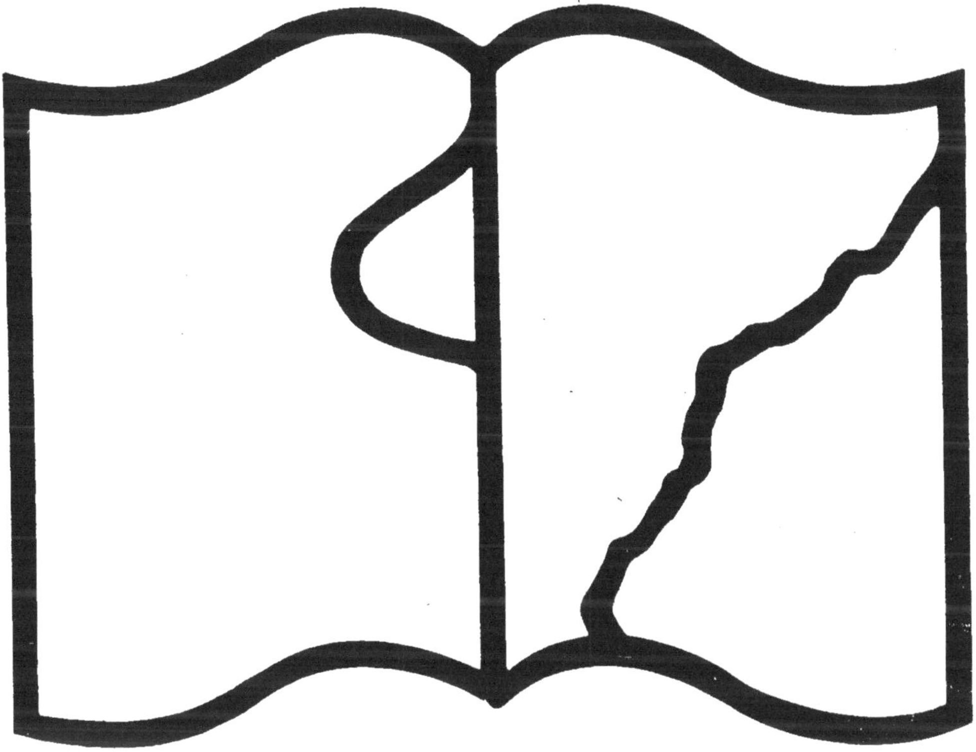

Texte détérioré — reliure défectueuse

NF Z 43-120-11

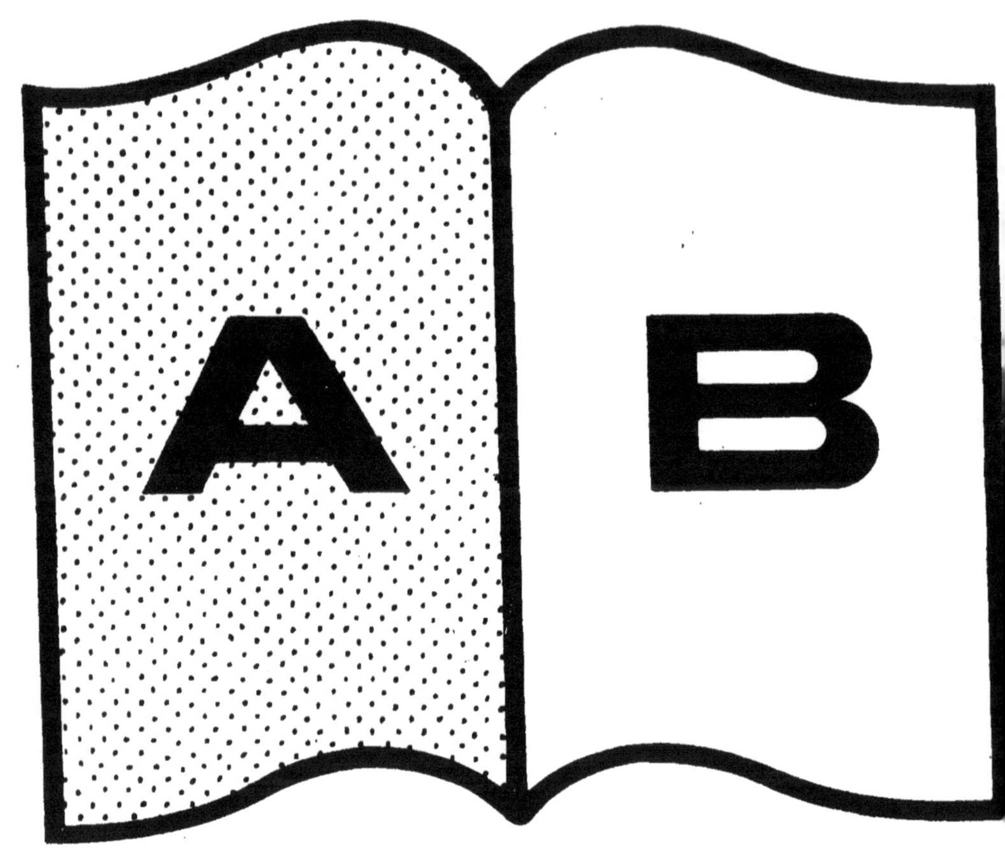

Contraste insuffisant

NF Z 43-120-14

VADE-MECUM

DU

PIQUEUR DES PONTS-ET-CHAUSSÉES,

DU CANAL DU MIDI ET DES CHEMINS DE FER,

OUVRAGE DESTINÉ A SERVIR AUX GENS DU MONDE;

PAR

Arthur de GEOFFROY,

PIQUEUR DU CANAL DU MIDI.

MONTPELLIER,

Typographie de Pierre Grollier, rue Blanquerie, 1.

1852.

V

VADE-MECUM

DU

PIQUEUR DES PONTS-ET-CHAUSSÉES,

DU CANAL DU MIDI ET DES CHEMINS DE FER;

PAR

M. Arthur de GEOFFROY,

PIQUEUR DU CANAL DU MIDI.

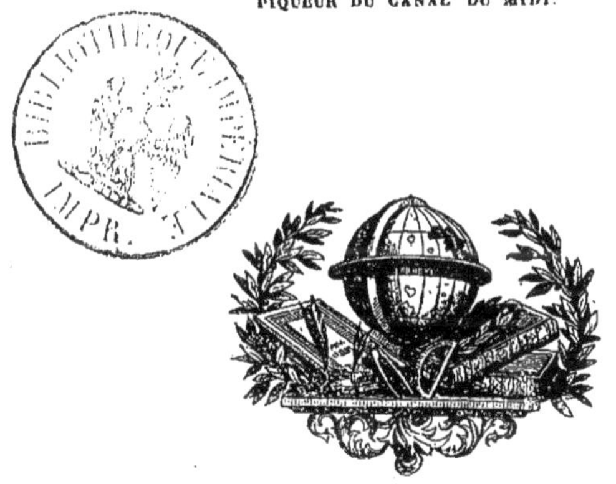

MONTPELLIER,

Typographie de Pierre Grollier, rue Blanquerie, 1.

1852.

A MON PÈRE,

A MA MÈRE,

A MES FRÈRES ET SŒURS,

A MES AMIS.

Marque d'attachement et de bonne amitié.

ARTHUR DE GEOFFROY.

Agde, le 12 août 1852.

PRÉFACE.

Cet ouvrage est divisé en 5 parties : la 1re contient les subdivisions mathématiques ; la 2me la levée des plans ; la 3me les travaux ; la 4me l'architecture ; la 5me, enfin, les connaissances diverses ou abrégé d'Astronomie, de Physique, de Chimie, etc.

Dans ces cinq parties nous avons omis à dessein tout ce qui ne convient qu'au petit nombre de personnes qui veulent en faire une étude spéciale ; et, comme nous l'avons déjà dit autre part, notre but a été de présenter à ceux qui nous liront des connaissances généralement utiles et applicables à ce qu'il y a de plus usuel dans le cours de la vie. Avons-nous réussi ? Nous laissons à nos lecteurs le soin de répondre. Nous ne désirons qu'une seule chose ; c'est que des personnes plus expérimentées que nous veuillent bien redresser les erreurs que nous aurions pu faire dans notre travail. S'il en est quelques-unes qui en prennent la peine, nous serons satisfait ; car nous aurons été lu et étudié.

Ar DE GEOFFROY.

VADE-MECUM DU PIQUEUR.

LIVRE PREMIER.

MATHÉMATIQUES.

§ Ier

NOTIONS GÉNÉRALES D'ARITHMÉTIQUE.

L'Arithmétique est la science des nombres. Le *nombre* indique de combien d'unités ou de parties d'unités se compose une quantité. Les nombres sont *abstraits* ou *concrets*. Quand on énonce un nombre sans désigner l'espèce des unités, c'est un nombre abstrait ; dans le cas contraire, c'est un nombre concret.

La *Numération* est l'art d'exprimer tous les nombres par certains signes ou caractères qui s'appellent *chiffres ;* il y en a dix que voici, ainsi que leurs noms :

0,	1,	2,	3,	4,	5,	6,	7,	8,	9.
zéro,	un,	deux,	trois,	quatre,	cinq,	six,	sept,	huit,	neuf.

Tous ceux qui nous liront savent comment on les

combine pour exprimer les nombres. Nous allons traiter des quatre règles dites *règles fondamentales*. Elles sont ainsi désignées, parce qu'elles sont la base de tous les calculs mathématiques.

ADDITION.

L'Addition a pour objet de réunir plusieurs nombres en un seul, qu'on appelle *somme* ou *total*.

On commence l'addition par les chiffres de la première colonne à droite, afin que, dans les nombres entiers, on puisse porter les dizaines qui proviennent de l'addition des unités à la colonne des dizaines; les centaines qui proviennent de la colonne des dizaines à celle des centaines, ainsi de suite.

Exemple :	24673
	32743
TOTAL.	57416

SOUSTRACTION.

La Soustraction a pour but de retrancher un nombre d'un autre plus grand. Le résultat de cette opération s'appelle *reste*, *excès* ou *différence*.

Pour faire une soustraction, on écrit le nombre à soustraire au-dessous de l'autre, de manière que les unités du même ordre se correspondent. On retranche successivement, en commençant par la droite, chaque chiffre inférieur de son correspondant supérieur, et l'on écrit le reste au-dessous ou zéro s'il n'y en a pas. Si le chiffre inférieur est plus grand que le supérieur, on ajoute à celui-ci dix unités pour rendre la soustraction possible ; et lorsqu'on passe à la colonne suivante, on a le soin de diminuer le chiffre supérieur des dix unités qu'on en a prises. Soit :

```
 802617
 254872
 ------
 547745
```

MULTIPLICATION.

La Multiplication sert à reproduire un nombre donné autant de fois qu'il y a d'unités dans un autre nombre.

Le nombre reproduit s'appelle *multiplicande;* celui qui indique combien de fois on doit le reproduire, *multiplicateur ;* ces deux termes s'appellent aussi *facteurs* et le résultat *produit.*

Pour multiplier deux nombres, il faut placer le multiplicateur au-dessous du multiplicande ; puis on multiplie successivement chaque chiffre du multiplicande par chaque chiffre du multiplicateur, en plaçant le chiffre de chaque produit partiel au-dessous de celui par lequel on aura multiplié ; faisant ensuite la somme de ces produits partiels, on obtiendra le produit total. Soit :

```
  1857
    32
  ----
  3714
 5571
 -----
 59424
```

Nous nous dispenserons de rapporter ici la table de Pythagore. Ceux à qui nous nous adressons la connaissent assez ; il n'est donc pas nécessaire de s'y arrêter.

DIVISION.

Avec la Division on détermine combien de fois un nombre est compris dans un autre.

Le nombre à diviser s'appelle *dividende ;* celui par lequel on divise prend le nom de *diviseur :* le résultat de l'opération se dit *quotient.*

Pour faire une Division, on dispose les nombres comme ci-dessous :

```
Dividende.  Diviseur.
  13342   {  529
  1058    }-----
  -----   {  25    quotient.
   2762
   2645
  -----
    117
```

Puis on prend sur la gauche du dividende un nombre de chiffres assez grand pour contenir le diviseur. On cherche combien de fois cette partie du dividende contient le diviseur, et l'on a le premier chiffre du quotient qui, dans l'exemple ci-dessus, est 2. On multiplie le diviseur par ce chiffre, l'on retranche le produit du dividende et l'on a un premier reste. A côté de ce reste on descend le chiffre suivant, et l'on a ainsi un second dividende partiel, sur lequel on opère comme sur le premier, et ainsi de suite.

On juge qu'un chiffre placé au quotient est trop fort, lorsque le produit de ce chiffre par le diviseur n'est point contenu dans le dividende ; et qu'il est trop faible, lorsque le reste de la soustraction contient encore le diviseur.

Preuve des quatre opérations précédentes.

Pour vérifier l'exactitude des règles ci-dessus, l'on emploie certaines manières d'opérer que l'on appelle *preuves*.

La preuve de l'*addition* se fait en commençant l'opération par la gauche ; on soustrait successivement de la *somme* le produit de chaque colonne. A la dernière, on doit trouver pour reste zéro, ce qui prouve que l'addition est bonne. *Ex.* :

Addition.	*Preuve.*
2560	2560
2780	2780
3224	3224
8564	8564
	1100

Pour faire la preuve de la *soustraction*, il suffit d'additionner le reste avec le nombre retranché et l'on aura le plus grand nombre.

La preuve de la *multiplication* par une autre multiplication se fait de la manière suivante : on additionne séparément les chiffres du multiplicande, du multiplicateur et du produit ; on retranche de ces additions autant de fois neuf quelles en contiennent et l'on compare les trois restes. Si la multiplication a été bien faite, le troisième reste doit être égal au produit des deux premiers, diminué de tous les neuf qu'il peut contenir :

$$\begin{array}{r} 560 = 11 - 9 = 2 \quad 2 \times 6 = 12 - 9 = 3 \\ 24 = 6 \qquad\quad 6 \qquad\qquad\qquad\qquad\quad \\ \hline 2240 \qquad\qquad\qquad\qquad\qquad\qquad \\ 1120 \qquad\qquad\qquad\qquad\qquad\qquad \\ \hline 13440 = 12 - 9 = 3 \text{ (1).} \end{array}$$

Donc, 3 étant le chiffre commun, l'opération est bonne.

Enfin, on prouve l'exactitude de la *division* si, en multipliant le diviseur par le quotient, et ajoutant à ce produit le reste s'il y en a, on obtient le dividende.

FRACTIONS.

Les fractions sont des parties d'unité divisées en un nombre de parties égales. Ainsi, un tiers, un cinquième signifie qu'un objet a été divisé en trois, en cinq parties dont on ne prend qu'une seule. On les écrit ainsi : $\frac{1}{3}$ $\frac{1}{5}$. Le chiffre supérieur s'appelle *numérateur*, l'inférieur *dénominateur*. On les nomme aussi *termes de la fraction*.

On multiplie une fraction en multipliant le numérateur ou en divisant le dénominateur. On la divise en opérant en sens contraire. Elle ne change pas de valeur si l'on opère sur les deux termes d'une même manière.

Quand on opère sur les fractions, il faut fréquemment en réduire plusieurs à un même dénominateur. Pour faire cette opération, il faut : 1° chercher le plus petit multiple des dénominateurs en réduisant les fractions, puis en composant un nombre qui contienne tous les dénominateurs réduits ;

(1) *Explication des signes.* + plus ; — moins ; = égal, × multiplié ; : divisé par.

2° Ce dénominateur commun obtenu, on le divisera par celui de chaque fraction à transformer, et le quotient sera le nombre par lequel on multipliera les deux termes, et ainsi toutes les fractions indiqueront des parties d'unité de même importance.

Pour additionner des fractions, on les réduit au même dénominateur et on fait la somme des numérateurs :

$$\frac{2}{5}+\frac{2}{3}=\frac{6}{15}+\frac{10}{15}=\frac{\begin{array}{r}6\\10\\\hline 16\end{array}}{15}$$

Pour soustraire, on opère de même préliminairement, et l'on soustrait les numérateurs l'un de l'autre n'oubliant pas de donner toujours le dénominateur commun :

$$\frac{50}{40}-\frac{25}{48}=\frac{2400}{288}-\frac{150}{288}=\frac{2250}{288}$$

Pour multiplier, on fera le produit des numérateurs et l'on écrira dessous celui des dénominateurs :

$$\frac{25}{30}\times\frac{15}{20}=\frac{375}{600}$$

Pour diviser par une fraction, il faut multiplier la fraction dividende par la fraction diviseur renversée ; soit $^3/_4$ à diviser par $^7/_8$, nous aurons $^3/_4 \times \frac{8}{7}$:

$$^3/_4\times\frac{8}{7}=\frac{24}{28}$$

La réduction d'un entier en fraction se fait en multipliant l'entier par le dénominateur donné ; le produit exprime le numérateur de la fraction demandée.

L'extraction des entiers contenus dans une expression

fractionnaire se fait en divisant le numérateur par le dénominateur ; le quotient donnera les entiers cherchés ; le reste, s'il y en a, sera le numérateur d'une fraction irréductible.

FRACTIONS DÉCIMALES.

Les décimales ne sont que des fractions composées de parties qui sont de dix en dix fois plus petites que l'unité.

Le principe de la numération s'applique aux fractions décimales. Si l'unité placée à la gauche d'un chiffre vaut 10 fois plus que celle-ci, il est évident que placée à la droite elle vaut 10 fois moins. Ainsi, les fractions décimales trouvent naturellement leur place à la droite de l'unité. On les écrit dans leur ordre de décroissement en les séparant par une virgule des unités entières.

Addition, Soustraction, Multiplication et Division des décimales.

L'addition des décimales se fait comme celle des nombres entiers. Il faut faire correspondre les unités ou les parties d'unités du même ordre et séparer à la *somme,* par une virgule, autant de décimales qu'il s'en trouve dans le nombre qui en a le plus :

$$\begin{array}{r} 47,502 \\ 44,629 \\ \hline 92,131 \end{array}$$

La soustraction des décimales s'opère comme celle

des nombres entiers ; seulement, pour faciliter l'application de la règle, on rend le nombre des décimales égal dans les deux nombres, en plaçant des zéros à la droite de celui qui en a le moins, et, la soustraction terminée, on place au *reste* une virgule dans la colonne où se trouvent les virgules des nombres proposés :

$$\begin{array}{r} 25,722 \\ 22,312 \\ \hline 3,410 \end{array}$$

La multiplication s'effectue sans faire attention aux virgules des deux facteurs ; mais on sépare ensuite, sur la droite du produit, autant de décimales qu'il y en a dans les facteurs :

$$\begin{array}{r} 46,294 \\ 75 \\ \hline 231470 \\ 324058 \\ \hline 3472,050 \end{array}$$

La division des décimales présente deux cas : 1° lorsque le dividende et le diviseur ont le même nombre de décimales, on fait abstraction de la virgule de part et d'autre ; puis on les divise l'un par l'autre et le quotient sera le quotient exact, puisque les deux facteurs n'ont point été changés l'un par rapport à l'autre.

2° Lorsque le nombre des décimales n'est pas le même, on écrit à la droite de celui qui en a le moins autant de zéros qu'il lui en manque ; puis on opère comme dans le cas précédent :

$$\begin{array}{r|l} 17764 & 4200 \\ \cline{2-2} 964 & 4+\frac{964}{4200} \end{array}$$

Pour réduire une fraction ordinaire en décimale, il faut écrire à la droite du numérateur, autant de zéros qu'on veut avoir de chiffres décimaux et le diviser par le dénominateur ; on sépare du quotient autant de décimales qu'on a placé de zéros au numérateur, et l'on met au quotient, à la place des unités, un zéro suivi d'une virgule.

Pour réduire les décimales en fractions ordinaires, il suffit de retrancher le zéro qui tient la place des unités et la virgule, et de donner pour dénominateur, au nombre des décimales, l'unité suivie d'autant de zéros qu'il y a de chiffres.

SYSTÈME MÉTRIQUE.

Le Système métrique est l'ensemble des diverses unités métriques dont on se sert pour évaluer les grandeurs de toute espèce. On distingue six unités-mesures : longueur, superficie, solidité, capacité, poids et monnaies. Nous allons seulement nous occuper des mesures de longueur, superficie et poids ; ces dernières se rattachant plus particulièrement à notre travail.

Mesure de longueur. — Le mètre est la mesure fondamentale du système métrique. Il vaut la dix-millionnième partie du pôle à l'équateur (2250 lieues, comptées sur le méridien de Paris). Il est 3 pieds, 11 lignes $\frac{296}{1000}$ des anciennes mesures.

Pour composer des mesures plus grandes ou des multiples, on ajoute au nom de l'unité principale les expressions initiales *déca* (dix), *hecto* (cent), *kilo* (mille), *myria* (dix mille); et pour des mesures plus petites ou des subdivisions, *deci* (dixième), *centi* (centième), *milli* (millième).

La toise ordinaire, évaluée en mètres, vaut 1 mètre 95 centimètres; augmentée de 5 centimètres, elle forme la toise métrique, double du mètre. La toise ordinaire se divise en 6 pieds, le pied en 12 pouces, le pouce en 12 lignes, la ligne en 12 points.

Mesure de superficie. — L'unité de superficie se nomme *are*; c'est un décamètre carré. L'are contient donc 100 mètres carrés. Les seuls multiples de l'are qui soient en usage sont l'*hectare* et le *myriare;* et la subdivision, *centiare*.

Mesure de poids. — L'unité de poids est le *gramme*. Le poids du gramme égale celui d'un centimètre cube d'eau pure. Les seuls multiples sont le *décagramme*, l'*hectogramme*, le *kilogramme*, le *myriagramme;* et les subdivisions, le *décigramme*, le *centigramme*, et le *milligramme*.

Mesures effectives de longueur.

Les mesures effectives de longueur autorisées sont :

1° Le *double-décamètre* ou 20 mètres;

2° Le *décamètre* (chaîne ordinaire d'arpenteur) ou 10 mètres;

3° Le *demi-décamètre;*

4° Le *double-mètre;*

5° Le *mètre ;*

6° Le *demi-mètre ;*

7° Le *double-décimètre ;*

8° Le *décimètre.*

Ces mesures peuvent être établies dans la forme qui convient le mieux aux usages auxquels on les destine ; voici les plus usitées :

1° Les *doubles décamètres*, les *décamètres* et les *demi-décamètres*, formés en tiges de fer réunies par des anneaux, ou en une bande de toile sur laquelle se trouvent imprimées les divisions et subdivisions. Cet instrument, quoique plus commode que le précédent, n'offre pas, d'après nous, la même exactitude.

2° Les *doubles-mètres en bois*, divisés en décamètres et en centimètres.

Ces deux mesures sont particulièrement employées par les arpenteurs, les architectes et les ingénieurs ;

3° Les *mètres en bois* en forme de règle plate ;

4° Les *mètres brisés* en bois, en baleine, en os, en ivoire, etc. ; ils sont formés de deux, de cinq ou de dix parties ;

5° Les *doubles décimètres* et les décimètres en bois, en cuivre, en ivoire, sont les deux mesures employées pour rapporter, d'après l'échelle, un plan sur le papier.

PUISSANCES ET RACINE.

On appelle *puissances* d'un nombre les produits de ce nombre indéfiniment multiplié par lui-même ; et *racine*, la quantité qui sert de facteur à toutes ces puissances.

Tout nombre est considéré comme sa première puissance ; multiplié par lui-même, il fournit sa deuxième puissance ou son carré ; multiplié deux fois par lui-même, il produit sa troisième puissance ou son *cube*. La racine est *carrée* ou *cubique* suivant qu'elle a été élevée à la deuxième ou à la troisième puissance.

Le carré d'un nombre se compose de 3 parties : 1° le carré des dizaines ; 2° le double produit des dizaines par les unités ; 3° enfin, le carré des unités.

Soit à composer le carré de 25, ce carré est 625. En effet, $25 = 20 + 5$; or,

1° Le carré des dizaines est...	$20 \times 20 = 400$
2° Le double produit des dizaines par les unités.......	$2 \times 20 \times 5 = 200$
3° Le carré des unités.......	$5 \times 5 = 25$
	625

Nous allons donner le carré des 9 nombres simples.

1	2	3	4	5	6	7	8	9
1	4	9	16	25	36	49	64	81.

Extraction de la racine carrée.

Pour extraire la racine carrée d'un nombre, il faut d'abord le diviser en tranches de deux chiffres chacune, en allant de droite à gauche ; la dernière à gauche pourra n'en contenir qu'un ; on examinera ensuite quel est le plus grand carré contenu dans cette tranche à gauche, on posera la racine à droite du nombre proposé et on le séparera par un trait; on élève cette racine au carré pour la soustraire de la tranche qui l'a formée; on écrit le reste au-dessous, et l'on abaisse la tranche suivante; on en sépare le dernier chiffre par un point, et l'on divise la partie restante à gauche par le double de la racine trouvée; le quotient est le second chiffre de la racine. On écrit de nouveau ce chiffre à la droite du nombre diviseur, et l'on multiplie le tout par ce même chiffre. On retranche le produit de ce nombre total formé par l'abaissement de la seconde tranche, et près du second reste on abaisse la tranche suivante. On fait pour le troisième et quatrième chiffre, s'il y en a, ce qu'on a fait pour trouver le second.

Soit à extraire la racine carrée de 4096.

40.96	64
49.6	124

Si après avoir fait la division, il restait un nombre qui égale deux fois plus 1 celui qui est à la racine, ce serait une preuve que le dernier chiffre qu'on y a mis est trop faible.

La preuve de cette opération se fait en multipliant la racine trouvée par elle-même et ajoutant le reste au produit; le total doit égaler le nombre dont on a extrait la racine.

Si l'on veut avoir des décimales, il faut ajouter à ce reste autant de fois deux zéros que l'on cherche de chiffres décimaux à la racine.

RACINE CUBIQUE.

Le cube d'un nombre est, comme nous l'avons déjà vu, le produit de ce nombre multiplié deux fois de suite par lui-même.

Le cube d'un nombre qui contient des dizaines et des unités renferme 4 parties, savoir : 1° Le cube des dizaines ; 2° le triple carré des dizaines par les unités ; 3° le triple carré des unités par les dizaines ; 4° enfin, le cube des unités.

Soit à composer le cube de 25, ce cube est 15625. En effet, $25 = 20 + 5$; or,

1° le cube des dizaines est..	$20 \times 20 \times 20 = 8000$
2° le triple carré des dizaines par les unités........	$3 \times 20 \times 20 \times 5 = 6000$
3° le triple carré des unités par les dizaines......	$3 \times 5 \times 5 \times 20 = 1500$
4° le cube des unités......	$5 \times 5 \times 5 = 125$
	15625

Il est bon de connaître le cube des 9 nombres simples.

1	2	3	4	5	6	7	8	9
1	8	27	64	125	216	343	512	729.

Extraction de la racine cubique.

Pour extraire la racine cubique d'un nombre, on partage ce nombre de droite à gauche en tranches de trois chiffres. On extrait la racine du plus grand cube contenu dans la première tranche à gauche, et l'on écrit cette racine à côté du nombre proposé dont on le sépare par un trait. On élève cette racine au cube pour la soustraire de la tranche qui l'a fournie; on écrit le reste au-dessous, et l'on abaisse la tranche suivante. On en sépare les deux derniers chiffres par un point, et l'on divise la partie restant à gauche par le triple carré de la racine trouvée; le quotient est le second chiffre de la racine. On fait le cube des deux chiffres trouvés, et, le soustrayant du nombre formé par les deux premières tranches, on abaisse à côté du reste la tranche suivante. On sépare les deux derniers chiffres de ce nombre, et l'on divise la partie restant à gauche par le triple carré des deux chiffres de la racine; le quotient en est le troisième. On fait, pour trouver le quatrième, ce qu'on a fait pour le troisième, et l'on continue de la même manière jusqu'à l'entier épuisement des tranches.

Soit donc proposé d'extraire la racine cubique de 110592 :

110.592	48
465.92	
00 00	

Si après avoir trouvé le dernier chiffre de la racine et avoir fait la vérification pour ce chiffre, on avait encore un reste qui contînt trois fois le carré du nombre posé à la racine + trois fois ce nombre + l'unité, ce serait une preuve que le dernier chiffre posé à la racine serait trop faible.

PROPORTIONS.

L'on nomme *rapport* le résultat de la comparaison de deux quantités, et lorsque quatre quantités sont telles que le rapport des deux premières est le même que celui des deux dernières, elles forment une *proportion*.

On distingue deux sortes de proportions : la *proportion arithmétique* ou *équidifférence* et la *proportion géométrique*. Le premier et le dernier terme d'une proportion se nomment *extrêmes ;* le second et le troisième, *moyens*.

La propriété des proportions par différence est que la somme des extrêmes est égale à celle des moyens.

Celles des proportions par quotient sont les suivantes :

1° Le produit des moyens est égal au produit des extrêmes :

$$2 : 4 :: 3 : 6 = 3 \times 4 = 12 \quad 6 \times 2 = 12.$$

2° Si l'on ajoute chaque conséquent à son antécédent ou si on l'en retranche, la proportion est la même.

12 : 10 :: 48 : 40. La différence des deux premiers rapports est 2 (12 — 10 = 2); celle des deux termes du second est 8 (48 — 40 = 8); donc, on a 2 : 10 :: 8 : 40. Il est évident que ces quatre termes forment une proportion.

3° La somme des antécédents est à la somme des conséquents comme un antécédent est à son conséquent.

Soit la proportion 4 : 2 :: 6 : 3 ; on peut changer

les moyens de place et écrire $4 : 6 :: 2 : 3$; on peut ensuite ajouter chaque conséquent à son antécédent, et l'on aura $4 + 6 : 2 + 3 :: 6 : 3$.

4° Si l'on multiplie ou si l'on divise l'un des rapports ou tous les deux par un même nombre, la raison ne sera pas changée.

5° Si l'on multiplie ou si l'on divise les deux antécédents ou les deux conséquents par un même nombre, la proportion ne sera pas changée.

6° Quand on multiplie deux proportions terme à terme, les produits forment une proportion.

RÈGLE DE TROIS.

La règle *de trois* et la règle *d'intérêt* étant les proportions les plus importantes, nous renverrons nos lecteurs, pour toutes les autres, aux différents traités spéciaux d'arithmétique, nous contentant de parler ici de celles ci-dessus désignées, comme se rattachant plus particulièrement à notre travail.

La règle de trois est une opération à laquelle donne lieu l'énoncé d'un problème qui renferme quatre termes dont trois seulement sont connus, et qui servent pourtant à trouver le quatrième.

Ainsi le problème suivant : 6 hommes ayant fait 42 mètres d'ouvrage, combien 10 hommes en feront-ils durant le même espace de temps, renferme une règle de trois.

Divisant le produit des moyens par l'extrême connu, j'aurai :

$$6 : 42 :: 10 : x = \frac{420}{6} = 70.$$

Donc, x égale 70 mètres.

Il y a plusieurs sortes de règles de trois :

Règle de trois simple ; règle de trois composée.

Nous avons donné un exemple de la règle de trois simple.

Faisons-en de même pour la seconde.

La règle de trois composée est celle dans laquelle plusieurs quantités concourent à former un même antécédent ou un même conséquent.

Soit : 6 hommes en 24 jours, travaillant 8 heures par jour, ont fait 456 mètres d'ouvrage ; on demande combien en feront 5 hommes en 20 jours, travaillant 10 heures par jour.

Dans ce problème, 6 hommes, en 24 jours, feront 144 journées, lesquelles, à raison de 8 heures, font 1152 heures ; c'est en 1152 heures qu'on aura fait 456 mètres d'ouvrage. Dans le second rapport, 5 hommes, pendant 20 jours, feront 100 journées à raison de 10 heures, = 1000 heures ; ce qui revient à cette solution : $6 \times 24 \times 8 : 456 :: 5 \times 20 \times 10 : x$, ou $1152 : 456 :: 1000 : x$, par où l'on voit que les hommes, les jours et les heures, dans chaque rapport, ont concouru à former l'antécédent.

RÈGLE D'INTÉRÊT.

La règle d'intérêt est une opération par laquelle on trouve le profit d'une somme placée à un denier quelconque, ou à tant pour cent par an.

Voici la formule pour la règle d'intérêt simple. Mais il est bon de savoir avant que le *capital* est l'argent placé, le *denier* le profit exigé, et la *rente* le profit total.

Or donc, je dis :

$$D : T :: C : R,$$

Qu'on lit : Le denier est au temps comme le capital est à la rente.

Quelle sera la rente annuelle de 5000 fr. placés au denier 20 ou à 5 fr. pour cent?

$$20 : 1 :: 5000 : x = 250 \text{; en effet, } \frac{5000 \times 1}{20} = 250$$

On peut aussi se servir de la formule suivante : 100 est à tant pour cent comme le capital est à la rente.

Un commis-voyageur place à intérêt, avant un voyage, une somme de 3850 fr. à 5 p. 100 par an, à combien s'élèvera son intérêt?

$$100 : 5 :: 3850 : x = 192.50$$

$$\frac{3850 \times 5}{100} = 192.50$$

FIN DE L'ARITHMÉTIQUE.

§ II.

NOTIONS GÉNÉRALES DE GÉOMÉTRIE USUELLE.

PRÉLIMINAIRES.

La Géométrie, comme l'indique son nom grec, a été primitivement l'art de *mesurer la terre*. On l'a appliquée plus tard à tout ce qui concerne l'étendue des corps, et dès-lors elle est devenue la *science de l'étendue*.

L'étendue est un espace fini à côté de l'infini qui embrasse l'univers. Or, cette même étendue a toujours trois dimensions : *longueur*, *largeur*, *épaisseur* ou *profondeur*.

La Géométrie se divise, suivant son usage, en trois parties bien distinctes : *lignes*, *surfaces* et *corps*. Telle sera notre subdivision. Avant d'entrer en matière, donnons les axiomes qu'il est indispensable de connaître.

Axiomes.

1° Deux quantités égales à une troisième sont égales entre elles.

2° Le tout est plus grand que sa partie.

3° Le tout est égal à la somme des parties dans lesquelles il a été divisé.

4° D'un point à un autre, on ne peut mener qu'une seule ligne droite.

5° Deux grandeurs, *ligne*, *surface* ou *corps*, sont égales, lorsqu'étant placées l'une sur l'autre elles coïncident parfaitement dans toute leur étendue.

§ 1er DES LIGNES.

1° DES LIGNES PROPREMENT DITES.

Il n'existe en principe que deux lignes, la *droite* et la *courbe*, auxquelles s'en rattachent deux autres nommées *brisée* et *convexe*.

On appelle *ligne droite* celle dont les différents points qui la composent sont dans la même direction, ou celle qui marque le plus court chemin d'un point à un autre. AB (*fig*. 1) est une ligne droite.

On appelle *ligne brisée* celle qui est composée de lignes droites.

Les lignes AC, BC (*fig*. 2), qui se joignent au point C, forment une ligne brisée, AC+BC plus long que AB.

On appelle *ligne convexe* celle qui ne peut être coupée qu'en deux points par une droite.

La ligne AM+MN+NO+BO (*fig*. 3) est une ligne convexe.

On appelle *lignes courbes* celles qui ne sont ni droites ni composées de lignes droites.

Telle est APB (*fig*. 4).

Parmi ces lignes courbes, dont le nombre est infini, il y en a une plus simple, plus régulière et d'un plus grand usage que les autres : c'est la ligne *circulaire*, dite *circonférence*, dont les points, situés dans un même plan, sont également distants d'un autre point nommé *centre*.

Le *cercle* est l'espace compris dans la circonférence ;

Le *rayon*, la ligne droite qui aboutit du centre à un point de la circonférence ;

Diamètre, une ligne droite qui divise la circonférence en deux parties égales;

Corde, une ligne droite qui aboutit à deux points de la circonférence sans passer par le centre;

Arc, une partie de la circonférence;

Segment de cercle, l'espace compris entre une corde et l'arc qu'elle sous-tend;

Secteur de cercle, l'espace compris entre deux rayons et l'arc qu'ils forment;

Tangente, une ligne droite qui ne touche à la circonférence que par un point;

Sécante, une ligne droite indéfinie qui coupe la circonférence en deux points.

PROPOSITION I.

Tout diamètre AB (*fig.* 5) divise la circonférence en deux parties égales.

Démonstration. Car, si l'on applique la figure AEB sur AFB, en conservant la base commune AB, il faudra que la ligne courbe AEB tombe exactement sur AFB, sans quoi il y aurait, d'une part ou de l'autre, des points inégalement distants du centre, ce qui ne peut être.

PROPOSITION II.

Toute corde est plus petite qu'un diamètre.

D. Car, si l'on mène les deux rayons AC, CB (*fig.* 6), on aura $AB<AC+BC$; or, $AC+BC=MN$; donc, $AB<MN$. Si, d'un autre côté, on mène le rayon ON, on aura $PH<PO+OH$; or, $PO+OH=PQ$; donc, $PH<PQ$.

PROPOSITION III.

Deux cordes égales dans un cercle ou dans deux cercles égaux sous-tendent des arcs égaux, et réciproquement.

D. Car si les deux cordes AB, AD (*fig.* 7), sont égales, en supposant appliqués l'un sur l'autre les segments qu'elles déterminent, et en mettant AB sur AD, ces cordes coïncideront. Or, ces cordes sont aussi les extrémités des arcs qu'elles sous-tendent; donc, les extrémités des deux arcs coïncideront par la superposition; et comme les points intermédiaires de ces arcs ont une propriété commune, les deux arcs coïncideront dans tous leurs points; donc, ils sont égaux. — La réciproque est aussi facile à démontrer; car si les arcs sont égaux, ils coïncideront par la superposition, et les cordes qui les sous-tendent coïncideront aussi; donc, ces cordes seront égales.

De ce raisonnement on conclut que, dans un même cercle, un plus grand arc est sous-tendu par une plus grande corde et réciproquement.

PROPOSITION IV.

On dit qu'une ligne droite est *perpendiculaire* à une seconde, lorsqu'elle tombe sur cette seconde sans pencher plus d'un côté que de l'autre. Ainsi AB (*fig.* 8) est perpendiculaire à CD.

Si par le point C, milieu de la droite AB, on élève la perpendiculaire EF sur cette droite : 1° chaque point de la perpendiculaire sera également distant des deux extrémités de la ligne AB ; 2° tout point situé hors de la perpendiculaire sera inégalement distant des extrémités A et B (*fig.* 9).

D. Car : 1° puisqu'on suppose AC = CB, les deux obliques AD, DB s'écartent également de la perpendiculaire ; donc, elles sont égales. Il en est de même des deux obliques AE, EB, des deux AF, FB, etc. ; donc, 1° tout point de la perpendiculaire est également distant des extrémités A et B.

2° Soit I un point hors de la perpendiculaire ; si l'on joint IA, IB, l'une de ces lignes coupera la perpendiculaire en D ; d'où tirant DB, on aura DB = DA. Mais la ligne droite IB est plus petite que la ligne brisée $ID+DB$ et $ID+DB=ID+DA=IA$; donc, $IB<IA$; donc, 2° tout point hors de la perpendiculaire est inégalement distant des extrémités A et B.

Conséquences et définitions sur les perpendiculaires.

Un seul point suffit pour déterminer la direction d'une perpendiculaire, c'est-à-dire que par un point donné hors d'une droite, on ne peut mener qu'une perpendiculaire à cette droite.

Il résulte de ce qui précède, que lorsqu'une ligne est perpendiculaire à une autre, cette autre l'est évidemment aussi à la première.

Les obliques sont plus longues que les perpendiculaires lorsqu'elles partent d'un même point et tombent sur une même ligne ; et de deux obliques la plus longue est celle qui s'éloigne le plus de la perpendiculaire.

On appelle *parallèles* deux lignes droites qui, situées dans un même plan, sont, dans toute leur longueur, également éloignées l'une de l'autre et ne peuvent se rencontrer.

Il résulte de cette définition : 1° que si l'on mène à ces deux parallèles une perpendiculaire ou une oblique, elle sera sur l'une ou sur l'autre ou perpendiculaire ou également oblique ; 2° que deux lignes qui ont même obliquité vers un même côté d'une troisième ligne qui les coupe, sont parallèles entre elles.

Deux lignes parallèles à une troisième sont parallèles entre elles. Deux parallèles sont partout également distantes.

PROPOSITION V.

Toute perpendiculaire au milieu d'une corde passe : 1° par le centre du cercle ; 2° par le milieu de l'arc sous-tendu, 3° par le milieu de toutes les cordes parallèles à la première.

D. 1° puisque OP (*fig.* 10) passe au milieu de la ligne AB et lui est perpendiculaire, OP doit passer par tous les points également éloignés de A et de B, et par conséquent elle passera par le point central O, qui a cette propriété ; car les points A et B sont communs à la corde AB et à sa circonférence.

2° Nommons P le milieu de l'arc APB ; les arcs AP, BP, seront égaux et sous-tendus par des cordes égales ; donc, le point P est également éloigné des extrémités A et B, et est un des points par lesquels doit passer la perpendiculaire OP.

3° Deux points suffisant pour déterminer la direction d'une ligne droite ; et le centre, le milieu d'une corde et le milieu de l'arc sous-tendu étant trois points toujours en ligne droite, il est évident que toute droite qui passera par ces deux points, passera aussi par le troisième. Comme on ne peut mener qu'une seule perpendiculaire au milieu d'une corde, si elle passe par l'un de ces trois points, elle passera nécessairement par les deux autres. Or, OP, qui est perpendiculaire sur AB, l'est aussi sur CD et de plus OP passe par le centre du cercle ; donc, elle passe aussi au milieu de CD et au milieu de l'arc sous-tendu par CD.

La tangente à un point de la circonférence est perpendiculaire au rayon qui aboutit à ce point.

PROPOSITION VI.

Deux cordes parallèles interceptent entre elles des arcs égaux.

Démonst. En effet, on a les arcs $CP = DP$ et les arcs $AP = BP$ (*fig.* 11); les termes de cette dernière équation peuvent se changer en $AC + CP = BD + DP$, d'où, en retranchant dans chaque membre deux parties égales CP et DP, il reste $AC = BD$; c'est ce qu'il fallait démontrer.

Problèmes sur les propositions précédentes.

Comme, en général, toute personne qui étudie ne peut ou ne sait appliquer sûrement ce qu'elle apprend, nous avons jugé convenable de faire suivre chacune des trois parties de la géométrie de l'usage que l'on peut faire des propositions démontrées. Nous croyons que notre ouvrage ne peut que gagner à cette méthode malheureusement trop peu suivie jusqu'à ce jour.

1° *Mesurer une ligne droite.*

Mesurer une ligne droite, c'est chercher combien de fois elle contient une autre droite d'une longueur connue et déterminée ; la mesure, comme on l'a vu dans l'arithmétique, est le mètre avec ses multiples et ses divisions.

Pour mesurer une droite de longue étendue, les arpenteurs se servent de la *chaîne* dont la longueur ordinaire est de deux décamètres ou 20 mètres. On a recours à deux hommes dont le premier porte des *fiches,* pièces pour indiquer les points où la chaîne doit reprendre, et le second les enlève pour multiplier par le nombre de fiches qu'il a en main la longueur de la chaîne lorsque la distance demandée est parcourue.

2° *Décrire une circonférence de cercle.*

Pour décrire sur le papier une circonférence de cercle, on se sert de compas. On pose une des pointes en O (*fig.* 12) et avec l'autre pointe, en prenant une ouverture arbitraire, mais qui est ici OA, on décrit, en faisant tourner la pointe O sur elle-même, la ligne circulaire ABCDEH, dont tous les points sont également éloignés du point O, puisque l'ouverture du compas est partout la même.

Pour décrire un cercle sur le terrain, on n'a qu'à

placer un piquet au point que l'on a pris pour centre, et avec une ficelle attachée à ce piquet et ayant le rayon demandé, on tourne en ayant soin de bien tendre cette dernière jusqu'à ce qu'avec un poinçon on ait tracé sur le terrain la circonférence voulue.

3° *Abaisser une perpendiculaire sur une droite donnée.*

Quand il s'agit de l'abaisser sur une droite établie sur une feuille de papier, on se sert ordinairement, pour abréger, d'un instrument qu'on appelle *équerre* (1).

2° DES ANGLES.

Deux lignes qui se rencontrent forment ce qu'on appelle un *angle*. C'est donc l'espace indéfini compris entre ces deux lignes, ou bien l'ouverture qu'elles laissent entre elles ; ces deux lignes sont les *côtés* de l'angle, le point de rencontre en est le *sommet*.

Pour désigner un angle on se sert de trois lettres en ayant soin de placer celle du sommet au milieu. On peut aussi désigner un angle par la seule lettre du sommet.

On peut : 1° prendre pour la mesure d'un angle l'arc de cercle compris entre ses côtés et décrit du sommet pris pour centre avec un rayon, c'est-à-dire avec une ouverture de compas arbitraire ; 2° la grandeur de l'an-

(1) Afin de ne pas charger le bas de nos pages de notes au sujet des instruments mathématiques, nous engageons nos lecteurs à se transporter au petit dictionnaire qui suivra cet ouvrage.

gle ne dépend nullement de la longueur des côtés, mais seulement de leur ouverture.

On appelle *angle droit* celui qui est formé par la rencontre de deux lignes perpendiculaires l'une à l'autre ; *aigu*, celui qui est plus petit qu'un angle droit, et *obtus*, celui qui est plus grand.

Les angles aigus et obtus peuvent être plus ou moins grands, mais l'angle droit ne peut varier.

La circonférence se divisant en 360°, il est donc prouvé que l'angle droit est le quart de cette circonférence ou 90°; l'angle aigu et l'angle obtus, étant l'un plus petit, l'autre plus grand que le droit, il suit de là, que le premier aura moins de 90° et le second plus.

On appelle *complément* d'un angle, ce qu'il faut y ajouter pour qu'il ait 90°, et *supplément*, ce qu'il faut ajouter à son angle pour que son arc ait 180°.

Deux droites qui se traversent, forment des angles que l'on appelle *opposés* à cause de leur position respective.

PROPOSITION I.

Deux angles opposés par le sommet sont égaux.

Démonstration. Par exemple, b et d (*fig.* 13) f et h, etc., sont des angles opposés. Pour démontrer leur égalité, on dit : $b+c=180°$, $d+c=180°$, et puisque les angles $b+c$ et $d+c$, valent 180°, il en résulte que $b+c=d+c$; donc, $b=d$. D'un autre côté, $f+g=180°$ $h+g=180°$; donc, $f+g=h+g$; donc, $f=h$.

PROPOSITION II.

Les *angles alternes internes* sont ceux qui sont

formés à l'intérieur de deux parallèles coupées par une troisième droite, qui alors s'appelle *sécante*, et de chaque côté de cette dernière.

Deux angles alternes internes sont égaux l'un à l'autre.

Démonstration. Par exemple, les angles d et g, a et f (*fig.* 13), sont alternes internes aigus. Pour démontrer l'égalité des angles alternes internes a et b (*fig.* 14), des points d'intersection O et H, je décris avec un même rayon OH, les arcs OPE et HFQ, et je tire les cordes HQ et OE perpendiculaires sur les parallèles AB et CD. Chacune de ces cordes est coupée en deux parties égales. Or, les moitiés de ces cordes sont égales, puisqu'elles marquent la distance de deux parallèles; donc, ces cordes sont égales; donc, les arcs OPE et HFQ sont égaux; donc, les moitiés de ces arcs sont égales, c'est-à-dire que les arcs HF et OP sont égaux. Or, ces arcs HF et OP sont les mesures des angles alternes internes a et b; donc, ces angles sont égaux.

PROPOSITION III.

On appelle *angles correspondants* deux angles qu'on forme en menant une sécante au travers de deux parallèles.

Deux angles correspondants sont égaux.

Démonstration. Par exemple, les angles b et g (*fig.* 13) sont correspondants, de même que les angles a et h, c et f, etc. Pour prouver leur égalité, on dira: $c=a$ et $f=a$; donc, $f=c$, puisque a est égal à f et à c.

PROPOSITION IV.

On appelle *angles alternes externes* deux angles formés à l'extérieur de deux parallèles, de chaque côté de la sécante.

Ces angles sont égaux entre eux.

Démonstration. En effet, les angles c et h (*fig.* 13), b et e, sont alternes externes. Pour prouver leur égalité, on dira : $c=a$, $h=a$; et puisque a est égal à c et à h, $c=h$. D'un autre côté $b=a$, et $e=d$; donc, $e=b$.

PROPOSITION V.

On appelle *angle central* celui qui a son sommet au centre du cercle, et qui est formé par deux rayons.

L'angle central a pour mesure l'arc compris entre ses côtés.

Démonstration. L'angle m est central et a pour mesure l'arc AB (*fig.* 15) ou l'arc VS, ce qui est évident d'après ce que nous avons dit plus haut à la mesure des angles.

On appelle *angle du segment* celui que forment une tangente et une corde qui se rencontrent à un point de la circonférence.

On appelle *angle inscrit* celui qui est formé par deux cordes qui se rencontrent à un point de la circonférence.

Un *angle excentrique* est celui qui a son sommet entre le centre et la circonférence.

Un *angle circonscrit* est celui qui a son sommet hors de la circonférence et qui est formé par des sécantes.

Problèmes sur les angles.

1° *Faire un angle droit à un angle donné.*

Soit cet angle donné ACB (*fig.* 16) et Q le sommet de l'angle demandé, dont un des côtés doit être PQ. On pose une pointe de compas en C, et l'on mesure l'angle ACB en décrivant, avec une ouverture arbitraire, l'arc *eg*; ensuite, du point Q pris pour centre, on décrit avec la même ouverture un arc indéfini qui coupe PQ en *i*; puis, portant sur cet arc la longueur du premier *eg*, on aura pour le second *i*R, arc égal au premier; en tirant la droite QR, on aura PQR=ACB, ou bien Q=C.

2° *Faire passer par trois points donnés la circonférence d'un cercle.*

Soient A,C,B (*fig.* 17) ces points donnés. Je tire les droites AB,BC qui seront deux cordes de la circonférence à décrire; je coupe chacune de ces cordes en deux parties égales par les perpendiculaires *mp*,*nq*, et leur point de rencontre D sera le centre de la circonférence à décrire.

3° DES TRIANGLES ET DES LIGNES PROPORTIONNELLES.

Le plan limité par trois lignes droites qui se rencontrent, en formant trois angles, s'appelle *trigone*, mais plus souvent *triangle*.

On appelle *triangle équilatéral* celui qui a ses trois

côtés égaux ; *scalène*, celui qui a ses trois côtés inégaux ; *isocèle*, celui dont deux côtés seulement sont égaux. Le triangle *rectangle* est celui qui a un angle droit.

Dans un triangle quelconque, le côté sur lequel on conçoit que ce triangle est opposé en est la *base ;* la perpendiculaire abaissée sur cette base en est la *hauteur ;* le côté qui dans un triangle rectangle est opposé à l'angle droit, prend le nom d'*hypothénuse*.

On appelle *angle intérieur* à un triangle celui qui est formé au dedans par deux côtés contigus de ce triangle, et *angle extérieur* celui qui est formé au dehors par un côté et le prolongement du côté adjacent.

Par exemple, les angles c,d,e (*fig.* 18) sont intérieurs, et les angles A,B,$(a+b)$ sont extérieurs.

La somme des trois angles d'un triangle est égale à deux angles droits.

Lorsque l'on connaît deux angles dans un triangle, on peut aisément trouver le troisième, puisqu'il est le supplément des deux autres.

PROPOSITION I.

Deux triangles sont égaux : 1° quand ils ont un angle égal compris entre deux côtés égaux ; 2° quand ils ont un côté égal adjacent à deux angles égaux ; 3° quand ils ont les trois côtés égaux chacun à chacun ; 4° quand ils ont deux côtés égaux et un angle égal opposé à l'un de ces côtés, pourvu que les angles opposés au troisième côté dans les deux triangles soient de même nature.

Soient les deux triangles ABC,abc (*fig.* 19).

1° Si $A=a$, si $AB=ab$, si $AC=ac$, on conçoit qu'en

appliquant A sur *a*, le côté AB coïncidera avec *ab*, AC avec *ac*; donc, le troisième côté ne pourra être que BC=*bc*, ce qui déterminera B=*b*, C=*c*; donc, ABC=*abc*.

2° Si AB=*ab*, si A=*a*, si B=*b*, on conçoit qu'en appliquant AB sur *ab*, le côté AC se couchera sur *ac* et BC sur *bc*, de sorte que ces deux côtés ne pourront se rencontrer qu'en *c*, et détermineront le triangle ABC=*abc*.

3° Si AB=*ab*, si BC=*bc*, si AC=*ac*, on conçoit qu'en mettant bout à bout deux quelconques de ces côtés, par exemple AB et AC, il faudra leur faire faire un angle A=*a*, pour que leurs extrémités B et C puissent être jointes par le côté BC, et alors on aura ABC=*abc*.

4° Enfin, si B′C′=*bc* (1), si A′C′=*ac*, et si B′=*b*, on conçoit qu'en appliquant B′ sur *b*, le côté B′C′ se couchera sur *bc*, et le côté indéfini B′A′ ou B′D′ sur *ba;* or, puisque B′A′ est indéfini, le côté C′A′, appliqué en *c*, pourra tomber en *a* ou en *d;* car A′C′=D′C′. Mais comme A′ doit être de même nature que *a*, c'est-à-dire obtus, on aura B′A′C′=*bac*.

PROPOSITION II.

On appelle *triangles équiangles* ou *semblables* ceux qui, ayant tous les angles respectivement égaux, ne diffèrent entre eux que par la longueur des côtés; et l'on appelle *côtés homologues* ceux qui, dans les trian-

---

(1) A′, se prononce *a* prime; A″, *a* seconde; A‴, *a* tierce. Il en est de même pour toutes les lettres.

gles semblables, sont opposés aux angles respectivement égaux.

Dans les triangles semblables, les côtés homologues sont proportionnels.

Pour démontrer cette proposition, je considère séparément les triangles semblables ABb, ADd (*fig.* 20); il est évident que l'on aura AB : AD :: Ab : Ad :: Bb : Dd. En effet, Ab contient 7 fois Ah, de même que AB contien 7 fois AH, de même que Bb contient 7 fois Hh. On peut aussi considérer les triangles semblables ACc, AFf, et l'on aura AC : AF :: Ac : Af :: Cc : Ff.

C'est de la propriété des triangles semblables qu'est sortie la *trigonométrie*, c'est-à-dire l'art de déterminer les angles et les côtés d'un triangle. On verra plus tard quelle est l'application que l'on peut en faire.

PROPOSITION III.

Deux triangles sont semblables : 1° quand ils ont deux angles égaux chacun à chacun; 2° quand ils ont leurs côtés parallèles; 3° quand ils ont leurs côtés perpendiculaires chacun à chacun; 4° quand ils ont un angle égal compris entre deux côtés proportionnels; 5° quand ils ont leurs trois côtés proportionnels.

1° Quand deux angles sont égaux, le troisième de l'un l'est nécessairement au troisième de l'autre.

2° Si le côté AB (*fig.* 21) est parallèle à DE et BC à EF, l'angle ABC sera égal à DEF; si, de plus, AC est parallèle à DF, l'angle ACB sera égal à DFE, et aussi BAC à EDF; donc, les triangles ABC, DEF sont équiangles; donc, ils sont semblables.

3° Soit le côté DE perpendiculaire à AB, et le côté DF à AC ; dans le quadrilatère AIDH (*fig.* 22), les deux angles I et H seront droits ; les quatre angles valent ensemble quatre angles droits ; donc, les deux restants IAH, IDH valent deux angles droits. Mais les deux angles EDF, IDH valent aussi deux angles droits ; donc, l'angle EDF est égal à IAH ou BAC. Pareillement, si le troisième côté EF est perpendiculaire au troisième BC, on démontrera que l'angle DFE=C, et DEF=B ; donc, les deux triangles ABC, DEF, qui ont les côtés perpendiculaires chacun à chacun, sont équiangles et semblables.

4° Soit l'angle A=D (*fig.* 23), et supposons qu'on a AB : DE :: AC : DF ; je dis que le triangle ABC est semblable à DEF.

Prenons AG=DE et menons GH parallèle à BC, l'angle AGH sera égal à l'angle ABC, et le triangle AGH sera équiangle au triangle ABC ; on aura donc AB : AG :: AC : AH, mais, par hypothèse, AB : DE :: AC : DF, et, par construction, AG=DE ; donc, AH=DF. Les deux triangles AGH, DEF ont donc un angle compris entre côtés égaux ; donc, ils sont égaux. Or, le triangle AGH est semblable à ABC ; donc, DEF est aussi semblable à ABC.

5° Soient, pour exemple, les deux triangles *acd* et ACB (*fig.* 24), tels que l'on ait AC : *ac* :: CB : *cd* :: AB : *ad*.

Construisons sur *ac* le triangle *abc* semblable à ABC, en faisant $x = A$, $z = c$; donc, *abc* $\backsim$[1] ABC. Ainsi,

(1) Cet S renversé signifie *semblable*.

AC : ac :: CB : cb :: AB : ab. Or, cette dernière suite de rapports égaux en ayant un de commun avec la précédente, tous les autres rapports de ces deux suites doivent être égaux entre eux ; donc,

CB : cd :: CB : cb ; d'où $cd = cb$.
AB : ad :: AB : ab ; d'où $ad = ab$.

Or, on vient de trouver que $cd = cb$ et que $ad = ab$: les trois côtés des triangles abc et adc sont égaux chacun à chacun ; donc, $abc = adc$; et puisque ABC $\backsim$ abc, ABC $\backsim$ adc.

PROPOSITION IV.

Le carré construit sur l'hypoténuse d'un triangle rectangle est égal à la somme des carrés construits sur les deux autres côtés.

Soit ABC un triangle rectangle en A. Abaissant de ce même angle sur l'hypothénuse la perpendiculaire AD que nous prolongerons jusqu'en E, tirons ensuite les diagonales AF, CH.

L'angle ABF est composé de l'angle ABC plus l'angle droit CBF ; l'angle CBH est composé du même angle ABC plus l'angle droit ABH ; donc, l'angle ABF=HBC. Mais AB = BH comme côtés d'un même carré, et BF = BC par la même raison ; donc, les triagles ABF, HBC, ont un angle égal compris entre côtés égaux ; donc, ils sont égaux.

Le triangle ABF est la moitié du rectangle BDEF, qui a même base BF et même hauteur BD. Le triangle HBC est pareillement la moitié du carré AH ; car l'angle

BAC étant droit, ainsi que BAL, AC et AL ne font qu'une même ligne droite parallèle à HB; donc, le triangle HBC et le carré AH, qui ont la même base commune HB, ont aussi la même hauteur commune AB; donc, le triangle est la moitié du carré.

On a déjà prouvé que le triangle ABF est égal au triangle HBC; donc, le rectangle BDEF, double du triangle ABF, est équivalent au carré AH, double du triangle HBC. On démontrera de même que le rectangle CDEG est équivalent au carré AI; mais les deux rectangles BDEF, CDEG, pris ensemble, font le carré BCGF; donc, le carré BCGF, fait sur l'hypoténuse, est égal à la somme des carrés ABHL, ACIK, fait sur les deux autres côtés, ou, en d'autres termes, $\overline{BC}^2 = \overline{AB}^2 + \overline{AC}^2$.

Il suit de là : 1° que le carré d'un des côtés de l'angle droit est égal au carré de l'hypoténuse, moins le carré de l'autre côté; 2° que si l'on tire l'une des diagonales d'un carré, on formera deux triangles rectangles dans lesquels le carré de l'hypoténuse sera double du carré fait sur un autre côté, et que la diagonale est au côté comme la racine carrée de 2 est à l'unité, quantité linéaire incommensurable; 3° que si du sommet de l'angle droit on abaisse une perpendiculaire sur l'hypoténuse, elle partage le triangle rectangle en deux autres triangles rectangles qui sont équiangles entre eux et avec le triangle total.

Problèmes sur les triangles, les lignes proportionnelles.

1° *Partager une ligne donnée en un certain nombre de parties égales.*

Soit AB (*fig.* 25) à partager en 7 parties égales ; je tire AX indéfinie en formant un angle A arbitraire, et je porte sur AX 7 ouvertures égales de compas A*h*, *hg*, etc. ; puis je tire la ligne *b*B et ses parallèles *h*H, *g*G, etc., qui me donnent AH = HG = GF = etc.

2° *Inscrire un cercle dans un triangle.*

Soit le triangle ABC (*fig.* 26); je partage l'angle A en deux parties égales par une ligne et l'angle B de même, ce qui me donne le point O, qui est le centre du cercle à décrire ; et comme sa circonférence doit toucher les trois côtés, le rayon de ce cercle sera la distance de ce point O à l'un quelconque des côtés, ce sera par conséquent la perpendiculaire O*d*.

3° *Déterminer la longueur d'un côté dans un triangle rectangle quand on connaît les deux autres côtés.*

Soit le triangle rectangle ABC (*figur.* 27), dont on connaît BC = 60 mètres et AC = 50 mètres. On aura $\overline{AB}^2 = \overline{60}^2 + \overline{50}^2$, d'où $AB = \sqrt[2]{\overline{60}^2 + \overline{50}^2}$ = mètres environ 78,10.....

4° *Lorsque l'on connaît trois choses dans un triangle observé sur le terrain, déterminer les trois autres choses, en construisant sur le papier un triangle semblable, pourvu que dans les trois choses connues il y ait au moins un côté.*

Il se présente ici cinq cas différents ; nous allons les résoudre tous les cinq, car cette question est d'une haute importance, pour le géomètre comme pour l'arpenteur et pour tous ceux, en général, qui s'occupent de lever des plans.

1er *Cas.* Connaissant les trois côtés du triangle.

Soit que l'on ait mesuré sur le terrain les trois côtés d'un triangle, lesquels sont représentés ici proportionnellement, à l'acole d'une échelle de proportion, par *ab*, *ac*, *bc* (*fig.* 28). On construit avec ces lignes proportionnelles le triangle ABC parfaitement semblable à celui que l'on a mesuré sur le terrain. Pour cela, on porte d'abord sur le papier AB égal à *ab*, c'est-à-dire contenant autant de mètres (pris sur une échelle de proportion) que la longueur représentée par *ab* en contient réellement ; puis du point A, avec un rayon AC égal *ac*, on décrit un arc ; de même du point B, avec un rayon BC égal à *bc*, on en décrit un autre qui rencontre le premier en C, puis l'on tire AC et BC, que l'on peut mesurer sur l'échelle qui a servi à représenter *ab*, *ac*, *bc*. Ensuite si l'on veut connaître la valeur des angles, on n'a plus qu'à les mesurer au moyen du rapporteur.

2° *Cas.* Connaissant un angle et les deux côtés adjacents.

Soit que l'on ait mesuré sur le terrain, avec le graphomètre, un angle *p* (*fig.* 29) et qu'on l'ait trouvé de 53°, on trace sur le papier, avec le rapporteur, un angle P de 53°. Soit ensuite que l'on ait trouvé sur le terrain la ligne *mp* de 170 mètres et *po* de 107 mètres. On fait, au moyen d'une échelle de proportion, MP de 170 mètres et PO de 107. Il ne s'agit plus, après cela, que de tirer MO, et l'on a le triangle MOP ∽ *mop*. Pour savoir alors quelle est la distance du point *m* au point *o*, on n'a qu'à mesurer MO sur l'échelle de proportion qui a servi pour MP et PO, et l'on trouvera que cette distance est de 133 mètres. Ensuite, pour connaître la valeur des angles O et M, on les mesure avec le rapporteur, et l'on doit trouver pour les deux ensemble 127°, c'est-à-dire 88°30′ pour l'angle O et 38°30′ pour l'angle M, en sorte que la somme des trois angles égale 180°, moitié de la circonférence.

3° *Cas.* Connaissant un côté et les deux angles adjacents.

Soit que l'on ait mesuré sur le terrain, avec la chaîne, la ligne droite *ac* (*fig.* 30), et que l'on ait trouvé 133 mètres, on tracera sur le papier, avec la règle, une ligne droite AC de 133 mètres prise sur une échelle de proportion. Ensuite, soit que l'on ait trouvé, avec le graphomètre, l'angle *a* de 70° et l'angle *c* de 52°, on fera au point A, avec le rapporteur, un angle de 70° et au point *c* un angle de 52°. Puis, prolongeant les deux lignes AB et CB jusqu'à ce qu'elles se rencontrent au point B, l'on aura alors ABC parfaitement semblable à *abc*. Pour savoir actuellement quelle est la distance de *a* à *b*, on n'a qu'à mesurer AB sur l'échelle de proportion qui a servi à construire AC; et si l'on veut connaître la longueur de *bc*, on fera de même, et l'on trouvera *ab* = 127 mètres et *bc* = 149 mèt. Quant à l'angle *b*, il doit compléter 180° avec l'angle *a* et l'angle *c*. Ainsi, il est de 58°.

4e *Cas*. Connaissant deux côtés et un angle opposé à l'un de ces côtés.

Soit que l'on connaisse seulement les deux côtés *ac* (*fig*. 31) de 133 mètres et *cb* de 149 mètres, avec l'angle *a* de 70°, je forme d'abord un angle A de 70° avec un côté AC de 133 mètres pris sur une échelle, et l'autre côté AB indéfini; puis je porte avec le compas le côté CB de 149 mètres de C à la rencontre indéfinie de AB; ce côté CB la rencontrera en B et déterminera par conséquent les deux angles C et B et le côté AB.

5e *Cas*. Connaissant deux angles et un côté opposé à l'un de ces angles.

Soit que l'on connaisse les deux angles *a* (*fig*. 32) de 70° et *c* de 52° avec le côté *cb* de 149 mètres; le troisième angle devant compléter 180°, sera, par cela même, déterminé de 58°. Ainsi, traçant le côté CB de 149 mètres, et tirant à chaque extrémité des lignes indéfinies en formant en C un angle de 52°, et en B un angle de 58°, ces deux lignes se rencontreront en A, ce qui déterminera les deux côtés AC et AB.

5° *Tracer une ligne droite entre deux points séparés par un obstacle impénétrable, lorsque leur distance est très-grande.*

Soient ces deux points A et B (*fig.* 33). Prenons la ligne AC jusqu'à un point C, d'où le point B soit visible, et construisons un triangle *abc* semblable à ABC, ce que nous pouvons faire en mesurant dans ce dernier l'angle C et les côtés adjacents. Alors nous ferons les angles A et B égaux aux angles *ab*, et par conséquent nous connaîtrons la direction de AB.

4° DES POLYGONES EN GÉNÉRAL ET DU CERCLE.

On appelle *Polygone*, l'espace compris entre plusieurs droites qui se coupent deux à deux ; son contour est le *périmètre*. Un polygone de 4 côtés se nomme *quadrilataire*, de 5 *pentagone*, de 6 *hexagone*, de 7 *heptagone*, de 8 *octogone*. On nomme *diagonale*, toute droite menée du sommet d'un angle au sommet d'un autre non adjacent.

Il y a plusieurs sortes de quadrilataires : le *trapèze*, dont deux côtés seulement sont parallèles ; le *parallélogramme*, dont les côtés opposés sont parallèles et par conséquent égaux ; le *rectangle*, dont tous les angles sont droits, et le *losange*, qui a ses côtés égaux et ses angles non droits.

On appelle angle *saillant* celui dont le sommet est en dehors de la figure à laquelle il appartient, et angle *rentrant* celui dont le sommet est en dedans.

PROPOSITION I.

Avec les diagonales, on peut partager un polygone en autant de triangles qu'il y a de côtés, moins deux.

Ainsi l'on voit 4 triangles dans l'hexagone DEFGHI (*fig.* 34). En effet, le point E, est le sommet commun de tous les triangles et chacun des côtés du polygone est la base d'un triangle, excepté ED, EF, adjacents au point E.

PROPOSITION II.

Dans tout parallélogramme, les côtés opposés sont égaux, ainsi que les angles opposés.

Soit le parallélogramme (*fig.* 35) ABCD. En menant la diagonale AD, on le partage en deux triangles égaux ABD, ACD, vu qu'ils ont un côté commun AD adjacent à deux angles égaux, CAD=ADB et BAD=ADC. L'égalité des triangles implique celle des côtés opposés et des angles ABD, ACD. De plus, l'angle BAC=BDC, vu que le premier est composé des deux angles CAD, DAB, égaux aux angles BDA, ADC, qui composent le second.

D'après cette démonstration, les propositions suivantes n'offrent aucune difficulté.

Si dans un quadrilataire, les côtés opposés sont égaux, ils seront en même temps parallèles, et la figure sera un parallélogramme.

Les deux diagonales d'un parallélogramme se coupent mutuellement en deux parties égales.

PROPOSITION III.

Les deux diagonales d'un losange se coupent mutuellement à angles droits.

En effet, dans le losange ABCD (*fig.* 36), les triangles ACD, ABD, sont isocèles ; alors la ligne BC, qui passe par leur sommet et par le milieu de leur base AD, doit être perpendiculaire à cette base.

On entend par polygones *semblables*, ceux qui sont composés d'un même nombre de triangles semblables chacun à chacun et semblablement disposés.

La circonférence rectifiée d'un cercle est plus petite que 4 diamètres et plus grande que trois.

PROPOSITION IV.

Moyens de trouver le rapport approché de la circonférence au diamètre.

Les circonférences étant proportionnelles aux rayons, il y a donc un rapport constant entre chaque circonférence et son diamètre. Soit π ce rapport, et R le rayon du cercle. La circonférence $=$ le diamètre $2R \times \pi$ ou $2\pi R$. La surface vaudra la circonférence $2\pi R \times {}^1/_2 R$; donc, elle vaudra πR^2 ; donc, la surface d'un cercle est égale au carré du rayon multiplié par le rapport fixe de la circonférence au diamètre.

Ce rapport ne peut se déterminer exactement, puisque la circonférence et le diamètre sont des grandeurs incommensurables ; on ne peut le calculer qu'approximativement par le moyen des décimales, de la manière suivante :

On inscrit et l'on cirsconscrit au cercle deux polygones réguliers semblables, dont on connaît les surfaces ; on détermine ensuite successivement les surfaces des polygones inscrits et circonscrits d'un nombre de côtés double, triple, quadruple, etc. Or, à mesure que l'on multiplie le nombre des côtés des polygones, leurs surfaces diffèrent de moins en moins de celle du cercle. On peut donc pousser le calcul assez loin pour que les valeurs de ces surfaces entre elles et par rapport au cercle, s'accordent en tel nombre de décimales que l'on voudra. Le rapport du diamètre à la circonférence a été calculé jusqu'à 150 décimales, dont voici les premières 3,14159..... On voit que la circonférence est un peu plus grande que le triple du diamètre.

Le rapport du diamètre à la circonférence est, d'après Archimède, de 7 à 22.

D'après cela, pour trouver la circonférence d'un cercle dont on connaît le diamètre, il faut multiplier ce dernier par 3,14159..... On aura toujours, en effet, cette proportion : *circonf.* : *diam.* :: 3,14159 : 1, d'où *circonf.* $=$ *diam.* $\times$ 3,14159.

Problèmes sur les démonstrations précédentes.

Manière de lever un polygone sur le terrain.

Plusieurs cas se présentent suivant les instruments dont on se sert.

1er *Cas.* Avec jalons et chaîne là où l'on peut entrer.

Soit le polygone *abcde* (*fig.* 37) dont il s'agit de lever le plan. On le divise en triangles par les diagonales *bc* et *bd*; on en fait ensuite le *croquis* ou *canevas*, c'est-à-dire que l'on fait une figure ABCDE à peu près semblable. Puis, faisant mesurer tous les côtés, *ab, be, ae, bc, bd, cd, de*, on écrit à mesure leur valeur sur AB, BE, AE, BC, BD, CD, DE. Il ne s'agit plus ensuite que de mettre le plan au net, et pour cela on emploie l'échelle de proportion sur laquelle on prend les valeurs de toutes les lignes connues à mesure que l'on en a besoin; par exemple, on prend d'abord sur cette échelle A′E′ sur laquelle on construit un triangle semblable à *abe*, puis sur B′E′ un triangle semblable à *bed*, et enfin sur B′D′ un triangle semblable à *cdb*.

2me *Cas.* En employant le graphomètre pour un terrain dans lequel on ne peut entrer.

Soit que *abcdefghr* (*fig.* 38) représente un marais; on fait planter des jalons à tous les angles *a, b, c, d, e*, etc.; puis avec le graphomètre on prend la mesure de tous ces angles les uns après les autres, et l'on porte au fur et à mesure leur valeur dans le croquis ABCDEFGHR; on fait mesurer les côtés *ab*, *bc*, etc., en passant de l'angle *a* à l'angle *b* et de l'angle *b* à l'angle *c*, etc.; on porte la valeur de ces côtés sur AB, BC, etc. du croquis. Après cela il est facile de mettre le plan au net, en faisant un angle $A' = a$, les côtés $A'B' = ab$, $A'R' = ar$, etc., puis faisant $B' = b$, $C' = c$, etc.

On peut vérifier si l'on n'a pas commis d'erreur dans le lever d'un plan relativement aux angles pris sur le terrain avec le graphomètre. Ainsi dans la figure précédente le nombre des côtés étant neuf, la somme des angles doit être $180^\circ \times 7 = 1260^\circ$.

3e *cas*. L'usage de la Planchette étant d'une importance bien plus grande, nous renvoyons nos lecteurs à l'*arpentage*, où cette question sera traitée avec toute l'étendue désirable.

§ 2. DES SURFACES.

MANIÈRE D'ÉVALUER LA SURFACE OU L'AIRE DE TOUTES SORTES DE FIGURES.

Mesurer une aire, c'est chercher combien de fois elle contient une autre aire donnée, qui est un carré ou ses subdivisions ou ses multiples.

PROPOSITION I.

On obtient l'aire d'un carré et d'un parallélogramme quelconque en multipliant la base par la hauteur, c'est-à-dire qu'il faut évaluer la base et la hauteur en mesures de même espèce et ensuite multiplier les unes par les autres.

En effet, soit le parallélogramme rectangle ABCD (*fig.* 39) et *abcd* l'unité de mesure; si je porte l'aire *abcd* sur l'aire ABCD, le long de AB, elle y sera autant de fois que *ab* est contenu dans AB, par conséquent six fois dans le parallélogramme A*ef*B. Mais on pourra dans la hauteur du parallélogramme ABCD faire autant de parallélogrammes A*ef*B que *ad* est contenu dans AD, par conséquent quatre parallélogrammes; donc, il faut répéter quatre fois les six unités de mesure trouvées dans le premier. Ainsi, on aura pour la surface du parallélogramme A*ef*B l'unité de mesure répétée six fois ou bien 1×6, et pour le parallélogramme ABCD on aura $(1 \times 6) \times 4$ ou bien 6×4, ce qui est bien sa base multipliée par sa hauteur.

PROPOSITION II.

On obtient l'aire d'un triangle en multipliant la moitié de sa base par sa hauteur, ou bien la moitié de sa hauteur par la base, ou bien la base par la hauteur et en prenant la moitié du produit.

Soit le triangle ABC (*fig.* 40) ; AB étant la base, *e*C sera la hauteur. Or, il est clair que le triangle ABC est la moitié d'un parallélogramme AB*f*C de même base AB et de même hauteur *e*C ; donc, l'aire du triangle $= \frac{AB \times eC}{2}$, ou $= \frac{AB}{2} \times eC$, ou $= AB \times \frac{eC}{2}$.

PROPOSITION III.

On obtient l'aire d'un trapèze en multipliant la moitié de la somme des côtés parallèles par leur distance.

Soit le trapèze ABCD (*fig.* 41) ; les deux côtés parallèles sont AB, CD, et la distance de ces côtés est *ef*. Or, il est évident que si l'on tire la diagonale AC, on aura deux triangles ADC, ABC, qui ont pour base l'un AB et l'autre DC ; la hauteur du premier est C*g* et celle du second est A*a* ; mais les lignes A*a* et C*g* étant égales chacune à *ef*, on peut dire que les deux triangles ont *ef* pour hauteur ; donc, la surface du trapèze $= \frac{DC \times ef}{2} + \frac{AB \times ef}{2} = \frac{DC \times AB}{2} \times ef$.

PROPOSITION IV.

On obtient l'aire d'un carré et d'un polygone régulier qui a plus de quatre côtés en le divisant par des diagonales en triangles et en prenant en particulier l'aire de chaque triangle. En réunissant ou faisant la somme de ces aires, on a celle du polygone.

Soit la terre ABCDEFG (*fig.* 42); on la partage par des diagonales en cinq triangles GAB, GBC, GCD, GDE, GEF. Dans le premier, on prend pour base GB, et la hauteur est A*e*; dans le second, GC, et la hauteur est B*d*; dans le troisième, GD, et la hauteur C*c*; dans le quatrième, GD, et la hauteur E*b*; et dans le dernier, FE, et la hauteur est G*a*. Ainsi, en supposant que

GB = 5m,21 et A*e* = 0m,93	on aura	GB × A*e* = 4m82 car.
GC = 17,43 et B*d* = 5,28		GC × B*d* = 92,03
GD = 27,15 et C*c* = 4,99		GD × C*c* = 135,40
GD = 27,15 et E*b* = 4,79		GD × E*b* = 130,05
FE = 29,47 et G*a* = 3,85		FE × G*a* = 113,46
		475,76
	dont la moitié...	237,88

PROPOSITION V.

On obtient l'aire d'un polygone régulier en multipliant le contour par la moitié de l'apothème.

Soit le polygone ABCDEF (*fig.* 43); il est évident que le polygone peut être partagé en autant de triangles qu'il y a de côtés; et comme tous ces triangles sont égaux et de même hauteur, la somme des aires de tous est égale à celle d'un seul triangle qui aurait pour base la somme de toutes leurs bases, et pour hauteur la perpendiculaire Og, qui se nomme *apothème* ou *rayon du polygone*. Ainsi, l'aire du polygone régulier

$$= (AB + BC + CD + DE + EF + FA) \times \frac{Og}{2}.$$

$$= \frac{(AB + BC + CD + DE + EF + FA) \times Og}{2}.$$

$$= \frac{ABCDEF \times Og}{2}.$$

PROPOSITION VI.

On obtient l'aire d'un cercle en multipliant la circonférence par la moitié du rayon, ou en multipliant le nombre constant 3,14159..... par le carré du rayon du cercle proposé.

1° On peut considérer le cercle comme un polygone régulier d'une infinité de triangles infiniment petits et dont l'apothème se confond avec le rayon. Ces triangles auraient leur base à la circonférence et pour hauteur le rayon.

Soit le cercle ABCDE (*fig.* 44); en supposant que le diamètre EB soit de $24^{m},44$, la circonférence sera à peu près $24^{m},44 \times 3,14159 = 73,6389$; en multipliant donc cette circonférence par la moitié du rayon, c'est-à-dire par $5^{m},86$, on aura pour la surface du cercle $431^{m.c.},523954$.

2° En représentant par x l'aire du cercle proposé dont le rayon est 5 centimètres, sachant d'ailleurs que, quand le diamètre est 1, l'aire du cercle est $3,14159..... \times \frac{1}{4}$, on aura $x : 3,14159 \times \frac{1}{4} :: 5^2 : \left(\frac{1}{2}\right)^2$ ou $\frac{1}{4}$, d'où

$$x = \frac{3,14159 \times \frac{1}{4} \times 5^2}{\frac{1}{4}} \text{ ou bien } x = 3,14159... \times 5^2.$$

En représentant le rayon par R, on aurait

$$x = 3,14159 \times R^2.$$

PROPOSITION VII.

L'aire d'un secteur de cercle est égale à l'arc de ce secteur multiplié par la moitié du rayon.

Car le secteur ACB (*fig.* 45) est au cercle entier comme l'arc AMB est à la circonférence entière ABD, ou comme AMB $\times \frac{1}{2}$ AC est à ABD $\times \frac{1}{2}$ AC. Mais le cercle entier = ABD $\times \frac{1}{2}$ AC; donc, le secteur ACB a pour mesure AMB $\times \frac{1}{2}$ AC.

Problèmes sur les propositions précédentes.

1° *Partager un triangle en un certain nombre de parties égales.*

Soit le triangle ABC (*fig.* 46) à partager en 5 parties égales; on prend le côté AC pour la base de ce triangle, et l'on divise en 5 parties égales; puis, des points de division on tire des lignes à l'angle B, ce qui résout le problème; car la hauteur de tous ces triangles étant la même, ils sont entre eux comme leurs bases.

2° *Diviser un parallélogramme en un certain nombre de parties égales.*

Soit le parallélogramme ABCD (*fig.* 47) à partager en 5 parties égales, on divise les côtés opposés AB, CD, chacun en 5 parties égales, et par chaque point de division on tire des lignes qui résolvent le problème.

3° *Diviser un trapèze en un certain nombre de parties égales.*

Soit le trapèze MNOP (*fig.* 48) à partager en 5 parties égales ; on divise les côtés opposés MN, OP, chacun en 5 parties égales, et par chaque point de division on tire des lignes qui résolvent le problème.

4° *Diviser un polygone régulier en un certain nombre de parties égales.*

Soit l'hexagone ABCDEF (*fig.* 49) à partager en 5 parties égales ; on divise chacun de ses côtés en 5 parties égales, et l'on tire des lignes de chaque point de division au centre O, ce qui fera dans l'hexagone 6 fois 5 triangles égaux ; donc, la cinquième partie de l'hexagone ABCDEF doit contenir 6 de ces triangles.

5° *Partager un polygone irrégulier en un certain nombre de parties égales.*

Soit un polygone irrégulier à partager en 5 parties égales. Il est évident qu'il faut déjà partager ce polygone irrégulier en autant de triangles qu'il est possible et ensuite partager chacun de ces triangles en 5 parties égales ; en prenant une cinquième partie dans chaque triangle et en additionnant toutes ces parties, on aura en somme la cinquième partie de tout le polygone. Mais les parties de chacun des 5 lots étant désunies ici, on peut faire cette division de la manière suivante :

6° *Partager un polygone irrégulier en un certain nombre de parties égales, en partant d'un point commun.*

Soit un héritage ABCDE (*fig.* 50) à partager en cinq parties égales, et O un puits qui doit être commun et d'où par conséquent doivent partir toutes les divisions. Il faut d'abord mesurer tout le terrain. Supposons que l'on y trouve 3000 mètres carrés, dont le cinquième est 600 ; supposons que le triangle OED=450 mètres carrés ; il faudra y ajouter un petit triangle qui contienne 150 mètres carrés. Pour déterminer ce triangle, du point O, on abaisse sur le côté DC, une perpendiculaire OS, que nous supposons ici de 60 mètres ; puis, divisant 150 par la moitié de la hauteur, on aura la base = 5 mètres, que l'on prendra sur DC, par exemple de O en M, ce qui donnera le quadrilataire OEDM, de 600 mètres carrés. Supposons que le triangle ODC, ait été trouvé de 870 mètres carrés, le triangle OMC, n'en contiendra que 720 ; il faudra donc retrancher de OMC, un petit triangle qui contienne 120 mètres carrés ; or, ce triangle aura pour hauteur OS de 60 mètres ; donc, la base sera $120 : \frac{60}{2} = 4$ mètres, que l'on prendra de C en R, ce qui donnera le triangle OMR, de 600 mètres carrés. Par la même méthode, on retranchera du triangle COB, le triangle CON de 480 mètres carrés. On prendra ensuite sur le triangle BOA, le triangle BOG, tel que BOG + BON = 600 mètres carrés, et l'on aura le quadrilataire restant OGAE aussi de 600 mètres carrés.

S'il s'agissait de partager en parties proportionnelles, par exemple, comme 1 : 3, on ferait quatre parties égales, et l'on en mettrait 1 d'un côté et 3 de l'autre.

§ 3. DES CORPS.

DÉFINITION DES CORPS.

On appelle *corps* ou *solides* tout ce qui réunit les trois dimensions : *longueur, largeur* et *profondeur*. On appelle *solidité*, ou mieux *volume d'un corps*, l'espace occupé par ce corps. Si c'est un corps creux que l'on considère, on désigne son volume par le mot *capacité*. Mais parmi les différents corps, on distingue des prismes, des cylindres, des pyramides, des cônes, des polyèdres proprement dits, et des sphères.

Le *prisme* est un corps dont deux faces opposées, appelées bases, sont parallèles, et les autres sont des parallélogrammes.

Le prisme prend son nom de la construction de ses bases. Si elles sont des triangles, le prisme est *triangulaire ;* si elles sont des quadrilatères, le prisme est *quadrangulaire ;* si elles forment des parallélogrammes, il devient *parallélipipède ;* enfin *cube*, si elles sont des carrés, et *pentagonal* et autres, si les bases sont des pentagones et autres.

Un *cylindre*, vulgairement appelé rouleau, est un corps dont les bases sont deux cercles égaux et parallèles.

La *pyramide* est un corps qui a pour base un polygone quelconque, et pour côtés des triangles dont les sommets se réunissent tous en un point commun, nommé le sommet de la pyramide.

Il y a des pyramides triangulaires, quadrangulaires, pentagonales.

Le *cône*, dont la forme est celle d'un pain de sucre, est un corps qui a un cercle pour base, et dont les lignes élevées au-dessus aboutissent toutes à un point qu'on nomme sommet.

Les *arètes* dans ces corps sont les lignes où se joignent les faces latérales de ces corps.

L'axe, dans le cylindre, est la droite qui joint les centres des bases; et, dans le cône, celle qui est menée du sommet au centre de la base.

On appelle *apothème*, dans une pyramide, une ligne droite abaissée perpendiculairement de la pointe de la pyramide sur l'un quelconque des côtés de la base. Dans le cône, l'apothème est la droite tirée de la pointe ou du sommet sur la circonférence du cercle qui lui sert de base.

On appelle en général *polyèdre* tous les corps terminés par des surfaces planes et qui ne sont pas compris dans ceux ci-dessus désignés.

La *sphère* est un corps formé par une surface dont tous les points sont également éloignés d'un point intérieur nommé centre. Le diamètre prolongé de la sphère prend le nom d'*axe*.

Un corps peut être considéré sous ces deux points de vue : 1° sa surface; 2° sa solidité ou son cube.

SURFACE DES CORPS.

La surface d'un prisme et d'une pyramide s'obtient en divisant ces corps en triangles parallélogrammes et en employant le moyen indiqué pour obtenir l'aire d'un triangle, d'un carré et d'un parallélogramme. En additionnant ces recherches partielles, on trouve le résultat demandé.

Pour obtenir la surface du cône droit, il faut multiplier le contour de la base par la moitié du côté de ce cône et ajouter la surface de la base.

La surface d'une sphère s'obtient en multipliant la circonférence d'un de ces grands cercles par son diamètre.

D'où il résulte que la surface de la sphère est quadruple de celle d'un de ces grands cercles.

En effet, celle d'un grand cercle est la circonférence multipliée par la moitié du rayon ou la circonférence $\times \frac{1}{4}$ du diamètre, et celle de la sphère est la circonférence $\times$ le diamètre.

VOLUME DES CORPS OU LEUR SOLIDITÉ.

On obtient le volume d'un prisme ou d'un cylindre en multipliant la surface d'une des bases par la hauteur (1).

---

(1) Quand le cylindre n'a pas ses deux extrémités égales, on peut employer la formule suivante : Circonf. $\times$ circonf. $\times$ la longueur $\times$ 0,796.

Un prisme triangulaire étant la moitié d'un quadrangulaire, et les autres prismes étant composés de prismes triangulaires, il est évident que pour tous les prismes on doit suivre le même procédé.

Quant au cylindre, puisque c'est une espèce de prisme que l'on peut regarder comme composé d'une infinité de petits prismes triangulaires, on suivra encore le même procédé pour en avoir le volume.

On trouvera la cubature ou le volume d'une pyramide et d'un cône quelconques en multipliant la surface de la base par la hauteur et en prenant le tiers du produit.

On obtient le volume d'une sphère en multipliant la surface de cette sphère par le tiers du rayon ou la surface d'un des grands cercles de cette sphère par les $^2/_3$ du diamètre.

On a dû comprendre pourquoi nous avons trouvé inutile de donner des démonstrations sur les diverses propositions que nous venons d'émettre sur les corps; il suffit de connaître ce qu'est un de ces corps, quelle est sa hauteur et sa base pour obtenir aisément les résultats voulus.

LOGARITHMES.

Avant d'entrer dans la trigonométrie, il est convenable de placer les logarithmes qui en font, par leur usage, partie intégrante.

Les logarithmes sont une suite de nombres en progression par différence qui correspondent, terme pour terme, à une autre suite de nombres en progression par quotient.

Pour former les tables des logarithmes dont on se sert généralement, on a choisi la progression par quotient décuple ∺ 1 : 10 : 100 : 1000 : 10000 : 100000 :, etc., à laquelle on a fait correspondre la progression par différence ÷ 0 · 1 · 2 · 3 · 4 · 5 ·, etc., formée par les nombres naturels.

On a cherché à trouver les logarithmes des nombres intermédiaires entre 1 et 10, entre 10 et 100, etc. Puisque le logarithme de 1 est 0 et que celui de 10 est 1, il s'ensuit que les logarithmes de tous les nombres intermédiaires entre 1 et 10 seront plus que 0 et moins que 1; ils seront donc une fraction décimale que l'on pousse ordinairement jusqu'aux cent-millièmes et millionièmes, c'est-à-dire, jusqu'à 5 et 6 décimales. Le chiffre qui précède les décimales prend le nom de *caractéristique*, et se sépare des décimales par un point en haut. En général la caractéristique indique la quantité de chiffres moins un dont est composé le nombre dont elle est le logarithme.

Les usages des logarithmes consistent : 1° à abréger les multiplications en les réduisant à de simples additions, et les divisions en les réduisant à de simples soustractions; 2° à former la puissance d'un nombre au moyen d'une simple multiplication, et à extraire la racine d'un nombre au moyen d'une division.

Pour faire une multiplication par logarithme, il faut chercher le log. du multiplicande et celui du multiplicateur, et les additionner; la somme qui en résultera sera le logarithme du produit demandé, produit que l'on trouvera en cherchant le nombre auquel correspond ce dernier logarithme.

Soit à multiplier 97 par 89; nous cherchons les logarithmes de ce nombre, et nous avons 97 1'98677
le logarithme de.................. 89 1'94949

Nous additionnons, et nous trouvons.... 3'93626

Cherchant ce total dans les tables, on trouve qu'il répond à 8633. Le produit de 97 par 89 est, en effet, 8633.

Pour faire une division par logarithme, il faut chercher le logarithme du dividende et celui du diviseur, puis retrancher ce dernier du premier; ce qui restera sera le logarithme du quotient demandé.

Soit 189 à diviser par 27; nous chercherons d'abord le logarithme de 189 qui est 2'28646
celui de 27 qui est 1'43136

Reste.............. 0'84510

En cherchant à quel nombre correspond 0'84510, nous trouvons 7. En effet, le quotient de $\frac{189}{27} = 7$.

Pour former la puissance d'un nombre par logarithme, il faut en multiplier le logarithme par le degré de cette puissance. Le produit sera le logarithme de ce nombre élevé à la puissance demandée.

Pour élever 69 à la seconde puissance, il faut multiplier ce nombre par lui-même. En ajoutant donc le logar. de 69 à lui-même, on aura le log. du produit. Ainsi, le log. de 69 est 1·83885, et, l'ajoutant à lui-même, 3·67770, qui répond dans les tables au nombre 4761 qui est réellement le carré de 69.

On peut aussi extraire la racine quelconque d'un nombre par logarithme : il suffit de diviser ce dernier par le nombre qui marque le degré de cette racine ; le quotient sera la racine cherchée.

Soit la racine cinquième de 3982 :

$x^5 = 3982$, d'où 5 log. $x =$ log. 3982, d'où log. $x = \frac{\text{log. } 3982}{5}$.

Les logarithmes peuvent servir à d'autres usages que ceux dont nous venons de parler. On peut les employer dans la géométrie, l'arpentage, etc., etc. (1).

« On peut trouver la hauteur d'un clocher, d'un arbre, par la longueur de l'ombre à midi. Pour cela, on prend la déclinaison du soleil pour ce jour-là ; on l'ôte de la latitude du lieu, si elle est boréale ; on l'ajoute, si elle est australe. On ajoute le logarithme contangent de la différence ou de la somme avec celui de l'ombre, et l'on a le logarithme de la hauteur cherchée.

« Ainsi, un architecte veut connaître la hauteur d'une tour, il s'en éloigne de 120 pieds, et il mesure l'angle du sommet relativement au bas de la tour de 70° 30′ ; il ne faut qu'ajouter le logarithme de 120 avec celui de

(1) Nous allons transcrire ici les préliminaires des tables des logarithmes de Jérôme de Lalande, afin que les personnes qui ne connaissent point l'usage des logarithmes, et qui s'adresseront aux susdites tables, puissent plus aisément en faire l'application, ayant sous les yeux les mêmes exemples que ceux donnés par ce célèbre mathématicien.

la tangente 70° 30′, et l'on a pour somme le logarithme de 339 pieds.

120	2'07918
Tangente 70° 30′	0'45085
	2'53003

« Si l'instrument qui a servi à prendre l'angle est élevé de 4 pieds au-dessus du sol et qu'on ait visé horizontalement, il faut les ajouter à la hauteur trouvée.

« Un arpenteur a mesuré la surface d'une forêt de 285 toises carrées, sur le penchant d'une montagne inclinée de 30 degrés ; il faut la rapporter à un plan horizontal en la multipliant par le cosinus de 30°, la somme répond à 247 toises carrées, qui forment la surface cherchée.

285	2'45484
Cos. 30°	9'93753
247	2,39237 »

Trouver la surface d'un cercle dont on connaît le diamètre. « Supposons, dit toujours Lalande, que le diamètre soit de 24 pouces, on ajoutera le double de son logarithme avec celui constant 9'89509, et l'on aura la surface 452 pouces carrés, et en cherchant avec la caractéristique 3, on aura 452'4 ou 4 dixièmes de plus.

24	1'38021	
	1'38021	2'65551 ou 452,4 »
	9'89509	

Jaugeage des tonneaux. « Le logarithme de la surface

du cercle, trouvée ci-dessus, pour un diamètre de 24 pouces, étant ajouté avec celui de la longueur 24 du tonneau, donnera le volume du cylindre en pouces cubes; si l'on en ôte celui de 48 pouces, on aura le logarithme des pintes du cylindre 226. et 2 dixièmes.

452	2'65551
24	1'38021
	4'03572
48	1'68124
226;2	2'35448

«Cette méthode suppose que le tonneau est égal au cylindre décrit sur le diamètre moyen; il serait un peu plus exact d'ajouter le double du cylindre décrit sur le plus grand diamètre avec le cylindre décrit sur le plus petit, et de prendre le tiers de la somme; l'erreur serait à peine de $\frac{1}{150}$ et presque toujours plus petite.»

§ III.

TRIGONOMÉTRIE.

L'objet de la trigonométrie rectiligne est de déterminer trois des six éléments qui composent un triangle par la connaissance des trois autres. L'on sait que dans un triangle il entre toujours six parties savoir: trois côtés et trois angles. La trigonométrie fournit des moyens faciles de résoudre les triangles par la connaissance de trois de ses parties, pourvu que parmi ces trois il entre au moins un côté ; car si l'on donnait simplement les trois angles d'un triangle, tous les triangles semblables satisferaient à la question que l'on s'est proposée, et l'on ne pourrait d'ailleurs établir que le rapport qui existe entre les côtés des deux triangles, puisque les côtés opposés aux angles égaux dans les deux triangles sont proportionnels. L'on distingue deux différentes méthodes pour la résolution des triangles ; les unes que l'on nomme méthodes graphiques, et les autres qui sont fondées sur le calcul. Nous montrerons par la suite de quelle manière on a substitué le calcul aux méthodes graphiques.

L'on entend par méthodes graphiques celles qui sont fondées sur des constructions qui se font au moyen des instruments faits pour cet usage. C'est ainsi que, par une construction graphique, l'on peut, étant donnés les trois côtés d'un triangle, construire ce triangle.

La solution du problème ne peut avoir lieu qu'autant que chacun des côtés est plus petit que la somme des deux autres ; car si le contraire avait lieu, on prouverait, comme on l'a fait en géométrie, que le triangle ne peut pas être construit. Nous disons donc, qu'étant donnés les trois côtés d'un triangle, on peut le construire. En effet, si d'une des extrémités d'un des côtés comme centre et d'un rayon égal à l'autre côté on décrit une circonférence, cette circonférence aura tous les points également éloignés des autres ; si de l'autre extrémité comme centre on décrit une autre circonférence avec un rayon égal au troisième côté, alors cette circonférence coupera la première en un point de la droite donnée, et comme elle a tous ses points à égale distance du centre, le point d'intersection des deux circonférences, étant uni avec les extrémités de la ligne donnée, formera deux droites qui, comme rayons, seront égales aux deux droites avec lesquelles on a décrit les deux circonférences, et qui, par conséquent, le seront avec le second et le troisième côté donné. Le triangle ainsi construit sera le triangle demandé. L'on pourrait encore faire usage des constructions graphiques, si l'on avait à résoudre un triangle dans lequel on donnerait deux côtés et l'angle opposé à l'un d'eux.

Nous faisons observer qu'il y a deux cas à considérer : 1° si l'angle était obtus ou droit, il faudrait alors que le côté opposé à cet angle fût plus grand que l'autre côté donné, car le plus grand angle dans un triangle est opposé à un plus grand côté. Si l'angle donné était aigu, il serait nécessaire que le côté opposé à cet angle fût plus grand que l'autre. Mais si le côté opposé à l'angle était plus petit que l'autre côté, on pourrait construire deux triangles qui satisferaient à la question. Car si du sommet où se rencontrent les deux droites données comme centre et d'un rayon égal au côté opposé à l'angle donné, on décrivait une circonférence de cercle, elle couperait le côté sur lequel tombe la droite opposée à l'angle donné en deux points. Si l'on unissait le point d'intersection avec le sommet de l'angle formé par les deux droites données, l'angle des deux triangles formés, l'un par la première construction, l'autre déterminé par la droite menée au sommet de l'angle au point d'intersection de la circonférence avec le côté, les triangles formés par les deux rayons de la circonférence seraient rectangles ; par conséquent, l'angle formé par le côté opposé à l'angle donné et l'autre côté serait supplément de l'angle obtus, c'est-à-dire qu'il formerait avec lui une somme égale à deux angles droits.

2° Si l'on désirait connaître des angles et des côtés d'un polygone, l'on y parviendrait par les moyens que nous allons établir, c'est-à-dire que pour reconnaître la valeur de ses angles, on pourrait prendre l'angle droit pour unité de mesure, ou chercher au moyen du rapporteur quelle est leur valeur en parties de la circonférence. Quant aux côtés, on pourrait employer pour les mesurer l'ouverture d'un compas, que l'on porterait sur chacun d'eux autant que possible, ayant soin d'évaluer en fractions les restes plus petits que l'unité, s'il y en avait.

Voici quel est l'objet des méthodes graphiques : Elles donnent une approximation des surfaces dont on veut rapporter l'étendue sur le papier, mais elles sont sujettes à de grands inconvénients du côté de l'imperfection des instruments; on leur a donc substitué les calculs, qui donnent des approximations beaucoup plus exactes et plus rapprochées, comme nous le verrons par la suite. Nous montrerons aussi comment on a pu les introduire dans la trigonométrie, lorsqu'on remarquera que la résolution d'un triangle rectiligne, en général, se ramène à la résolution d'un triangle rectangle. N'aurait-on pas pu former une table dans laquelle on eût les valeurs des angles aigus, des côtés qui comprennent l'angle droit du triangle rectangle, en imaginant que, l'hypoténuse étant constante, l'on fasse croître l'angle c qu'elle comprend depuis un arc zéro jusqu'à ce que les droites aient pour valeur 100°, c'est-à-dire qu'elles soient parallèles? Or, supposons qu'on ait construit cette table. Soit le triangle rectangle ABC (*fig.* 51), dans lequel on suppose l'hypoténuse BC constante et se mouvant au point C. L'on sent fort bien que, lorsque la droite BC est confondue avec AC, il n'existe pas d'angles; mais supposons que BC commence à se séparer. Nous convenons, une fois pour toutes, de représenter par de petites lettres les côtés, et les angles par les grandes.

Supposons maintenant qu'on ait construit une table, dans laquelle on ait dans la première colonne la valeur des angles aigus depuis 0 jusqu'à 100°, la valeur des côtés AB, qui comprennent l'angle droit, ainsi que du côté AC. Nous désignerons ces côtés l'un par b, l'autre par c.

C	c	b
C′	c'	b'
C″	c''	b''
C‴	c'''	b'''
C^{IV}	c^{IV}	b^{IV}
C^{V}	c^{V}	b^{V}

etc.

Imaginons donc, comme nous l'avons déjà fait, que l'hypoténuse étant confondue avec AC, elle commence à s'en séparer; désignons par C l'inclinaison de BC sur AC. Dans ce cas, calculons quelle est la valeur de c et la valeur de b, et rapportons ces valeurs dans la table à chaque colonne qui leur est propre ; supposons encore que la droite BC s'éloigne de AC, en passant par tous les états de grandeur possible, et qu'après avoir calculé les angles formés par chaque inclinaison de BC sur AC, l'on ait aussi calculé dans chaque angle la valeur des côtés qui comprennent l'angle droit. L'on a trouvé, par exemple, une suite d'angles, exprimés par C, C', C'', C''', etc., et une suite de côtés désignés par *c*, *c'*, *c''*, *c'''*, etc., et *b*, *b'*, *b''*, *b'''*, etc. Au moyen de cette table il est facile de résoudre un triangle. Soit proposé le triangle A'B'C' (*fig* 51 *bis*), dans lequel on donne l'angle C et les deux côtés B'*c'* et A'*c'*, il s'agit de déterminer les autres angles et les côtés inconnus. D'abord, connaissant l'angle *c'*, on trouve dans la table un triangle semblable à celui-ci, car l'angle C et les côtés qui comprennent l'angle droit, ont passé par tous les états de grandeur ; soit C' égal à C'', on pourra déterminer A'B' par la proportion B'*c'* : R : : *x*, ou A'B' : C'', l'on aura ainsi la valeur de A'B'. Pour déterminer la valeur de B', on sait que B' est le complément de C' ; l'on retranchera donc C' de 100°, et le reste sera la valeur de B'. Quant à A', la valeur est de 100°. L'on voit donc combien il serait facile, au moyen de ces tables, de déterminer trois des éléments d'un triangle par la connaissance des trois autres.

Mais l'on sent de suite qu'il est impossible de faire passer des droites par chaque état de grandeur ; voilà pourquoi l'on a subdivisé la circonférence en un certain nombre de parties égales appelées *degrés*, le degré en un certain nombre de parties égales appelées *minutes*, et la minute en un certain nombre de parties égales qu'on appelle *secondes*, comme nous allons le faire voir.

Soit une droite sur laquelle, comme diamètre, on décrit une demi-circonférence. Si du point C comme centre on élève le rayon CD (*fig.* 52) perpendiculaire à OM, et qui fera avec OC un angle droit OCD ; si l'on suppose la circonférence divisée en différentes parties B'B'' et B, et que de chaque extrémité l'on abaisse des perpendiculaires, l'on formera ainsi une suite de triangles rectangles qui auront tous la même hypoténuse ; et si, par le point O, l'on élevait une perpendiculaire, l'on formerait, en prolongeant les hypoténuses CB, CB', CB'', etc., une suite de triangles rectangles dans lesquels un des côtés qui comprend l'angle droit serait constant ; par ce moyen, l'on formerait la table dont il s'agit, en faisant successivement parcourir à l'hypoténuse l'espace OBD. Mais l'on sent de suite que, quel que soit le nombre de parties dans lesquelles se compose un instrument, on ne pourra jamais parvenir à former une suite d'angles consécutifs, en faisant passer par chaque état de grandeur l'hypoténuse constante, car la subdivision de l'instrument serait alors infinie.

Mais voici comment on est parvenu à former une suite de triangles rectangles dans lesquels on pouvait obtenir la valeur des côtés qui comprennent l'angle droit, ainsi que celle de l'angle formé au centre par le rayon OC et l'hypoténuse :

On a subdivisé la circonférence en 360 parties égales qu'on appelle *degrés*, le degré en 60 autres parties égales appelées *minutes*, et la minute en 60 parties égales qu'on nomme *secondes*.

Voici comment les géomètres avaient subdivisé la circonférence, et cela à cause des diviseurs 60 et 360 : Le quadrance, ou le quart de la circonférence, était alors partagé en 90 parties égales ; mais, depuis la découverte du système décimal, on a pensé qu'il serait plus à propos d'introduire dans la circonférence la subdivision décimale ; c'est pourquoi l'on a divisé la circonférence en 400 parties égales appelées *degrés*, le degré en 100 minutes, et la minute en 100 secondes. Ainsi, un arc de 35 degrés 10 minutes 15 secondes s'écrit ainsi : 35° 10′ 15″. On pourrait, d'après cela, former facilement la table dont il est question en calculant successivement la valeur des angles, depuis une seconde jusqu'à 100 secondes ou une minute, ainsi de suite. C'est par ce moyen qu'on parviendrait à former la table dont il est question, et par laquelle, comme nous l'avons déjà fait voir, on parviendrait à déterminer trois des parties d'un triangle dont on connaîtrait la valeur des trois autres.

On peut, d'après la connaissance de la nouvelle subdivision de la circonférence et de l'ancienne, proposer ce problème : Étant donné un arc de la nouvelle division, trouver son rapport avec l'unité. On prend ordinairement le quadrant pour unité. Si l'on avait, par exemple, 35° 17′ 28″, ce qui se réduit en minutes en multipliant d'abord par 100, et en secondes en multipliant par 100 le nouveau produit, on aurait donc, en réduisant en minutes, 351728. Mais le rapport de cet arc au quadrant est $\frac{351728}{1000000}$. Nous disons millionièmes, car on a fait subir aux degrés la même réduction qu'aux minutes. Si l'on ramène cette fraction à la fraction décimale d'où elle résulte, on aura 0,351728, ce qui indique que l'arc donné ne contient pas le quadrant. On trouverait de même le rapport d'un arc de l'ancienne division à l'unité ou au quadrant pris pour unité de mesure. Soit 43° 17′ 28″; on doit observer que le rapport de 43° à l'unité est $\frac{43^\circ}{90}$, que le rapport de 17′ à l'unité est de 90×60 pour avoir des minutes, et que le rapport de 28″ à l'unité est de $90 \times \overline{60}^2$. On propose, maintenant, ce nouveau problème : Étant donné un arc en degrés, minutes et secondes de l'ancienne division, trouver à quel arc de la nouvelle il correspond. Soit, par exemple, l'arc 43° 37′ 53″; en réduisant en secondes, on aura 23753″. Pour trouver le nombre de degrés de la nouvelle division, on établira la proportion

$$324000 : 1000000 :: 3753 : x.$$

Réciproquement, on pourrait proposer cette question : Étant donné un arc en degrés, minutes, secondes de la nouvelle division, trouver à quel arc il correspond dans l'ancienne. (*Fig.* 53.)

Passons maintenant aux différentes dénominations qu'on a données aux lignes trigonométriques.

L'on est convenu d'appeler *sinus* de l'arc DF la droite FH abaissée de l'extrémité de l'arc sur le diamètre ou le rayon qui passe par l'autre extrémité et de ne l'écrire qu'avec trois lettres. L'on nomme *tangente* de l'arc DE la droite ED, perpendiculaire à l'extrémité de la droite sur laquelle le sinus est perpendiculaire et qui est déterminée par BE, qui a pris le nom de *sécante*. L'on appelle *cosinus* DF le sinus du complément de l'angle DBF ou le sin. (100° — DF). L'on nomme aussi *cotangente* la tangente du complément de l'angle DBF ; et *cosécante*, la sécante du complément ou séc. (100° — DF).

FH = sin. FD.
DE = tang. FD.
FB = séc. FD.
FG = cos. FD = sin. (100° — FD).
AE = cot. FD = tan. (100° — FD).
BF = cos. FD = séc. (100° — FD).

Les relations qui existent entre les lignes trigonométriques sont telles, que si l'on connaissait deux sinus consécutifs, l'on obtiendrait facilement la valeur de la tangente, de la sécante, et par suite de la cosécante et de la cotangente, comme nous allons le démontrer. En effet, les deux triangles BDE et BHF sont semblables, car l'angle H = D comme angle droit, l'angle B est commun, le troisième angle est donc égal de part et d'autre ; donc, le triangle BDE est semblable au triangle BHF. On démontrerait de même que FHB est semblable à EAD, car BAF est semblable à AEB. Mais FAB = FHB ; donc, le triangle EHB est semblable au triangle EAB. Les deux triangles semblables EDB, EHB donnent la proportion :

$$\text{Tang. A} : \text{sin A} :: \text{R} : \text{cos A} \qquad \text{Tang. A} = \frac{\text{R sin A}}{\text{cos A}}$$

Il faut employer dans les proportions les sinus consécutifs dont on connaît la valeur. On a encore la proportion :

$$\text{R} : \cos.\ \text{A} :: \text{séc. A} : \text{R} \qquad \text{Séc. A} = \frac{\text{R}^2}{\cos \text{A}.}$$

Il serait fort aisé, d'après ces valeurs, de déterminer la cosécante et la cotangente ; car l'on n'a qu'à substituer dans la valeur de séc. A et de tang. A (100° — A), puisque la cosécante et la cotangente sont les tangentes et les sécantes du complément des angles dont il est question. On aurait donc, pour valeur de la cotangente, $\text{Cot.} = \frac{\text{R} \sin 100° - \text{A}}{\cos 100° - \text{A}} = \frac{\text{R} \cos \text{A}}{\sin \text{A}}$; de même, $\text{Cos A} = \frac{\text{R}^2}{\cos 100° - \text{A}} = \frac{\text{R}^2}{\sin \text{A}}$; en effet, la valeur de Sin 100 — A = cos A, celle de Cos 100 — A = sin A.

Étant donnés les sinus et cosinus de deux arcs, trouver les sinus et les cosinus de leur somme et de leur différence. (*Fig.* 52.)

$\text{A}m = \text{A}$	$pm = \sin \text{A}$	$ep = \cos \text{A}$
$mb = \text{B}$	$bd = \sin \text{B}$	$ed = \cos \text{B}$
$amb = (a+b)$	$\text{B}e = bf + dg = \sin(a+b)$	$ce = cg - df = \cos(a+b)$
$\text{AH} = (a-b)$	$hk = dg - bf = \sin(a-b)$	$ck = eg + df = \cos(a-b)$

Les trois triangles semblables Emp, emg et Bdf donnent les proportions :

$$\left.\begin{array}{l}\text{R} : \cos \text{B} :: \sin \text{A} : gd \\ \text{R} : \cos \text{A} :: \sin \text{B} : bf\end{array}\right\} \begin{array}{l} gd = \frac{\sin a \cos b}{\text{R}} \\ \text{B}f = \frac{\sin b \cos a}{\text{R}}\end{array}$$

Or, $gd + bf = \sin(a+b)$; donc, $\text{Sin}(a+b) = \frac{\sin a \cos b + \sin b \cos a}{\text{R}}$

On a encore les proportions :

$$\left.\begin{array}{l} R : \cos a :: \cos b : gc \\ R : \sin a :: \sin b : df \end{array}\right\} \begin{array}{l} gc = \frac{\cos a \cos b}{R} \\ df = \frac{\sin a \sin b}{R} \end{array}$$

Or, $Gc - Df = \cos(a+b)$; donc, $\text{Cos}(a+b) = \frac{\cos a \cos b - \sin a \sin b}{R}$

Observons que les triangles BDf, dhl, sont égaux, et agissons en conséquence.

On a $Dg - bf = \sin(a-b)$; donc, $\text{Sin}(a-b) = \frac{\sin a \cos b - \sin b \cos a}{R}$

On a $eg + Df = \cos(a-b)$; donc, $\text{Cos}(a-b) = \frac{\cos a \cos b - \sin b \sin a}{R}$

Rassemblant ces quatre résultats, on a :

$$\text{Sin}(a+b) = \frac{\sin a \cos b + \sin b \cos a}{R}$$

$$\text{Cos}(a+b) = \frac{\cos a \cos b - \sin a \sin b}{R}$$

$$\text{Sin}(a-b) = \frac{\sin a \cos b - \sin b \cos a}{R}$$

$$\text{Cos}(a-b) = \frac{\cos a \cos b + \sin a \sin b}{R}$$

Or, on voit qu'il n'y a de différence que parmi les signes, et l'on peut écrire :

$$\text{Sin}(a \pm b) = \frac{\sin a \cos b \pm \sin b \cos a}{R}$$

$$\text{Cos}(a \pm b) = \frac{\cos a \cos b \pm \sin a \sin b}{R}$$

Nous avons déjà vu que si l'on pouvait, pour deux points de la circonférence, calculer le sinus d'un arc en parties du rayon, par le moyen des relations qui existent entre les différentes lignes trigonométriques, on pourrait aisément déterminer la tangente, la sécante, etc., et il suffit de savoir exprimer le sinus.

Maintenant, quand on aura obtenu les sinus et cosinus de deux points, on pourra trouver les valeurs des sinus et cosinus, pour les autres points de division, avec les formules que nous venons d'établir.

En effet, soit A un arc et X un autre arc, on aura, d'après les formules précédentes :

$$\text{R} \sin(a+x) = \frac{\sin a \cos x + \sin x \cos a}{\text{R}}$$

$$\text{R} \sin(a-x) = \sin a \cos x - \sin x \cos a\ ;$$

ajoutons et l'on aura :

$$\text{R} \sin(a+x) + \text{R}(\sin a - x) = \sin a \cos x + \sin x \cos a$$
$$- \sin a \cos x + \sin x \cos a\ ;$$

donc, il vient :

$$\text{R} \sin(a+x) + \text{R} \sin(a-x) = 2 \sin a \cos x$$

$$\text{Sin}(a+x) = \frac{2 \sin a \cos x}{\text{R}} - \sin(a-x).$$

On voit par cette équation qu'il y a une relation entre les sinus de trois arcs, l'arc $(a-x)$, l'arc A et l'arc $(a+x)$. Or, ces arcs peuvent être considérés comme les termes consécutifs d'une progression par différence dont la raison est X, et lorsqu'on partage la circonférence en un million de parties égales, les arcs consécutifs forment une progression arithmétique par différence dont la raison est égale à l'arc ; l'équation précédente fait connaître les sinus d'un des arcs en progression arithmétique quand on a les deux précédents. Supposons que la circonférence soit divisée en secondes.

$$\left.\begin{array}{r}\text{Soit } x = 1'' \\ a = 1'' \\ \text{Le rayon R} = 1\end{array}\right\} \begin{array}{l}\text{on a Sin } 1'' \\ \text{et Cos } 1''\end{array}$$

On aura $\text{Sin } 2'' = 2 \sin 1'' \cos 1''$

$$\left.\begin{array}{r}\text{Soit } x = 1' \\ a = 2''\end{array}\right\} \text{on aura Sin } 3'' = 2 \sin 2'' \cos 1'' - \sin 1''$$

$$\left.\begin{array}{r}\text{Soit } x = 1' \\ a = 3''\end{array}\right\} \sin 4'' = 2 \sin 3'' \cos 1'' - \sin 2''$$

$$\left.\begin{array}{r}\text{Soit } x = 1' \\ a = 4\end{array}\right\} \sin 5 = 2 \sin 4'' \cos 1'' - \sin 3''$$

etc. etc.

En un mot, $\text{Sin } (a+1') = 2 \sin a \cos 1' - \sin (x - 1')$.

Cette dernière équation donnerait tous les sinus de seconde en seconde, et il suffirait de connaître sin 1′, car on connaît sin 0′ qui est zéro. Ainsi l'on connaît les deux précédents, ce qui suffit.

On voit par-là que si l'on divise la circonférence en un nombre quelconque de parties égales, il suffit de connaître les sinus de deux des arcs d'une division, et l'équation précédente fait voir que le sinus de l'un quelconque de ces arcs est égal au double du sinus de l'arc précédent multiplié par le cosinus de la différence moins le sinus de l'antipénultième.

Nous allons d'abord examiner la loi du sinus et du cosinus, à mesure que l'arc augmente; pour cela, soit MD (*fig.* 54) le sinus de l'arc AM. Lorsque le point M de cet arc se confondra avec le point A, le sinus MD se confondra avec le point D et sera par conséquent zéro; le sinus de l'arc zéro est donc zéro. Ce qui s'indique ainsi: $\text{Sin } 0° = 0$. Le cosinus dans ce cas est évidemment égal au rayon, parce que le point D de la ligne CD se confond avec A, et on a Cos $0^\circ = R$. Il suit de la nature même du cercle, qu'à mesure que l'arc augmente, le sinus de cet arc augmente et le cosinus diminue; lorsque le point M sera au milieu de l'arc AB, le sinus de l'arc sera égal au cosinus, parce que le triangle MDC sera alors isocèle, puisque les angles DMC,MCD sont égaux comme étant composés chacun de 50°; on a d'ailleurs la relation Sin $^2 50^\circ + \cos{}^2 50^\circ = \overline{R}^2$, ou 2 sin $^2 50^\circ = \overline{R}^2$; donc, Sin $50^\circ = \frac{R}{\sqrt{2}} = \frac{R\sqrt{2}}{2} = \cos 50^\circ$. On sait que le côté de l'hexagone régulier inscrit est égal au rayon; mais le sinus est la moitié de la corde qui sous-tend un arc double, parce que le rayon sur lequel il est perpendiculaire, peut être considéré comme partageant en deux parties égales la corde de l'arc double au sinus qui est la moitié de cette corde; par conséquent, le sinus de la douzième partie de la circonférence sera la moitié de la corde qui sous-tend cet arc, cette corde est le rayon. Le sinus de l'arc douzième de la circonférence ou de l'arc de $33^\circ\ {}^1/_3$ sera égal à la moitié du rayon; on aura Sin $33^\circ\ {}^1/_3 = {}^1/_2\ R$; d'où on tirera Cos $^2 33^\circ\ {}^1/_3 = R^2 - \frac{R^2}{4} = {}^3/_4 R^2$; d'où Cos $33^\circ\ {}^1/_3 = \frac{R\sqrt{3}}{2}$. Si maintenant on suppose que l'arc soit de 100°, le point M se confondra avec le point B, et on aura Sin $100^\circ = R$; le point D se confondant avec le point C, on aura Cos $100^\circ = 0$; lorsque le point M passera au-delà de B, les sinus commenceront alors à décroître, et les cosinus augmenteront à proportion. Ainsi l'on voit que l'arc AM' a pour sinus M'P' et pour cosinus, M'C ou CO'; mais l'arc M'O est supplément de l'arc AM', puisque M'O + AM' égale une demi-circonférence ; d'ailleurs si on mène M'N parallèle à AO, il est clair que les arcs AM,OM', compris entre parallèles, seront égaux, ainsi que les perpendiculaires des sinus MP, M'P'. Donc, le sinus d'un arc d'un angle est égal au sinus du supplément de cet arc ou de cet angle. L'arc ou l'angle A a pour expression de son supplément 200° = A, ainsi l'on a en général Sin A = sin 200° — A ; on exprimerait la même propriété par l'équation Sin(100° + B) = sin(100° — B). Les mêmes arcs, qui sont suppléments l'un de l'autre et qui ont les sinus égaux, ont aussi leurs cosinus égaux ; mais il faut observer que ces cosinus sont dirigés dans des sens différents. Cette différence de situation s'exprime dans le calcul par l'opposition des signes ; de sorte que si l'on regarde comme positifs ou affectés du signe + les cosinus des arcs moindres que 100°, on devra regarder comme négatifs les cosinus des arcs plus grands que 100° ; en voici la raison : le complément d'un arc plus grand que 100° est négatif, son sinus doit aussi être négatif ; mais pour rendre cette vérité encore plus palpable, cherchons l'expression de la distance du point A à la perpendiculaire MD. Si l'on fait l'arc AM = x, on aura CB = cos x, et la distance cherchée AD sera AD = R — cos a ; la même formule doit exprimer la distance du point A à la droite MD, quelle que soit la grandeur de l'arc AM dont l'origine est au point A. Supposons donc que le point M vienne en M', en sorte que x désigne l'arc AM'. On aura encore en ce point AD = R — cos x ; mais AD' = R + CD', on aura donc R + cd' = R — cos x

ou Cos $x = cd'$, ce qui fait voir que Cos x est alors négatif, et parce que $D' = cd = \cos 200^\circ - x$, on a Cos $x = -\cos(200^\circ - x)$; on aura donc en général Cos $A = -\cos 200^\circ - A$ ou Cos $(100^\circ + B) = -\cos(100^\circ - B)$. Lorsque le point M sera au milieu de l'arc OB, c'est-à-dire que l'arc MA sera de 150°, on aura, d'après ce qui vient d'être démontré, Sin $150^\circ = \frac{R\sqrt{2}}{2}$, Cos $150^\circ = -\frac{R - \sqrt{2}}{2}$; lorsqu'enfin le point M sera confondu avec le point O, c'est-à-dire que l'arc MA sera de 200°, alors on aura Sin $200^\circ = O$, Cos $200^\circ = -R$.

Nous allons maintenant examiner les valeurs des tangentes et cotangentes pour les divers points du cercle. Pour cela nous supposerons toujours que le point M tourne toujours autour de l'arc de 200° AO. Lorsque le point M sera en A, l'angle ACM sera nul et le point T se confondra avec le point A ; on aura donc Tang $O^\circ = O$. La cotangente, ne rencontrant pas le rayon CM auquel elle sera parallèle, sera infinie, on aura donc Cotangente $O^\circ = \infty$. On aurait pu obtenir ces valeurs en exprimant ces conditions, dans les formules de la tangente et de la cotangente, en fonction des sinus et cosinus, on a Tang $A = \frac{R \sin a}{\cos a}$. Si l'on suppose l'arc $A = o$, il faudra faire Sin $a = o$ et Cos $a = R$, ce qui donne Tang $a = o$, valeur déjà obtenue sur la figure ; on a de même Cot $A = \frac{R \cos a}{\sin a}$. Si l'on suppose de même l'arc $A = o$, on trouvera Cot $A = \frac{R^2}{o} = \infty$. Lorsque M sera sur le milieu de l'arc AB, la tangente sera égale au rayon, parce que dans ce cas le triangle CAM est isocèle comme ayant deux angles égaux chacun de 50° ; mais le côté CA du triangle CAM égale le rayon, on aura donc l'autre côté AM ou Tang $A = R$; on aura alors aussi Cot $A = R$, parce que les deux triangles CAM, MCB, sont égaux. Si l'on fait les mêmes suppositions dans les formules, on trouvera pour les tangentes et les cotangentes les mêmes valeurs ; on a, en effet, Tang $A = \frac{R \sin A}{\cos A}$. Si on suppose l'arc de 50°, alors Sin $A = agA$, ce qui donne, en divisant les deux termes par ce facteur commun, Tang $A = R$; on a de plus Cot $A = \frac{R \cos A}{\sin A}$, ce qui donne pareillement Cot $A = R$. Lorsque le point M sera confondu avec le point B, la tangente AT ne pourra plus rencontrer le rayon CM auquel elle sera parallèle, donc infinie ; quant à la cotangente BS, le point S se confondra avec B, et elle sera O. Les formules donneraient les mêmes valeurs si l'on faisait les mêmes suppositions. Lorsque le point M passera au-delà du point B, c'est-à-dire lorsque l'arc sera plus grand que 100°, le rayon ne rencontrera plus la tangente dans le même sens, ce sera le prolongement du rayon qui la rencontrera dans un sens contraire. Cette différence de direction s'exprime aussi par le changement de signe : ceci une fois démontré pour les cosinus, il est inutile de le démontrer pour la tangente ; car cette dernière est toujours exprimée en fonction du sinus et du cosinus, car le sinus d'un arc plus grand que 100° est toujours positif, le cosinus toujours négatif ; par conséquent le résultat de la division sera négatif et la tangente négative. D'ailleurs, ou $Ao = AT$, ou la tangente d'un arc égale celle de son supplément prise en signe contraire, et généralement Tang A $=$ — tang 100° — A. Il en est de même de la cotangente du supplément, laquelle est égale et en sens contraire à la tangente de l'arc, et l'on a généralement Cot A $=$ — cot 200° — A. Lorsque M sera au milieu de l'arc BO, on aura Tang A $=$ —R, Cot A $=$ —R. Lorsque le point M sera en O, on aura Tang A $=$ —O, Cot A $= -\infty$. Si l'on substituait dans les formules, on trouverait les mêmes valeurs.

Dans la trigonométrie, on ne considère pas le sinus et le cosinus, etc., des arcs et des angles plus grands que 200°, car c'est toujours entre 0 et 200° que sont compris les angles des triangles tant rectilignes que sphériques; mais, dans diverses applications de géométrie, on considère souvent des arcs plus grands que 200° et même des arcs comprenant plusieurs circonférences. Il est donc nécessaire de trouver l'expression des sinus et cosinus de ces arcs, quelle que soit leur longueur.

Nous observerons d'abord que deux arcs égaux et des signes contraires ont des sinus égaux et des signes contraires, tandis que le cosinus est le même pour l'un et pour l'autre. Ainsi, Sin AM $=$ MP, Sin AN $= -pn$, et l'on aura, en général, Sin $(-x) = -\sin x$, Cos $-x$ $= -\cos x$. Les sinus sont toujours positifs depuis zéro jusqu'à 200°, parce qu'ils sont situés d'un même côté du diamètre AB, et depuis 200° jusqu'à 400° ils sont négatifs, parce qu'ils sont situés de l'autre côté du diamètre. Si AB$n' = x$ ou un arc plus grand que 200°, son sinus $p'n' = pn$, sinus de l'arc AM $= x - 200°$; d'où l'on a, en général, $\text{Sin } x = - \sin (x - 200^{\circ})$. Cette formule donne les sinus des arcs entre 0 et 200° ; elle donne $\text{Sin } 400^{\circ} = - \sin 200^{\circ} = 0$. Il est évident, en effet, que si un arc est égal à la circonférence entière, les deux extrémités se confondent en un même point et le sinus se réduit à zéro.

De même si, à un arc quelconque, on ajoute une ou plusieurs circonférences, on retombera exactement sur le point M, et l'arc ainsi augmenté aura le même sinus que l'arc AM. Donc, si C désigne une circonférence entière de 400°, on aura $\text{Sin } x = \sin (c + x) = \sin (2c + x) = \sin (3c + x) =$, etc.

Ayant calculé les formules pour les sinus et cosinus de la somme et de la différence de deux arcs, on pourra en déduire aisément le sinus d'un arc et cosinus d'un arc double. Pour cela, dans la formule $\text{Sin } (a + b) = \frac{\sin a \cos b + \sin b \cos a}{R}$, $\text{Cos } (a + b) = \frac{\cos a \cos b - \sin b \sin a}{R}$, il n'y a qu'à faire $a = b$, et l'on trouve $\text{Sin } 2a = 2 \sin a \cos a$, $\text{Cos } 2a = \cos^2 a - \sin^2 a$. On peut, au moyen de ces formules, obtenir la valeur du sinus et cosinus de la moitié de l'arc en fonction du sinus et cosinus de cet arc. Pour cela, soit l'arc $2a$; on a $R \cos {}^2 a = \cos^2 a - \sin^2 a$; on a, de plus, la relation $\text{Sin}^2 a + \cos^2 a = R^2$. Si l'on ajoute cette équation membre à membre, il viendra $R^2 + R \cos^2 a = 2 \cos^2 a$; d'où $\cos a = \pm \sqrt{\frac{R^2 + 2 \cos 2a}{2}}$. En retranchant les deux premières équations membre à membre, on aura $R \cos 2a - R^2 = 2 \sin^2 a$; d'où $\text{Sin } a = \pm \sqrt{\frac{R^2 - R \cos 2a}{2}}$. Si l'on fait $2a = 100^o$, on devra trouver, pour Sin 50°, au moyen de ces formules, les valeurs déjà trouvées plus haut ; on trouve, en effet, Sin $50^o = \cos 50^o = \frac{R}{\sqrt{2}} = \frac{R\sqrt{2}}{2}$. On trouve, pour ces valeurs, le double signe $+$ et $-$; nous dirons plus tard à quoi tient ce double signe.

Il est quelquefois avantageux d'avoir les valeurs de sinus a et cosinus a exprimées en fonction de Sin $2a$. Pour cet effet, on peut prendre la valeur de Sin $2a$ et de Cos ^2a tirés dans la seconde équation Cos ^2a + sin $^2a = R^2$ et la substituer dans la première Cos $2a = \cos^2 a - \sin^2 a$, ce qui donne $\sqrt{R^2 - \sin^2 a} = R^2 - 2\sin^2 a$, ou bien, $2\sin^2 a = R^2 \mp \sqrt{R^2 - \sin^2 2a}$, ou bien, Sin $a = \sqrt{\frac{R^2 \mp \sqrt{R^2 - \sin^2 2a}}{2}}$. On aurait pareillement $\sqrt{R^2 - \sin^2 2a} = 2\cos^2 a - R^2$; d'où $2\cos^2 a = R^2 \pm \sqrt{R^2 - \sin^2 2a}$; d'où Cos $a = \sqrt{\frac{R^2 \pm \sqrt{R^2 - \sin^2 2a}}{R}}$. Mais comme ces valeurs renferment deux radicaux dans leur expression, nous donnerons plus tard le moyen d'extraire les racines de ces radicaux. Pour le moment, nous allons chercher ces valeurs par un autre moyen ; pour cela, nous remarquons qu'on a $(\cos a + \sin a)^2 = R^2 + R \sin 2a$, car $(\cos a + \sin a)^2 = \cos^2 a + \sin^2 a + 2 \sin a \cos a$; on a pareillement $(\cos a - \sin a)^2 = R^2 - R \sin 2a$; on aura donc Cos $a + \sin a = \sqrt{R^2 + R \sin 2a}$, $\cos a - \sin a = \sqrt{R^2 - R \sin^2 a}$. Si l'on ajoute ces deux équations, on trouve Cos $a = \frac{\sqrt{R^2 + R \sin 2a} + \sqrt{R^2 - R \sin 2a}}{2}$, et, en les retranchant, $\text{Sin}\, a = \dfrac{\sqrt{R^2 + R\sin 2a} - \sqrt{R^2 - R\sin 2a}}{2}$.

On peut, pour moyen de vérification, élever au carré les deux membres de chaque équation, effectuer la réduction, et on retrouve pour les sinus a et cosinus a les valeurs trouvées en fonction de Cos $2a$. On peut, au moyen de ces formules, calculer les sinus et cosinus des arcs de 10° en 10°. Pour cela, je remarque d'abord que le côté du décagone étant égal au plus grand segment du rayon coupé en moyenne et extrême raison, le sinus de l'arc de 20° sera égal à la moitié de ce plus grand segment. Si je désigne le rayon par 1 et ce segment par $2x$, j'aurai $1 : 2x :: 2x : 1-2x$; d'où $4x^2 = 1-2x$, $4x^2 + 2x - 1 = 0$; d'où $x = \frac{1}{4} \pm \sqrt{\frac{1}{16} + \frac{1}{4}} =$ $x = \dfrac{-1 \pm \sqrt{5}}{4}$. $2x$ étant le plus grand segment du rayon partagé en moyenne et extrême raison, x sera le sinus de l'arc 20°. On a d'ailleurs $\text{Cos}^2 20° + \sin^2 20° = R^2 = 1$; d'où $\text{Cos}^2 20° = 1 - \sin^2 20°$. Calculant cette valeur au moyen du sinus commun, on trouve $\text{Cos}^2 20° = 1 - \dfrac{1 + 2\sqrt{5} - 5}{16} = \dfrac{16 - 1 - 5 + 2\sqrt{5}}{16} =$ $\dfrac{10 + 2\sqrt{5}}{16}$; on aura donc d'après cela $\text{Sin}\, 20° = \cos 80°$ $= \dfrac{\sqrt{5} - 1}{4}$, $\text{Cos}\, 20° = \sin 60° = \dfrac{\sqrt{10 + 2\sqrt{5}}}{4}$. On a de plus la relation $\text{Cos}\, 2a = \cos^2 a - \sin^2 a$. On tirera de là $\text{Cos}\, 40° = \cos^2 20° - \sin^2 20°$, ce qui donne, en mettant à la place de $\text{Sin}^2 20°$ et $\text{Cos}^2 20°$, leur valeur, $\text{Cos}\, 40° = \dfrac{10 + 2\sqrt{5}}{16} - \dfrac{6 + 2\sqrt{5}}{16} = \dfrac{4 + 4\sqrt{5}}{16}$

$= \frac{1+\sqrt{5}}{4} = \sin 60^\circ$. On a aussi la relation $\text{Sin}^2 2a = 1 - \cos^2 2a$; on aura donc $\text{Sin}\ 40^\circ = 1 - \cos^2 40^\circ = 1 - \frac{1-2\sqrt{5-5}}{16} = \frac{10-2\sqrt{5}}{16} = \cos 60^\circ$. Si l'on considère la formule $\text{Sin}\ \frac{1}{2} a = \frac{1}{2}\sqrt{R^2 + R \sin a} - \frac{1}{2}\sqrt{R^2 - R \sin a}$ et la formule $\text{Cos}\ \frac{1}{2} a = \frac{1}{2}\sqrt{R^2 + R \sin a} + \frac{1}{2}\sqrt{R^2 - R \sin a}$, on aura $\text{Sin}\ 10^\circ = \frac{1}{2}\sqrt{R^2 + R \sin 20^\circ} - - \frac{1}{2}\sqrt{R^2 - R \sin 20^\circ}$, ou bien $\text{Sin}\ 10^\circ = \frac{1}{2} \sqrt{1 + \frac{\sqrt{5-1}}{4}} - \frac{1}{2}\sqrt{1 - \frac{\sqrt{5+1}}{4}} = \frac{1}{4}\sqrt{3+\sqrt{5}} - \frac{1}{4} \sqrt{5-\sqrt{5}} = \cos 90^\circ$; $\text{Cos}\ 10^\circ = \frac{1}{2}\sqrt{R^2 + R \sin 20^\circ} + \frac{1}{2}\sqrt{R^2 - R \sin 20^\circ}$, ou bien $\text{Cos}\ 10^\circ = \frac{1}{2} \sqrt{1 + \frac{\sqrt{5-1}}{4}} + \frac{1}{2}\sqrt{1 - \frac{\sqrt{5+1}}{4}} = \frac{1}{4}\sqrt{3+\sqrt{5}} + \frac{1}{4} \sqrt{5-\sqrt{5}} = \sin 90^\circ$. Si l'on considère les mêmes formules et qu'on y fasse $a = 60^\circ$, on aura $\text{Sin}\ 30^\circ = \frac{1}{2}\sqrt{R^2 + \sin 60^\circ} = \frac{1}{2}\sqrt{R^2 - \sin 60^\circ}$, ou bien $\text{Sin}\ 30^\circ = \frac{1}{2}\sqrt{1 + \frac{1+\sqrt{5}}{4}} - \frac{1}{2}\sqrt{1 - 1 - \frac{\sqrt{5}}{4}} = \frac{1}{4}\sqrt{5+\sqrt{5}} - \frac{1}{4}\sqrt{3-\sqrt{5}} = \text{Cos}\ 70^\circ$. On aura pareillement $\text{Cos}\ 30^\circ = \frac{1}{2}\sqrt{R^2 + R \sin 60^\circ} + \frac{1}{2}\sqrt{R^2 - R \sin 60^\circ}$, $\text{Cos}\ 30^\circ = \frac{1}{2}\sqrt{1 + \frac{1+\sqrt{5}}{4}} + \frac{1}{2}\sqrt{1 - \frac{1-\sqrt{5}}{4}} = \frac{1}{4}\sqrt{5+\sqrt{5}} + \frac{1}{4}\sqrt{3-\sqrt{5}} = \sin 70^\circ$. On a d'ailleurs $\text{Sin}\ 50^\circ = \frac{1}{2}\sqrt{2} = \cos 60^\circ$, et $\text{Sin}\ 0^\circ = 0 = \cos 100^\circ$, $\text{Sin}\ 100^\circ = R = \cos 0^\circ$; on aura donc obtenu, au moyen de ces formules, les valeurs des arcs du quart de cercle de 10 en 10 degrés.

Nous allons en faire la table suivante. Nous avons supposé dans ces valeurs que le rayon du cercle était 1. On a :

$\text{Sin } 0^\circ = \cos 100^\circ = 0$

$\text{Sin } 10^\circ = \cos 90^\circ = \frac{1}{4}\sqrt{(3+\sqrt{5})} - \frac{1}{4}\sqrt{5-\sqrt{5}}$

$\text{Sin } 20^\circ = \cos 80^\circ = \frac{1}{4}(1+\sqrt{5})$

$\text{Sin } 30^\circ = \cos 70^\circ = \frac{1}{4}\sqrt{(5+\sqrt{5})} - \frac{1}{4}\sqrt{(3-\sqrt{5})}$

$\text{Sin } 40^\circ = \cos 60^\circ = \frac{1}{4}\sqrt{(10-2\sqrt{5})}$

$\text{Sin } 50^\circ = \cos 50^\circ = \frac{1}{2}\sqrt{2}$

$\text{Sin } 60^\circ = \cos 40^\circ = \frac{1}{4}(1+\sqrt{5})$

$\text{Sin } 70^\circ = \cos 30^\circ = \frac{1}{4}\sqrt{(5+\sqrt{5})} + \frac{1}{4}\sqrt{(3+\sqrt{5})}$

$\text{Sin } 80^\circ = \cos 20^\circ = \frac{1}{4}\sqrt{(10+2\sqrt{5})}$

$\text{Sin } 90^\circ = \cos 10^\circ = \frac{1}{4}\sqrt{(3-\sqrt{5})} + \frac{1}{4}\sqrt{(5-\sqrt{5})}$

$\text{Sin } 100^\circ = \cos 0^\circ = 1.$

Quoiqu'on n'emploie pas souvent ces formules pour le calcul des tables des lignes trigonométriques, elles peuvent cependant être d'un grand usage, car on peut les employer comme moyen de vérification ; ainsi, lorsque par des moyens que nous donnerons plus tard, on aura calculé les sinus et cosinus pour les dix premiers degrés, les vingt premiers, etc., on pourra voir, pour moyen de vérification, si lorsqu'on est arrivé au sinus de l'arc de 10°, de 20°, etc., on tombe sur les valeurs trouvées ci-dessus au moyen des formules.

Les formules présentent encore d'autres résultats remarquables. Puisque 2 sin 40° est la corde de 80° ou le côté du pentagone, ce côté sera $\frac{1}{2}\sqrt{(10-2\sqrt{5})}$, son carré sera $\frac{10-2\sqrt{5}}{4}$; le côté du décagone régulier égale 2 sin $20^o = \frac{1}{2}(-1+\sqrt{5})$, son carré égale $\frac{1}{4}$ $(6-2\sqrt{5})$. Si l'on ajoute à cette dernière expression 1 ou le carré du rayon, on aura $\frac{1}{4}(10-2\sqrt{5})$; donc, la somme des carrés du rayon plus le carré du côté du décagone égale le carré du côté du pentagone.

Sinus x étant un arc d'un nombre quelconque de degrés, on aura Sin $(100^o - x) +$ sin $(30^o + x) +$ sin 10° $- x) =$ sin $(60^o - x) +$ sin $60^o + x$. En effet, si l'on considère la formule Sin $(a+b)+$sin $(a-b)=2$ sin a cos b, on aura Sin $(20^o + x)$ + sin $(20^o - x) = 2$ sin 20° cos x ; on aura de même Sin $(60^o + x)$ + sin $(60^o - x)$ $=2$ sin 60° cos x. Retranchant ces deux équations, il vient Sin $(60^o + x)$ + sin $(60^o - x)$ — sin $(20^o + x)$ — sin $(20^o - x) = 2$ (sin 60° — sin 20°) cos x ; on a d'ailleurs Sin 60° — sin $20^o = \frac{1}{4}(1+\sqrt{5}) - \frac{1}{4}(-1+\sqrt{5}$ $= \frac{1}{2}$ cos $x =$ sin $100^o - x$, on aura donc d'après cela Sin $(60^o + x)$ + sin $(60^o - x)$ — sin $(20^o + x)$ — sin $(20^o$ $- x) =$ sin $100^o - x$. Si dans cette formule on fait $x = 10^o$, on trouve Sin 10° + sin $50^o =$ sin 90° + sin 20° + sin 30°, relation remarquable entre les divisions décimales impaires du quadrant. Cette formule peut d'ailleurs servir ainsi de moyen de vérification pour la construction des tables des sinus ; cela suppose qu'on y fasse $x = 2$. En subtituant, on devra avoir Sin 62° + sin 58° — sin 22° — sin $18 =$ sin 98°. On pourrait faire plusieurs autres combinaisons qui seraient tout autant de moyens de vérification. L'avantage de cette dernière formule, c'est que, quelque combinaison qu'on y fasse, on n'aura jamais que des additions ou des soustractions à effectuer.

Nous avons vu comment on pourrait calculer le sinus et cosinus du double d'un arc au moyen des puissances du sinus et cosinus de l'arc simple, on pourrait se proposer pareillement de calculer les sinus et cosinus d'un arc multiple quelconque au moyen des puissances des sinus et cosinus de l'arc simple. On pourrait se proposer par exemple de calculer le sinus et cosinus de l'arc triple au moyen des sinus et cosinus de l'arc simple, pour cela soit l'arc a, on aura :

$$\text{Sin } 3\,a = \sin\,(a + 2\,a) = \frac{\sin a \cos 2\,a + \sin 2\,a \cos a}{\text{R}}$$

Si à la place de Sin 2 a et Cos 2 a on écrit leur valeur, il vient $\text{R} \sin 3\,a = \sin\,a\,(\cos^2 a - \sin^2 a) \times 2 \sin a \cos^2 a$. Si l'on veut avoir cette expression en fonction seulement des puissances des sinus, il n'y aura qu'à substituer à la place de $\text{Cos}^2 a$ la valeur $\text{R}^2 - \sin^2 a$, et il viendra $\text{R} \sin 3\,a = \sin a\,(\text{R}^2 - 2 \sin^2 a) \times 2 \sin a\ \text{R}^2 - 2 \sin^3 a$, $\text{R} \sin 3\,a = 3\,\text{R}^2 \sin a - 4 \sin^3 a$. On aurait pareillement $\text{R} \cos 3\,a = \cos\,a\,\cos 2\,a - \sin\,a\,\sin 2\,a$, $\text{R} \cos 3\,a = \cos a\,(\cos^2 a - \sin^2 a) - 2 \sin^2 a \cos^2 a$.

Si l'on veut avoir cette expression en fonction des puissances des cosinus seulement, il n'y aura qu'à substituer, à la place de $\sin^2 a$, la valeur $\text{R}^2 - \cos^2 a$, on aura $\text{R} \cos^3 a = \cos^2 a + \text{R}^2 \cos a - 2\text{R}^2 \cos a + 2 \cos^3 a$; d'où $\text{Cos } 3a = \frac{4 \cos^3 a}{\text{R}^2} - 3\text{R}^2 \cos a$ et $\text{Sin } 3a = \frac{3\text{R}^2 \sin a}{1} - \frac{4 \sin^3 a}{\text{R}^2}$. On pourrait calculer pareillement les valeurs des sinus et cosinus $3a$; pour cela, nous remarquons que l'on a $\text{Cos } 5a = \cos(2a+3a) = \dfrac{\cos 2a \cos 3a - \sin 2a \sin 3a}{\text{R}}$

et $\text{Sin } 5a = \sin(3a+2a) = \dfrac{\sin 2a \cos 3a + \sin 3a \cos 2a}{\text{R}}$

Dans ces formules, à la place de Sin $2a$ cos $2a$ sin $3a$ cos $3a$, nous substituons leurs valeurs et il vient :

$$\text{Sin } 5a = \frac{2 \sin a \cos a\,(-3\text{R}^2 \cos a + 4 \cos^3 a) + (3\text{R}^2 \sin a - 4 \sin 3a)(\cos^2 a - \sin^2 a).}{\text{R}^4}$$

$$\text{Sin } 5a = \frac{8 \sin a \cos^4 a - 6\text{R}^2 \sin a \cos^2 a + 3\text{R}^2 \sin a \cos^2 a - 3\text{R}^2 \sin^2 a - 4 \sin^3 a \cos^2 a + 4 \sin^5 a.}{\text{R}^4}$$

Si l'on veut exprimer la valeur du sinus $5a$ en fonction des puissances du sinus, à la place de cos ^2a, nous mettrons sa valeur $\text{R}^2 - \sin^2 a$, nous aurons :

$$\text{Sin } 5a = \frac{8 \sin a\,(\text{R}^2 - \sin^2 a)\,(\text{R}^2 - \sin^3 a) - 3\text{R}^2 \sin a\,(\text{R}^2 - \sin^3 a) - 3\text{R}^2 \sin^3 a - 4 \sin^3 a\,(\text{R}^2 - \sin^2 a) + 4 \sin 5a.}{\text{R}^4}$$

$$\text{Sin } 5a = \frac{8\text{R}^4 \sin a - 16\,\text{R}^2 \sin^3 a + 8 \sin^5 a - 3\text{R}^4 \sin a - 4\text{R}^2 \sin^3 a + 8 \sin^5 a.}{\text{R}^4}$$

$$\text{Sin } 5a = 5 \sin a - \frac{20 \sin^3 a}{\text{R}^2} + \frac{16 \sin^5 a.}{\text{R}^4}$$

Si l'on calculait par un moyen analogue la valeur des cosinus, on trouverait $\text{Cos}^5 a = 5 \cos a - \dfrac{20 \cos^3 a}{\text{R}^2} + \dfrac{16 \cos^5 a,}{\text{R}^4}$

On pourrait par des substitutions analogues calculer le sinus de $(m+1)\,a$; pour cela, il faudrait faire dans la formule Sin $(a+b)$, $b=mb$. Ce qui donnerait en substituant cette valeur :

Sin$(ma+a)$, ou bien Sin $(m+1)a=\frac{\sin ma \cos a+\sin a \cos ma}{R}$

et Sin $(m+1)\,a=\frac{\sin ma \cos a-\cos ma \sin a}{R}$. Ajoutant ces équations membre à membre, on a Sin $(m+1)\,a + \sin\,(m-1)\,a=\frac{2 \sin ma \cos a}{R}$; d'où R sin $(m+1)$ $a=2\sin ma\cos a-\sin\,(m-1)\,a$. On peut, au moyen de cette formule, calculer le sinus d'un arc multiple quelconque en faisant m successivement égal à 1, 2, 3, etc.

Les formules de Sin $(a+b)$ et Cos $(a+b)$ nous fournissent une foule de conséquences remarquables entre lesquelles nous pourrons distinguer les suivantes, qui sont d'un usage fréquent dans la pratique ; on a : $R\sin(a\pm b)=\sin a\cos b\pm\sin b\cos a$, $R\cos(a\pm b)$ $=\cos a\cos b\mp\sin a\sin b$, d'où on tire Sin$(a+b)$ + $\sin(a-b)=2\sin a\cos b$, ou bien, divisant tout par 2, Sin $a\cos b=\frac{1}{2}R\sin(a+b)+\frac{1}{2}R\sin(a-b)$. Si l'on retranche ces formules au lieu de les ajouter, on a $\frac{1}{2}R\sin(a+b)-\frac{1}{2}R\sin(a-b)=\sin b\cos a$. Si l'on ajoute de même Cos$(a+b)$ avec Cos $(a-b)$ et qu'on le retranche, on aura les deux formules suivantes : $\frac{1}{2}R\cos(a+b)+\frac{1}{2}R\cos(a-b)=\cos a\cos b$, $\frac{1}{2}R\cos(a+b)-\frac{1}{2}R\cos(a-b)=\sin a\sin b$. Nous avons donc par là, les quatre formules suivantes :

$$\text{Sin } a\cos b=\tfrac{1}{2}R\sin(a+b)+\tfrac{1}{2}R\sin(a-b)$$

$$\text{Sin } b\cos a=\tfrac{1}{2}R\sin(a+b)-\tfrac{1}{2}R\sin(a-b)$$

$$\text{Cos } a\cos b=\tfrac{1}{2}R\cos(a+b)+\tfrac{1}{2}R\cos(a-b)$$

$$\text{Sin } a\sin b=\tfrac{1}{2}R\cos(a+b)-\tfrac{1}{2}R\cos(a-b)$$

Au moyen de ces formules, on peut changer un produit de plusieurs sinus et cosinus en sinus et cosinus linéaires ou seulement multipliés par des constantes ; dans ces formules on peut faire $(a+b)=p$, $(a-b)=q$; en substituant et remarquant que $\frac{p+q}{2}=a$, et que $\frac{p-q}{2}=b$; il vient alors :

$$\text{Sin}\, p+\sin q=\frac{\text{R}}{2}\sin\tfrac{1}{2}(p+q)\cos\tfrac{1}{2}(p-q)$$
$$\text{Sin}\, p-\sin q=\frac{\text{R}}{2}\sin\tfrac{1}{2}(p-q)\cos\tfrac{1}{2}(p+q)$$
$$\text{Cos}\, p+\cos q=\frac{\text{R}}{2}\cos\tfrac{1}{2}(p+q)\cos\tfrac{1}{2}(p-q)$$
$$\text{Cos}\, p-\cos q=\frac{\text{R}}{2}\sin\tfrac{1}{2}(p+q)\sin\tfrac{1}{2}(p-q)$$

Au moyen de ces dernières formules on peut réduire deux termes en un seul, et l'on peut enfin chercher le rapport de la somme des sinus de deux arcs à leur différence, le rapport de la somme des sinus à celle de leur cosinus, et, enfin, tous les rapports qui existent entre la somme des sinus et leur différence, la somme des cosinus et leur différence ; pour cela, si l'on veut avoir le rapport de $\text{Sin}\, p+\sin q$ à $\text{Sin}\, p-\sin q$, on divisera ces deux expressions l'une par l'autre, ce qui donnera :

$$\frac{\text{Sin}\, p+\sin q}{\text{Sin}\, p-\sin q}=\frac{\sin\frac{1}{2}(p+q)\cos\frac{1}{2}(p-q)}{\cos\frac{1}{2}(p+q)\sin\frac{1}{2}(p+q)}$$; mais on a d'ailleurs

$$\frac{\text{Sin}\, a}{\text{Cos}\, a}=\frac{\text{tang}\, a}{\text{R}}=\frac{\text{R}}{\cot a}$$, on aura donc

$$\frac{\text{Sin}\, p+\sin q}{\text{Sin}\, p-\sin q}=\frac{\text{tang}\, a\,\frac{1}{2}(p+q)}{\text{R}}=\frac{\text{R}}{\text{tang}\,\frac{1}{2}(p-q)}=$$
$$\frac{\text{tang}\,\frac{1}{2}(p+q)}{\text{tang}\,\frac{1}{2}(p-q)}$$

D'où on voit que le rapport de la somme des sinus de deux arcs est à leur différence comme la tangente de la demi-somme des arcs est à la tangente de la demi-différence de ces mêmes arcs. On aurait pareillement :

$$\frac{\text{Sin}\, p + \sin q}{\text{Cos}\, p + \cos q} = \frac{\sin \frac{1}{2}(p+q) \cos \frac{1}{2}(p-q)}{\cos \frac{1}{2}(p+q) \cos \frac{1}{2}(p-q)} = \frac{\sin \frac{1}{2}(p+q)}{\cos \frac{1}{2}(p+q)} = \frac{\text{tang}\, \frac{1}{2}(p+q)}{\text{R}}$$

On voit par cette formule que le rapport de la somme des sinus de deux arcs est au rapport de la somme des cosinus de ces mêmes arcs comme la tangente de la demi-somme de ces arcs est au rayon. On pourrait pareillement déduire une suite de théorèmes semblables en cherchant le rapport de la somme ou de la différence du sinus de deux arcs à la somme ou à la différence du cosinus de ces mêmes arcs. Nous allons effectuer les calculs, ce qui nous donnera la table suivante :

$$\frac{\text{Sin}\, p + \sin q}{\text{Sin}\, p - \sin q} = \frac{\sin \frac{1}{2}(p+q) \cos \frac{1}{2}(p-q)}{\cos \frac{1}{2}(p+q) \sin \frac{1}{2}(p-q)} = \frac{\text{tang}\, \frac{1}{2}(p+q)}{\text{tang}\, \frac{1}{2}(p-q)}$$

$$\frac{\text{Sin}\, p + \sin q}{\text{Cos}\, p + \cos q} = \frac{\sin \frac{1}{2}(p+q)}{\cos \frac{1}{2}(p+q)} = \frac{\text{tang}\, \frac{1}{2}(p+q)}{\text{R}}$$

$$\frac{\text{Sin}\, p + \sin q}{\text{Cos}\, q - \cos p} = \frac{\cos \frac{1}{2}(p-q) \sin \frac{1}{2}(p+q)}{\sin \frac{1}{2}(p-q) \sin \frac{1}{2}(p+q)} = \frac{\cos \frac{1}{2}(p-q)}{\sin \frac{1}{2}(p-q)} = \frac{\cot \frac{1}{2}(p+q)}{\text{R}}$$

$$\frac{\text{Sin } p - \sin q}{\text{Cos } p + \cos q} = \frac{\cos\frac{1}{2}(p+q)\sin\frac{1}{2}(p-q)}{\cos\frac{1}{2}(p+q)\cos\frac{1}{2}(p-q)} = \frac{\sin\frac{1}{2}(p-q)}{\cos\frac{1}{2}(p-q)} = \frac{\text{tang}\frac{1}{2}(p-q)}{R}$$

$$\frac{\text{Sin } p - \sin q}{\text{Cos } q - \cos p} = \frac{\cos\frac{1}{2}(p+q)\sin\frac{1}{2}(p-q)}{\sin\frac{1}{2}(p+q)\sin\frac{1}{2}(p-q)} = \frac{\cos\frac{1}{2}(p+q)}{\sin\frac{1}{2}(p+q)} = \frac{\cot\frac{1}{2}(p+q)}{R}$$

$$\frac{\text{Cos } p + \cos q}{\text{Cos } q - \cos p} = \frac{\cos\frac{1}{2}(p+q)\cos\frac{1}{2}(p-q)}{\sin\frac{1}{2}(p+q)\cos\frac{1}{2}(p-q)} = \frac{\cot\frac{1}{2}(p+q)}{R} = \frac{R}{\text{tang}\frac{1}{2}(p-q)} = \frac{\cot\frac{1}{2}(p+q)}{\text{tang}\frac{1}{2}(p-q)}$$

Si l'on divise pareillement Sin $(p-q)$ par Sin $(p+q)$ et Sin $(p+q)$ par Sin $(p-q)$, on aura les formules suivantes :

$$\frac{\text{Sin}(p+q)}{\text{Sin } p + \sin q} = \frac{2\sin\frac{1}{2}(p+q)\cos\frac{1}{2}(p+q)}{2\sin\frac{1}{2}(p+q)\cos\frac{1}{2}(p-q)} = \frac{\cos\frac{1}{2}(p+q)}{\cos\frac{1}{2}(p-q)} \quad \text{et}$$

$$\frac{\text{Sin}(p+q)}{\text{Sin } p - \sin q} = \frac{2\sin\frac{1}{2}(p+q)\cos\frac{1}{2}(p+q)}{2\cos\frac{1}{2}(p+q)\sin\frac{1}{2}(p-q)} = \frac{\sin\frac{1}{2}(p+q)}{\sin\frac{1}{2}(p-q)}$$

Si, dans la formule précédente, on fait $q = o$, $b = a$, on en déduira les résultats suivants :

$$\text{Cos}^2 a = \frac{1}{2}R^2 + \frac{1}{2}R\cos 2a$$

$$\text{Sin}^2 a = \frac{1}{2}R^2 - \frac{1}{2}R\cos 2a$$

$$\text{Sin}\, p = \frac{2 \sin \frac{1}{2} p \cos \frac{1}{2} p}{R}$$

$$R + \cos p = \frac{2 \cos^2 \frac{1}{2} p}{R}$$

$$R - \cos p = \frac{2 \sin^2 \frac{1}{2} p}{R}$$

$$\frac{\text{Sin}\, p}{\text{Cos}\, p + R} = \frac{\sin \frac{1}{2} p}{\cos \frac{1}{2} p} = \frac{\text{tang} \frac{1}{2} p}{R} = \frac{R}{\cot \frac{1}{2} p}$$

$$\frac{\text{Sin}\, p}{R + \cos p} = \frac{\cos \frac{1}{2} p}{\sin \frac{1}{2} p} = \frac{\cot \frac{1}{2} p}{R} = \frac{R}{\text{tang} \frac{1}{2} p}$$

$$\frac{R + \cos p}{R - \cos p} = \frac{\cos^2 \frac{1}{2} p}{\sin^2 \frac{1}{2} p} = \frac{\cot^2 \frac{1}{2} p}{R^2} = \frac{R^2}{\cot^2 \frac{1}{2} p}$$

On pourrait aussi développer quelques formules relatives aux tangentes. Si l'on veut avoir la tangente de la somme de deux arcs, on n'a qu'à considérer l'expression :

$$\text{Tang}\, a + b = \frac{R \sin (a+b)}{\cos a + b} = \frac{R \sin a \cos b + \sin b \cos a}{\cos a \cos b - \sin b \sin a}$$

On a aussi :

$\text{Sin}\, a = \dfrac{\cos a \,\text{tang}\, a}{R}$, $\text{Sin}\, b = \dfrac{\cos b \,\text{tang}\, b}{R}$. Substituant ces valeurs dans Tang $(a+b)$, on en tire :

$$\text{Tang}\,(a+b) = \frac{R\,(\text{tang}\, a \cos a \cos b + \text{tang}\, b \cos a \cos b)}{\dfrac{R^2 \cos a \cos b - \text{tang}\, a\, \text{tang}\, b \cos a \cos b}{R}}.$$

Divisant tout par Cos a cos b, il vient :

$\text{Tang}\,(a+b) = \dfrac{R^2\,(\text{tang}\, a + \text{tang}\, b)}{R^2 - \text{tang}\, a\, \text{tang}\, b}$. On a de même :

$$\text{Tang}\,(a-b) = \frac{R^2\,(\text{tang}\, a - \text{tang}\, b)}{R^2 + \text{tang}\, a\, \text{tang}\, b}$$

Si l'on veut avoir l'expression de la valeur de la tangente de $2a$, il faudra faire $b=a$, ce qui donne alors :

Tang $2a = \frac{2\,R^2 \text{ tang } a}{R^2 - \text{tang }^2 a}$. On aurait par là :

$$\text{Cot } 2a = \frac{2\,R^2}{\text{tang } 2\,a} = \frac{R^2}{2 \text{ tang } a} - \frac{1}{2} \text{ tang } a = \frac{1}{2} \text{ cot } a$$
$$- \frac{1}{2} \text{ tang } a$$

Si l'on veut avoir l'expression de la valeur de tangente de $3a$, il faudra faire dans la formule $b = 2a$, ce qui donnera :

$$\text{Tang } 3a = \text{tang } (a + 2a) = \frac{R^2 (\text{tang } a + \text{tang }^2 a)}{R^2 - \text{tang } a \text{ tang }^2 a}$$

Si l'on substitue pour Tang $2a$ la valeur, on trouve :

$$\text{Tang } (a + 2a) = \cfrac{R^2 \text{ tang } a + \cfrac{2\,R^4 \text{ tang } a}{R^2 - \text{tang }^2 a}}{R^2 - \cfrac{2\,R^2 \text{ tang }^2 a}{R^2 - \text{tang }^2 a}}$$

Réduisant tout au même dénominateur et supprimant le dénominateur commun, on trouve :

$$\text{Tang } 3a = \frac{R^4 \text{ tang } a - R^2 \text{ tang }^3 a + 2\,R^4 \text{ tang } a}{R^4 - R^2 \text{ tang }^2 a - 2\,R^2 \text{ tang }^2 a} =$$
$$\frac{3\,R^2 \text{ tang } a - \text{tang }^3 a}{R^2 - 3 \text{ tang }^2 a}$$

FIN DE LA TRIGONOMÉTRIE.

§ IV.

ALGÈBRE.

PRÉLIMINAIRES.

L'algèbre est l'arithmétique généralisée. Seulement au lieu de raisonner sur des chiffres, on ne le fait que sur des grandeurs indéterminées, grandeurs que l'on représente par des signes qui n'ont que la valeur qu'il est convenu de leur donner. Les lettres de l'alphabet remplissent, dans cette partie des mathématiques, le même office que les chiffres dans l'arithmétique. Les quantités connues ou censé connues se désignent ordinairement par les premières lettres de l'alphabet, et les quantités inconnues par les dernières; le plus souvent ce sont : x, y, z. Les quantités ainsi représentées par des lettres s'appellent *quantités algébriques*, et celles représentées par des chiffres *quantités numériques*.

Quoique nous ayons fait connaître quelques signes algébriques qui sont aussi employés dans l'arithmétique et la géométrie, nous croyons bien faire que de les ramener ici pour en offrir le tableau complet.

Ces signes sont au nombre de six, savoir :

1° Pour désigner l'addition, on emploie le signe $+$, qui se prononce *plus*. Ainsi, $a+b$ signifie *a plus b* ou *a augmenté de b*.

2° Pour la soustraction, on emploie le signe $-$, qui

se prononce *moins ;* $a-b$ signifie *a moins b* ou *a diminué de b.*

3° Pour indiquer la multiplication on n'emploie ordinairement aucun signe, on se contente de mettre à la suite l'une de l'autre les lettres à multiplier ; ainsi ab veut dire *a multiplié par b* ; quelquefois cependant on écrit $a.b$ ou $a\times b$. Lorsque l'on a à multiplier une somme ou une différence par une lettre ou par une autre somme ou une autre différence, on met celle-ci entre parenthèses ; ainsi, $(a+b)c$ et $(a-b)(c+d)$ signifie *a plus b multiplié par c* et *a moins b multiplié par c plus d.*

4° Pour indiquer la division on emploie le signe $:$, qui veut dire *divisé par* ; plus souvent on écrit la division de la même manière que les fractions. Ainsi, $a : b$ et $\frac{a}{b}$ signifient tous deux *a divisé par b.* Lorsque l'on veut diviser des sommes ou des différences en employant le signe $:$, on doit les mettre entre parenthèses, écrire, par exemple, $(a+)b : (c-d)$; mais on peut écrire plus simplement $\frac{a+b}{c-d}$.

5° Le signe de l'égalité est $=$, qui signifie *égale.*

6° Le signe de supériorité est $>$, qui signifie *plus grand que,* et le signe d'infériorité est $<$, qui signifie *plus petit que.*

Le *coefficient* est un chiffre placé avant la lettre pour indiquer combien de fois celle-ci doit être multipliée par le chiffre. Un coefficient peut se composer de lettres seules ou de lettres et de chiffres ; cela arrive lorsque l'on considère particulièrement une lettre. Ainsi, si dans une opération nous nous occupons spécialement d'une seule lettre x, et si l'on a la quantité $3ax$, $3a$ sera le coefficient de x. De même, le coefficient peut aussi être une somme, un produit ou une fraction, ainsi $\frac{5a+3b}{c-d} \cdot m.x$; la quantité $\frac{5a+3b}{c-d} \cdot m$ est appelée le coefficient de x.

Lorsque l'on a à multiplier plusieurs lettres l'une par l'autre, on les écrit à la suite l'une de l'autre, ainsi $abcd$ veut dire *a multiplié par b, par c et par d*. Lorsque l'on a à multiplier une lettre par elle-même, on n'écrit pas $aaaa$, mais a^4, en mettant à droite et au dessus de la lettre le chiffre qu'il convient d'y placer. Ce chiffre prend le nom d'*exposant*. Il sert à exposer combien de fois moins une le nombre désigné par la lettre doit être multiplié par lui-même, ou combien de fois cette lettre est prise pour facteur de son produit. Ainsi, $a \times a$ s'écrit a^2, $a \times a \times a$ s'écrit a^3 ; on prononce *a deux, a trois*.

On appelle *puissance* le résultat de la multiplication d'un nombre multiplié plusieurs fois par lui-même, et *degré de la puissance* l'exposant, c'est-à-dire la quantité de fois moins une que ce nombre doit être multiplié par lui-même. La première puissance est le nombre même ; la deuxième puissance est le nombre pris deux fois comme facteur ; la troisième puissance est le nombre pris trois fois comme facteur ; etc., etc. Ainsi, 3 est la première puissance de 3 ; 9, produit de 3×3, est la deuxième puissance ou le carré de 3 ; 27, produit de $3 \times 3 \times 3$ est la troisième puissance ou le cube de 3, etc.

Toute lettre qui n'a pas d'exposant est censée en avoir un qui est l'unité.

Toute expression de quantité où il entre des lettres, s'appelle une *expression algébrique*. Ces lettres peuvent être réunies d'une manière quelconque par les signes de l'addition, de la soustraction, de la multiplication ou de la division. Ainsi, $3a^4 b^5 + \frac{3a^c d^m}{b^n} - \frac{3c^2 b^5}{a^4}$ est une expression algébrique. Cette expression est ici composée de plusieurs expressions séparées par les signes $+$ et $-$; ces expressions partielles s'appellent *termes* de l'expression totale, et celle-ci porte le nom de *somme algébrique* de ces termes; ce n'est pas une somme dans le sens arithmétique de ce mot, puisque l'on ne doit pas ajouter les trois termes, mais seulement deux et retrancher le troisième.

Les termes sont ou *positifs* ou *négatifs* lorsqu'ils sont précédés du signe *plus* ou du signe *moins*. Quand une quantité n'est précédée d'aucun signe, elle est sensée avoir le signe *plus*.

On appelle *monome* une quantité d'un seul terme; *binome*, une quantité de deux termes; *trinome*, une de trois, etc.; et en général *polynome*, une quantité composée de plusieurs termes qui peuvent être écrits dans tel ordre que l'on veut, pourvu qu'il n'y ait rien de changé au signe de chacun d'eux. Par exemple : $2b^3c - 4a^2c^3 + ab^2 - bc^2d^3$ est la même chose que $ab^2 + 4a^2c^3 - bc^2d^3 + 2b^3c$.

On appelle *termes semblables* ceux qui renferment les mêmes lettres respectivement affectées des mêmes exposants, quels que soient d'ailleurs leurs signes et leurs coefficients. Ainsi, $3a^2b^3 - 4a^2b^3 + a^2 3b^3$ sont des termes semblables.

On appelle *réduction* des termes semblables : 1° la manière de réunir en un seul plusieurs termes semblables, ce qui se fait en additionnant les coefficients des termes semblables qui ont le même signe, et en n'écrivant qu'un de ces termes auquel on donne pour coefficient la somme de tous ceux qu'on a additionnés ; mais si l'on a deux termes semblables, l'un précédé du signe + et l'autre du signe —, il faut également n'en écrire qu'un et lui donner pour coefficient la différence des deux coefficients avec le signe du plus grand ;

2° La manière de réunir en un seul tous les coefficients ou facteurs numériques qui pourraient se trouver dans un terme algébrique, consiste à les multiplier les uns par les autres et à les remplacer dans ce terme par leur produit.

Soit $5b4c$; en rapprochant les deux coefficients on aura $5 \times 4bc$ ou $20bc$, quantité égale à $5b4c$. Soit encore $4a^3 3b^2 c2d^4$; en rapprochant les trois coefficients qui s'y trouvent comme facteurs, on aura $4 \times 3 \times 2a^3 b^2 cd^4$ ou $24a^3 b^2 cd^4$, quantité égale à la première.

3° La manière de réunir en un seul tous les facteurs algébriques semblables qui pourraient se trouver dans un même terme, consiste à n'écrire ce facteur qu'une fois et à l'affecter d'un exposant qui marque combien de fois il devait être écrit. Si ce facteur était déjà affecté d'un exposant, il faudrait de même ne l'écrire qu'une fois, mais lui donner pour exposant la somme de tous ceux de ce facteur dans le même terme.

Au lieu, par exemple, de $bbbb$, on écrira b^4 ; au lieu de $aabcccdddd$, on écrira $a^2bc^3d^4$.

OPÉRATIONS ALGÉBRIQUES.

1° ADDITION.

L'addition des quantités algébriques se fait en écrivant à la suite les uns des autres, avec leurs signes, les différents termes de ces quantités. On fait ensuite sur tous ces termes, s'il y a lieu, les réductions qui se présentent.

Ainsi, supposons que nous voulions ajouter les expressions :

$$3a^2b+5a^4+c$$
$$6a^3+2c-a^2b$$
$$-3a^4-2a^3+2a^2b-6c,$$

nous écrirons $3a^2b-a^2b+2a^2b+5a^4-3a^4+c+2c-6c+6a^3-2a^3$,
ce qui se réduira à

$$4a^2b+2a^4-3c+4a^3,$$

expression qui sera la somme recherchée.

2° SOUSTRACTION.

La soustraction des quantités algébriques entières se fait en changeant, dans l'expression à soustraire, les signes + en —, et les signes — en +. On opère ensuite la réduction des termes semblables.

Soit $5a-3b-2c$ à soustraire de $8a-4b-c$; on écrit : $8a-4b-c-5a+3b+2c$, quantité qui se réduit à $3a-b+c$.

La raison du changement des signes a besoin d'être expliquée:

1° Soit à soustraire une expression dont tous les termes sont positifs; comme ils font partie intégrante de sa valeur numérique, on doit les retrancher tous successivement et par conséquent leur donner le signe —.

2° Soit à soustraire de a une expression contenant des termes négatifs, comme $b-c$. On peut commencer par retrancher b tout seul, ce qui donne $a-b$; mais comme c'est seulement b diminué de c qu'il s'agit de retrancher, il est clair qu'on a ôté c de trop; il faut donc restituer c avec le signe + et l'on a $a-b+c$.

3° MULTIPLICATION.

La multiplication des quantités algébriques présente deux cas: les *monomes* et les *polynomes*.

Dans le cas des monomes il y a trois règles à observer : la règle des coefficients, celle des lettres et celle des exposants.

La règle des coefficients consiste à en faire le produit, celle des lettres consiste à les écrire à la suite l'une de l'autre sans aucune interposition. La règle des exposants consiste, enfin, à n'écrire qu'une seule fois les différentes lettres, en donnant à chacune pour exposant la somme de ceux qu'elle a dans les deux facteurs.

Soit $5a$ à multiplier par $3b$; il nous suffit d'écrire $5a \times 3b$ ou $5 \times a \times 3 \times b$, ou, en intervertissant l'ordre des facteurs, $5 \times 3 \times a \times b$, ou, enfin, $5.3 \times ab = 15ab$. Nous voyons déjà qu'il suffit de multiplier les coefficients numériques l'un par l'autre et d'écrire les lettres l'une à la suite de l'autre. Soit maintenant à multiplier $4a^3b^2$ par $3a^2b^4$; nous écrirons d'abord $4\times3a^3b^2a^2b^4$; mais a^3b^2 est la même chose que $aaabb$ et a^2b^4 est la même chose que $aabbbb$; de sorte que $4a^3b^2 \times 3ab^4$, ou $4\times3.a^3b^2a^2b^4=4\times3.aaabbaabbbb=4\times3.aaaaabbbbbb$, ou enfin $=4\times3.a^5b^6$. On voit qu'il suffit d'ajouter les exposants des mêmes lettres, de sorte que a^mb^n par a^rb^s donne $a^{m+r}b^{n+s}$.

La multiplication des polynomes n'étant qu'une multiplication successive des monomes, il faut observer les mêmes règles et de plus la règle des signes.

Si les signes du terme multiplicande et du terme multiplicateur sont semblables, on donnera au produit le signe $+$; s'ils sont différents l'un de l'autre, on donnera au produit le signe $-$, ce qui s'exprime ainsi en abrégé :

$+$	par	$+$	donne	$+$
$+$	*id.*	$-$	*id.*	$-$
$-$	*id.*	$+$	*id.*	$-$
$-$	*id.*	$-$	*id.*	$+$

Voici un exemple où l'on a appliqué toutes les règles :

Multiplicande........	$5a^4-2a^3b+4a^2b^2$
Multiplicateur........	$a^3-4a^2b+2b^3$
Produits partiels.	$5a^7-2a^6b+4a^5b^2$ $-20a^6b+8a^5b^2-16a^4b^3$ $+10a^4b^3-4a^3b^4+8a^2b^6$
Produit total avec réduction.	$5a^7-22a^6b+12a^5b^2-6a^4b^3-4a^3b^4+8a^2b^5$

Voici encore quelques exemples :

$$\begin{array}{r} a+b \\ \times\ a+b \\ \hline =a^2+2ab+b^2 \end{array} \qquad \begin{array}{r} a-b \\ \times\ a-b \\ \hline =a^2-2ab+b^2 \end{array} \qquad \begin{array}{r} a+b \\ \times\ a-b \\ \hline =a^2-b^2 \end{array}$$

$$\begin{array}{l} a^2+2ab+b^2 \\ \times\ a+b \\ \hline =a^3+3a^2b+3ab^2+b^3 \end{array} \qquad \begin{array}{l} a^2-2ab+b^2 \\ \times\ a-b \\ \hline =a^3-3a^2b+3ab^2-b^3 \end{array}$$

4° DIVISION.

Les règles de la division algébrique sont analogues à celles de la multiplication et peuvent s'en déduire.

Voyons d'abord quelles seront les règles des signes du quotient : 1° puisque $+a \times +b$ donne $+ ab$, il s'ensuit que $+ab$ divisé par $+ a$ donne $+b$; donc, $+$ divisé par $+$ donne $+$. 2° $-a \times -b$ donne $+ab$; donc, $+ab$ divisé par $-a$ donne $-b$; donc, $+$ divisé par $-$ donne $-$. 3° $+a \times -b$ donne $-ab$; donc, $-ab$ divisé par $-a$ donne $-b$; donc, $-$ divisé par $+$ donne $-$. 4° $-a \times +b$ donne $-ab$; donc, $-ab$ divisé par $-a$ donne $+b$; donc, $-$ divisé par $-$ donne $+$. On voit que les règles sont les mêmes que pour la multiplication.

La règle des coefficients est aussi la même, c'est-à-dire qu'il faut diviser le coefficient du dividende par celui du diviseur. En effet, diviser $6a$ par $2b$ revient à multiplier $6a$ par $\frac{1}{2b}$ ou par $\frac{1}{2} \cdot \frac{1}{b}$; $\frac{1}{2}$ est alors le coefficient de $\frac{1}{b}$, et il faut multiplier l'un par l'autre le coefficient 6 et $\frac{1}{2}$, ce qui revient à diviser 6 par 2.

La règle des exposants est encore analogue ; il suffit

de soustraire les exposants des lettres du diviseur des exposants des mêmes lettres du dividende. En effet, soit $6a^5b^4$ à diviser par $2a^2b$; on arrivera au même résultat en multipliant $6a^5b^4$ par $\frac{1}{2a^2b}$, de sorte que le quotient cherché est $\frac{6}{2} \cdot \frac{a^5b^4}{a^2b}$ ou $\frac{6}{2} \cdot \frac{aaaaabbbb}{aab}$, ou, en retranchant les facteurs communs, $\frac{6}{2}\, aaabbb$ ou $\frac{6}{2}\, a^3\, b^3$. Du reste, il est évident que, puisque a^3b^3 par a^2b donne $a^{3\,2}\, b^{3\,1}$ ou a^5b^4, réciproquement, a^5b^4 divisé par a^2b donnera a^3b^3 ou $a^{5-2}b^{4-1}$.

La division d'un monome par un autre consiste à mettre le dividende au-dessus du diviseur en forme de fraction, et à annuler les facteurs communs aux deux termes ; les facteurs restants forment le véritable quotient, de manière que s'il y avait au diviseur des facteurs qui ne fussent pas communs au dividende, ce quotient serait exprimé sous la forme de fraction.

La division des polynomes n'étant qu'une division successive de monomes, il faut observer non-seulement les mêmes règles, mais la règle des signes en sus que nous avons donnée plus haut. Mais cette division exige encore une opération préparatoire : c'est de choisir l'une des lettres communes aux deux facteurs, et d'arranger les termes de ces facteurs de manière que les exposants de cette lettre diminuent dans chaque terme, en allant de gauche à droite ; c'est ce qu'on appelle *ordonner* les deux quantités. On divise après cela le premier terme du dividende par le premier terme du diviseur, on multiplie tous les termes de celui-ci par le quotient obtenu et l'on soustrait ce produit du dividende ; puis on divise le premier terme du reste obtenu par le premier terme du diviseur, on multiplie tous les termes de celui-ci par ce quotient et l'on soustrait le produit obtenu hors du premier reste ; on continue de la même manière jusqu'à ce que l'on obtienne zéro ou bien un reste dont le premier terme ne soit pas divisible par celui du diviseur. Dans le premier cas, on dit que la division est *exacte ;* dans le deuxième, on écrit à la suite du quotient le dernier reste divisé par le diviseur.

Exemple : Diviser

$9a^6x^3 - 35a^3x^6 + 6a^2 + 12a^2x^7 - 27a^5x^4 + a^7x^2 + 34a^4x^5$

par $3a^2x^2 + 4x^4 - 2a^4 - 5ax^3$

On ordonnera ces deux polynomes par rapport aux puissances décroissantes, et l'on disposera les calculs comme ci-contre : ☞

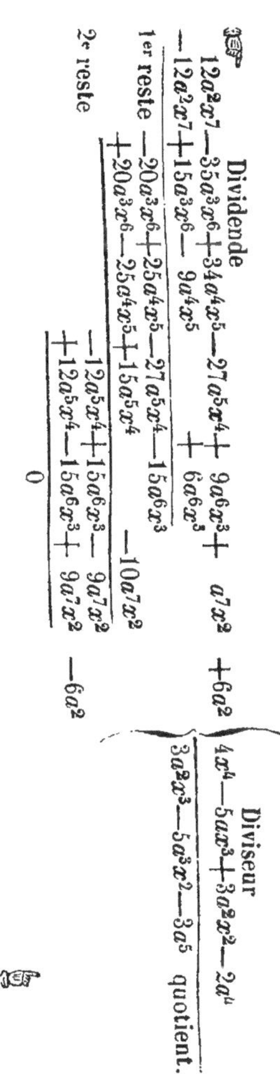

5° DES FRACTIONS ALGÉBRIQUES.

Lorsqu'une division algébrique ne peut se faire, c'est-à-dire lorsque le 1er terme du diviseur contient un ou plusieurs facteurs qui ne sont pas communs au 1er terme du dividende, on se contente d'indiquer la division sous une forme fractionnaire. Ces fractions sont soumises aux mêmes opérations que les fractions numériques, et ce sont les mêmes principes qu'il faut suivre. Nous allons nous contenter seulement de désigner les opérations qui correspondent à celles que nous avons données dans l'arithmétique, nous arrêtant un peu pourtant sur les quatre opérations principales.

Simplification des fractions. — Pour réduire une fraction algébrique à sa plus simple expression, il faut supprimer tous les facteurs communs à ses deux termes, car son numérateur et son dénominateur seront alors les plus simples possibles. Cette règle, très-compliquée quand il s'agit de polynomes, est d'une application très-facile lorsque ces deux termes sont des monomes. Soit $\frac{ab}{bc}=\frac{a}{c}$; $\frac{a}{c}$ est ici la fraction simplifiée. Il en est de même pour $\frac{a^2c}{abc}=\frac{a}{b}$.

Exemples de quantités fractionnaires réduites en expressions fractionnaires. — Pour réduire un entier et une fraction en une seule fraction, on ajoute au numérateur le produit de l'entier par le dénominateur, et l'on conserve ce dénominateur.

Il est évident, en effet, que

$$\left(a + \frac{b}{c} = \frac{ac}{c} + \frac{b}{c} = \frac{ac+b}{c\,c}\right)$$

Effectuons le calcul suivant :

$$\frac{\left(\frac{a}{b} - \frac{b}{a}\right)\left(\frac{a+b}{2a} + \frac{a-b}{2b}\right)}{\left(\frac{a}{b^2} - \frac{b}{a^2}\right)\left(\frac{1}{a} + \frac{1}{b}\right)}$$

on trouvera :

$$\frac{ab\,(a^2 + b^2)}{(2\,a^2 + ab + b^2)}$$

Pour réduire des fractions au même dénominateur, multipliez les deux termes de chacune par le produit des dénominateurs de toutes les autres, en ayant soin de réduire d'abord la fraction. Soit

$$\frac{a}{bc}\ \ \frac{a}{bf} = \frac{af}{bcf}\ \ \frac{ca}{bcf}.$$

ADDITION ET SOUSTRACTION DES FRACTIONS.

L'addition et la soustraction des fractions algébriques, qui ont le même dénominateur, s'effectuent d'après les règles données pour les fractions arithmétiques. Si les fractions à additionner ou à soustraire n'ont pas le même dénominateur, on commencera par les y réduire. On opère ensuite la réduction des termes semblables.

Soit à additionner $\frac{a}{b} + \frac{a}{d} = \frac{ad}{bd} + \frac{ab}{bd} = \frac{ad+ab}{bd}$.

Soit à soustraire $\frac{a}{c} - \frac{b}{f} = \frac{af}{cf} - \frac{bc}{cf} = \frac{ab - bc}{cf}$.

MULTIPLICATION ET DIVISION DES FRACTIONS ALGÉBRIQUES.

La multiplication des quantités algébriques fractionnaires se fait comme celle des fractions numériques ; on multiplie respectivement entre eux les numérateurs et les dénominateurs.

Soit $a \times \frac{c}{d} = \frac{ac}{d}$; de même $\frac{c}{a} \times a = \frac{ac}{a}$; de même $\frac{a}{b} \times \frac{c}{d} = \frac{ac}{bd}$.

Pour diviser par une fraction algébrique, il faut multiplier le dividende ou la fraction dividende par la fraction diviseur renversée.

Soit $a : \frac{b}{c} = \frac{ac}{b}$; de même $\frac{b}{a} : f = \frac{b}{af}$; de même $\frac{a}{c} : \frac{b}{d} = \frac{ad}{bc}$.

ÉQUATIONS.

On appelle *équation* l'expression de deux quantités égales l'une à l'autre et séparées par le signe $=$. On appelle *membre* toute quantité à la gauche et à la droite de ce signe. On appelle *équation à une seule inconnue* celle qui renferme une quantité inconnue combinée avec d'autres qui sont connues ou censées connues. L'inconnue se représente par x. On dit que l'équation est du 1er degré quand cette inconnue n'est point multipliée par elle-même ni par une autre inconnue. Si une équation renferme plusieurs inconnues, elle est dite *à plusieurs inconnues*.

On peut dans une équation faire disparaître un terme d'un nombre, en le supprimant dans celui où il se trouve et en le portant dans l'autre avec un signe contraire à celui qu'il avait, c'est-à-dire que l'on change $+$ en $-$ et $-$ en $+$. On ne fait par là qu'augmenter ou diminuer d'une même quantité les deux membres de l'équation.

On peut augmenter ou diminuer d'une même quantité les deux membres d'une équation sans en troubler l'égalité, d'où il suit naturellement que l'on peut aussi les multiplier ou les diviser par un même nombre, et en général faire sur un membre telle opération qu'on voudra, pourvu que l'on fasse aussi la même opération sur l'autre membre.

Pour faire évanouir les dénominateurs d'une équation, on réduit tous les termes de l'équation en fractions de même dénominateur, et l'on supprime ensuite ce dénominateur commun; on peut encore supprimer successivement chaque dénominateur, pourvu qu'en même temps on multiplie par ce dénominateur tous les termes qui n'en sont pas affectés.

Résumons : Pour résoudre une équation du premier degré à une seule inconnue, commençons par faire évanouir les dénominateurs; effectuons ensuite les opérations qui pourraient être indiquées, puis exécutons toutes les simplifications dont l'équation est alors susceptible, soit en faisant les réductions dans chaque membre, s'ils contiennent des termes semblables; soit en les divisant l'un et l'autre par leurs facteurs communs, s'ils en ont : transposons tous les termes affectés de l'inconnue dans un même membre, et tous ceux qui en sont indépendants dans l'autre ; faisons encore la réduction des termes semblables, ce qui réduira chaque membre à être un monome, si l'équation est numérique. Si elle est littérale, mettons l'inconnue en facteur commun des quantités qu'elle multiplie et dégageons-la enfin de son coefficient. Nous obtiendrons ainsi la seule valeur que puisse avoir cette inconnue.

Soit l'équation suivante à résoudre :

$$x-\frac{1}{100}-\frac{7x}{15}=\frac{7x}{20}-\frac{4}{540}+\frac{8x}{45}$$

on trouve que le plus petit multiple des dénominateurs est $2^2.3^3.5^2=2700$, et qu'en faisant évanouir les dénominateurs il viendra :

$$2700x-27-180.7x=135.7x-5+80.8x,$$

ou bien,

$$2700x-27-1260x=945x-5+480x;$$

ou, en réduisant,

$$1440x-27=1425x=27-5;$$

puis,

$$1440x-1425x=27-5$$

$$15x=22$$

$$x=\frac{22}{15}=1\frac{7}{15}$$

Donnons le problème suivant à résoudre ; nous avons indiqué le résultat, afin que l'on puisse comparer.

Un officier ayant perdu au jeu la moitié plus le tiers de son argent, ne trouva, de retour chez lui, que

144 francs dans sa bourse. Combien avait-il avant de se mettre au jeu ?

Soit x la somme qu'il avait avant de jouer, on aura :

$$\frac{x}{2}+\frac{x}{3}+144=x\text{ ; d'où }x=864.$$

Lorsque l'énoncé d'un problème renferme plusieurs inconnues à déterminer, il faut décomposer les données en autant d'équations qu'il y a d'inconnues et désigner les opérations de manière à isoler chacune d'elles dans une équation, en éliminant de cette équation toutes les autres inconnues. Ce procédé s'appelle *élimination.* Cette élimination consiste à former, avec les équations, une seule équation qui ne renferme plus qu'une inconnue. On peut arriver à ce résultat par trois méthodes d'élimination : 1° par la comparaison des valeurs ; 2° par la substitution des valeurs ; 3° enfin, par l'addition ou la soustraction.

1° Pour éliminer par comparaison, on prend dans chaque équation la valeur d'une même inconnue, et l'on égale l'une de ces valeurs à toutes les autres, ce qui donne une équation et une inconnue de moins ; on prend ensuite, dans chaque équation nouvelle, les valeurs d'une autre inconnue, et l'on égale toutes ces valeurs à toutes les autres, ce qui donne encore une équation et une inconnue de moins ; on parvient, enfin, à une seule équation qui, ne renfermant plus qu'une inconnue, en fournit la valeur.

Pour déterminer les autres inconnues, on substitue la valeur trouvée à son signe, dans l'une des équations restantes, et l'on déduit ainsi la valeur d'une deuxième inconnue ; on substitue les deux valeurs trouvées dans l'équation à trois inconnues, qui, n'en renfermant plus qu'une, en fournit la valeur.

Soit les équations : $x - y = z$
$4z - 2y = x - 3$
$5y - 3z = 10 - x$;

en prenant la valeur de x dans chaque équation, on a :

$$x = y + z$$
$$x = 4z - 2y + 3$$
$$x = 10 + 3z - 5y.$$

y ôtant la première valeur aux deux autres, on a :

$y + z = 4z - 2y + 3$, et en réduisant, $y - z = 1$.
$y + z = 10 + 3z - 3y$ *id.* $3y - z = 5$.

En prenant dans ces deux équations restantes la valeur de z, on a :

$$z = y - 1\ ,\ z = 3y - 5\ ;$$

égalant les deux valeurs de z, on a :

$$y - 1 = 3y - 5\ ;$$

transposant, on a : $2y = 4$, et divisant par le coefficiant 2, $y = 2$.

En substituant les valeurs de y et de z dans l'équation $x - y = z$, on a : $x - 2 = 1$ ou $x = 2 + 1 = 3$. Les valeurs trouvées sont exactes, si, substituées dans les équations primitives, elles n'en altèrent pas l'identité. Ainsi, au lieu de $x - y = z$, on a $3 - 2 = 1$ ou $1 = 1$, etc.

2° La méthode par substitution des valeurs, consiste à résoudre l'une des équations par rapport à l'une des inconnues, puis à substituer la valeur obtenue dans l'autre équation ; il ne restera encore qu'une équation à une inconnue. Ainsi, voyons les équations :

$$ax + by = c$$
$$a'x + b'y = c.$$

Nous avons dit qu'on pourrait tirer de la première :

$$x = \frac{c - by}{a}$$

substituons cette valeur daus la seconde, nous aurons :

$$a' . \frac{c - by}{a} + b'y = c'.$$

C'est encore une équation à une inconnue, qui donnera la valeur de y, et l'on en réduira de même la valeur de x.

Nous terminerons notre abrégé d'algèbre par quelques considérations sur les problèmes qui dépendent du premier degré.

Les problèmes qui dépendent du premier degré, sont ceux dont l'énoncé, traduit en équations, ne présente que des inconnues à la première puissance.

Quant à la mise en équation du problème, il est difficile d'assigner des règles précises, parce qu'elle dépend des relations existantes entre les données et les inconnues, relations qui varient à l'infini. On peut cependant dire, en général, que, pour mettre un problème en équation, il faut faire sur les données et sur les inconnues les mêmes raisonnements que l'on ferait pour vérifier les inconnues, si elles étaient données.

Nons allons pourtant fournir un problème, qui renfermera les règles générales ci-dessus énoncées.

Diviser le nombre 100 en deux parties telles que leur différence soit 40.

Représentons la plus petite partie par x, et la plus

grande par y ; il faut que l'on puisse trouver deux conditions et par conséquent deux équations, puisque l'on a deux inconnues ; or, la première condition qui se présente, c'est que *la plus petite partie* + *la plus grande* = 100 ; donc, $x + y = 100$.

La seconde condition que l'on trouve, c'est que *la plus grande partie* — *la plus petite* = 40 ; donc, $y - x = 40$.

Ainsi, voilà deux équations $\left\{ \begin{array}{l} x + y = 100 \\ y - x = 40 \end{array} \right.$

où il y a deux inconnues, et d'où il faut par conséquent déduire une équation qui n'ait plus qu'une seule inconnue.

Pour cela, on choisit à volonté une des deux inconnues, et l'on en prend la valeur. Soit x, par exemple, dans la première équation, nous trouvons $x = 100 - y$; alors, substituant cette valeur $100 - y$ à l'inconnue x, dans la seconde équation, nous trouvons pour celle-ci, $y - 100 + y + 40$; en sorte qu'il n'y a plus dans celle-ci qu'une seule inconnue dont on trouve facilement la valeur en suivant les principes énoncés, de manière qu'on obtient $y = 70$; alors la valeur de y étant connue, on la met dans l'égalité de x plus haut, qui est $x = 100 - y$, ce qui devient $x = 100 - 70$, d'où $x = 30$.

TYPE DES OPÉRATIONS.

$$x + y = 100$$
$$y - x = 40$$
$$x = 100 - y$$
$$y - (100 - y) = 40$$
$$y - 100 + y = 40$$
$$2y = 40 + 100$$
$$y = \frac{140}{2} = 70$$
$$x = 100 - 70 = 30$$

FIN DE L'ALGÈBRE.

§ V.

STATIQUE ÉLÉMENTAIRE.

La Statique est la science des mouvements qui résultent de toute force, et la science des forces nécessaires pour produire un mouvement quelconque. On peut donc la regarder comme la partie des mathématiques qui a pour objet les lois du mouvement et de l'équilibre, les forces mouvantes, etc.; c'est l'art de parvenir à de grands résultats par des moyens simples. Ainsi, pour lever une pierre que les forces réunies de deux hommes pourraient à peine soulever, il ne faut à un enfant qu'un bâton, c'est-à-dire un levier; le cric, mis en mouvement par une main faible, soulèvera un poids énorme; enfin, rien n'est pour ainsi dire impossible à l'homme, avec le secours de la statique.

Nous extrayons les démonstrations mathématiques de *la Science de l'Ingénieur,* ouvrage de M. Delaistre, ancien professeur à l'École militaire de Paris. Nos lecteurs ne seront pas surpris de ce choix : il serait difficile, en effet, de traiter avec autant de clarté et surtout d'une manière aussi rapide la question dont il s'agit ici.

Galilée fit de grandes découvertes en mécanique. Ses premiers ouvrages parurent à la fin du quinzième siècle. Il réduisit la statique à ce principe unique et universel d'où découlent, comme autant de corollaires, toutes les propriétés des machines : Il faut le même temps à une puissance pour enlever à une certaine hauteur un poids donné, de quelque manière qu'elle le fasse, soit qu'elle l'enlève tout d'un coup, soit que, le partageant en parties proportionnelles à sa force, elle le fasse à plusieurs reprises ; en effet, de quelques combinaisons d'agents que nous fassions usage, la nature, si nous pouvons parler ainsi, ne saurait rien perdre de ses droits. Une puissance déterminée n'est capable que d'un effet déterminé, et cet effet est d'autant plus grand que la masse transportée dans un certain temps parcourt un espace plus grand, ou que l'espace étant le même, elle le parcourt dans un moindre temps. Il faut donc, pour que l'effet subsiste le même, que le temps soit réciproque avec la masse : ainsi, tout l'avantage des machines consiste en ce que, par leur moyen, on peut exécuter, dans une seule opération, ce que par l'application seule de la puissance on n'aurait pu faire qu'à plusieurs reprises. Voici un autre avantage des machines : comme nous sommes plus maîtres du temps que de la grandeur des puissances à employer, elles nous mettent à portée de faire en un temps plus long, avec de moindres forces, ce que des puissances plus grandes ou plus multipliées auraient exécuté plus promptement ; enfin, ce qu'on gagne dans l'épargne de la puissance, on le perd du côté du temps et précisément dans le même rapport ; d'où l'on doit conclure, avec Galilée, que les machines les plus avantageuses sont toujours les plus simples; car, plus une machine est compliquée, plus il y a d'efforts perdus à surmonter les frottements.

Il faut, dit Descartes, autant de force, c'est-à-dire, la même quantité d'efforts pour élever un poids à une hauteur, que pour en élever le double à une hauteur moindre de moitié ; car, dit-il, élever cent livres à la hauteur d'un pied, et de nouveau cent livres à la même hauteur, c'est la même chose qu'élever deux cents livres à la hauteur d'un pied ou cent à celle de deux, l'effet est le même et par conséquent il faut la même quantité d'action. C'est encore à Descartes que nous devons une partie de nos découvertes sur les propriétés du mouvement. Il prend pour principe de toute la physique mécanique : 1° que le mouvement subsiste dans un corps avec la même vitesse et la même direction, tant qu'aucun obstacle ne le détruit point, ou ne change point cette vitesse et cette direction ; 2° que tout mouvement ne se fait de sa nature qu'en ligne droite, de sorte qu'un corps ne se meut dans une ligne courbe que parce que sa direction est continuellement changée par quelque obstacle, sans lequel il s'échapperait par la tangente au point où cet obstacle cesserait.

On réduit ordinairement à six les machines simples, qui sont : le levier, la poulie, le vindas, le plan incliné, le coin et la vis ; on peut même encore réduire ces six puissances à une seule, le levier, si l'on en excepte le plan incliné, qui ne s'y réduit pas si sensiblement. Toutes les machines composées sont faites de quelques-unes de ces machines simples qui en forment comme les parties ; en sorte qu'il est facile de connaître les forces qu'on peut mettre en œuvre à l'aide de ces machines composées, dès qu'on est d'abord bien au fait de ce que peuvent celles qui sont simples.

Si nous examinons les machines dont le mouvement se fait autour d'axes fixes, nous trouverons que cette classe est la plus nombreuse et la plus importante, puisqu'elles comprennent, dans leur construction et dans leurs opérations, les grands principes de la théorie. Afin d'avancer avec ordre, il est nécessaire de donner une idée précise d'une force motrice, telle qu'on l'applique au mécanisme en général, et de la manière de la mesurer.

Nous prenons pour la mesure (puisque c'est l'effet) d'une puissance mécanique exercée la quantité du mouvement qu'elle produit par son effort uniforme dans un temps donné. Nous disons *effort uniforme*, non que cette uniformité soit nécessaire, mais seulement parce que, s'il arrive quelque variation dans l'effort, elle doit être connue, afin de pouvoir juger la puissance; cependant ceci rendrait les calculs très-compliqués; mais de quelque manière que l'effet ait varié, on peut mesurer encore avec assez de justesse tout l'effort accumulé par la quantité de mouvement existant à la fin de cet effort. Ce raisonnement est très-facile à concevoir pour l'homme habitué à ces sortes de discussions; mais nous écrivons pour les personnes qui construisent les machines comme pour celles qui s'en servent, et il faut essayer de nous rendre aussi clair qu'il sera possible.

Supposons qu'un homme qui presse d'une manière uniforme, pendant cinq secondes, sur une masse de matière, y développe une vitesse de 6 pieds 9 pouces dans la cinquième seconde; nous aurons un terme de comparaison entre cet effort et l'effet mécanique de la pesanteur. En effet, nous pourrons dire que, dans ce cas, la force exercée par l'homme a été un vingtième de l'effet de la gravitation, puisqu'un corps tombant librement parcourt 135 pieds dans la cinquième seconde, et que 6 pieds 9 pouces sont le vingtième de 135 pieds.

Examinons plus attentivement le sens de notre expression, quand nous disons que, dans un cas comme ici, l'effort de l'homme est un vingtième de l'effet de la gravitation. La seule notion que nous ayons de l'effort de la pesanteur, est ce que nous appelons le poids d'un corps, c'est-à-dire la pression qu'il opère sur la main ; cependant on n'explique rien en disant qu'un corps pèse vingt livres, parce que ce n'est que l'action de la gravité sur une autre masse de matière ; les deux pressions sont égales ; mais si ce corps pèse vingt livres, il fera fléchir jusqu'au N° 20 l'aiguille d'une romaine à ressort divisée de livre en livre, tandis que le vingtième de cette pression ne porterait l'aiguille qu'au N° 1 ; or, il est de fait que si un homme presse uniformément pendant cinq secondes sur une masse de matière pesant vingt livres, et qu'il opère cette pression au moyen d'une romaine à ressort (pourvu que pendant les cinq secondes l'aiguille de la romaine soit constamment restée au N° 1) ; il est de fait, disons-nous, que la masse de matière aura développé une vitesse de 6 pieds 9 pouces dans la cinquième seconde ; c'est un fait reconnu. On peut donc dire que l'effort de l'homme a été égal à un vingtième de l'effort de la gravitation, et puisque nous croyons que le poids des corps est en proportion de leur quantité de matière, toute matière ayant une égale pesanteur, nous pourrons dire que l'effort de l'homme a été égal à l'action de la pesanteur sur une quantité de matière dont le poids serait d'une livre. On dira donc, pour simplifier l'expression, que l'homme a exercé la pression d'une livre ou la force d'une livre.

Ainsi le mouvement communiqué à une masse de matière, lorsqu'on agit sur elle pendant un temps quelconque, sert à nous indiquer avec exactitude la force mécanique réelle ou la pression exercée. On estime cette force double, lorsque la vitesse a été doublée dans la même masse ou lorsqu'on a produit la même vitesse dans une masse double, parce qu'on sait qu'une pression double aura produit l'un ou l'autre effet. Nous savons que cette pression est due à l'effort qu'on a exercé; car nous n'avons pas d'autre mesure de notre propre force. Nous savons aussi que la continuation de cette pression fatigue et épuise notre force aussi complétement que le mouvement le plus violent. L'élan d'un cheval attelé à un poteau fiché dans la terre, est le moyen employé pour décider de sa vigueur. On sait que personne ne peut tenir le bras tendu dans une position horizontale pendant un quart d'heure, et l'effort exercé pendant les dernières minutes occasionne une fatigue si sensible, que l'épaule refuse ensuite ses fonctions pendant longtemps ; c'est donc un véritable épuisement de force mécanique dans l'acception rigide du mot. Nous pouvons nous procurer une mesure exacte et suffisante de cette dépense de force mécanique par la quantité du mouvement produit, c'est-à-dire dans le produit de la quantité de matière par la vitesse qui résulte de cet effort ; et il est bon d'observer que cette mesure s'applique aux cas où l'effort n'a produit aucun mouvement. Il y a un moyen facile de comprendre ce que nous avançons. Supposons qu'un bloc de pierre soit poussé sur une surface de pierre polie, et que l'effort qu'on emploie approche le plus possible de celui qu'il faudrait pour le faire marcher ; il est clair qu'avec la moindre addition de force possible on le fera mouvoir, et si cette addition peut produire en une seconde une vitesse de 27 pieds dans un bloc que nous supposons être de 100 livres, nous sommes certains que la pression employée était égale à 100 livres. C'est une bonne méthode d'appréciation, et l'on peut l'employer sans danger d'erreur lorsqu'il n'y en a pas de meilleure.

Quelle sera la quantité précise du mouvement dans une machine d'une construction donnée, animée par une puissance dont la manière d'agir, ainsi que l'intensité, sont connues et qui rencontre une résistance également connue ? La solution de cette question dépend, en grande partie, de la nature, de la force et de la résistance. Dans la construction statique des machines, on ne tient pas compte de ces différences.

L'intensité de la pression est tout ce qu'il est nécessaire d'observer, afin de fixer la proportion de la pression qui sera exercée dans les diverses parties de la machine. Les pressions aux points d'impulsion et de travail, combinées avec les proportions de la machine, déterminent nécessairement le reste ; car la pression étant l'unique cause de toute action mécanique parmi les corps, une pression quelconque peut être substituée à une autre qui lui est égale, et la pression qui est la plus familière ou la plus facile à concevoir peut être employée à représenter toutes les autres. C'est ce qui a déterminé les auteurs à se servir de la pression exercée par la pesanteur, comme moyen de comparaison en mécanique, et à représenter toutes les forces et résistances par des poids. Quoique ce moyen soit très-bon dans des mains habiles, il a pourtant nui aux progrès de la science; il a rendu les traités élémentaires de mécanique très-imparfaits, en limitant les expériences et les démonstrations à ce qui pouvait facilement y être ainsi représenté. On s'est borné à l'état de l'équilibre, état où une machine travaillante ne se trouve jamais, parce que les démonstrations par expérience, hors de cet état, ne sont ni palpables ni faciles.

Dans la considération statique des machines, la quantité de pression est tout ce que nous devons observer; mais dans la discussion mécanique de leurs opérations, nous devons faire attention à les distinguer par leur nature; car il ne suffira pas de les représenter toutes par des poids, parce que la distinction de leur nature est accompagnée de grandes différences dans leur manière d'agir sur la machine.

Pour que quelque force naturelle continue son action sur le point d'impulsion d'une machine, elle doit mettre en mouvement simultanément une quantité de matière externe, ou hors de la machine dans laquelle réside cette puissance; et il faut la faire suivre le point d'impulsion dans son mouvement, et non-seulement le suivre, mais continuer à le faire avancer ; or, cette matière, mise ainsi continuellement en mouvement, sera appliquée successivement à des points de la machine, lesquels deviennent à leur tour des points d'impulsion. Ce cas a lieu au moyen d'un poids, par l'effet d'un ressort, par l'action des animaux, par l'impulsion du vent, par l'effort d'un cours d'eau, de la vapeur ou de plusieurs autres forces motrices. Donc, une partie de la puissance naturelle doit être employée à produire ce mouvement externe. Quelquefois cette partie est une portion très-considérable de la puissance naturelle ; quelquefois c'en est la totalité, comme l'effet d'un poids attaché à l'extrémité d'un levier.

Il y a aussi une distinction importante à faire dans la manière dont ce mouvement externe se trouve maintenu. Lorsqu'on emploie un poids comme puissance motrice, la pression agissante paraît résider dans la matière elle-même, et tout ce qu'il y a de nécessaire pour maintenir cette pression, est de continuer la combinaison de ce poids avec la machine. Dans l'action des animaux, il se trouve quelques différences. Un homme qui pousse contre le levier d'un cabestan, doit nécessairement marcher aussi vite que le levier se meut à l'entour de son centre de mouvement ; en marchant, il épuise ses forces musculaires ; mais ce n'est pas tout : il faut qu'il presse le levier du cabestan en avant, avec autant de force qu'il en possède au-delà de ce qu'il a épuisé en marchant. La proportion de ces deux dépenses peut-être très-différente selon les diverses circonstances, et dépend beaucoup du talent et des connaissances de l'ingénieur pour disposer ses machines de manière à ce que la première dépense soit la moindre possible.

Il faut faire attention à la nature de la résistance d'une machine par le travail qu'elle est destinée à exécuter ; quelquefois le travail oppose, non pas une simple résistance, mais plutôt une véritable réaction, laquelle, si elle était appliquée seule à la machine, la ferait mouvoir en sens inverse. Cette réaction a toujours lieu lorsqu'on lève un corps pesant, ou lorsqu'on tend un ressort, et dans quelques autres cas ; très-souvent cependant il n'y a pas de réaction, comme dans un moulin à farine, une scierie, une usine à forer, etc. Quoique de telles machines, à l'état de repos, n'éprouvent aucune pression dans la direction opposée à l'action du premier moteur, elles exigent, pour travailler, l'impulsion d'une puissance, d'une intensité quelconque et déterminée ; c'est ainsi que, dans les moulins à scier, il faut imprimer une certaine force sur les dents de la scie, pour vaincre la cohésion des fibres du bois, force qui doit être déterminée par les proportions de la machine. Si l'on applique à ce point cette quantité précise de force et rien de plus, on obtiendra un effort sur les dents de la scie qui balancera la cohésion du bois, mais qui ne la vaincra pas. La machine restera en repos et ne travaillera point ; mais à présent toute addition de force au point d'impulsion se fera sentir à l'instant aux dents de la scie, la cohésion sera détruite, la machine marchera et fera son travail. Cette addition seule a donné le mouvement à la machine ; le surplus a été employé pour balancer la cohérence des fibres ligneuses. Ainsi, lorsque la machine est en mouvement, faisant ses fonctions, nous devons la considérer comme animée par une force imprimée sur le point d'impulsion naturelle, et affectée par une autre force agissante au point de travail, laquelle dérive de la résistance de ce même travail.

L'action de la force motrice est transférée, en général, au point de travail à travers les parties de la machine, qui sont souvent inertes, matérielles et pesantes. Pour parler plus clairement, avant qu'on puisse exciter la force nécessaire au point de travail d'une machine, les diverses forces qui forment sa combinaison doivent être exercées dans les diverses parties du mécanisme; et afin de faire suivre par le point de travail l'impression déjà faite, toutes les parties combinées de la machine doivent être mues en différentes directions et avec diverses vitesses. Il faut de la force pour changer la position de toute cette matière, il faut du temps pour accomplir l'effet, et souvent on consume ici et l'on épuise véritablement une grande partie de la force d'impulsion.

C'est ainsi qu'une grue, mise en mouvement par des hommes qui marchent dans une roue, n'acquiert de mouvement que très-lentement, parce qu'afin de donner assez d'espace pour l'action de la quantité d'hommes ou d'animaux qu'on veut employer, il faut une roue d'un grand diamètre et qui contienne une grande quantité de matière inerte. Cette matière est mise en mouvement par le poids des hommes; elle a une accélération lente, et lève nécessairement le fardeau en proportion de cette accélération. Lorsqu'il a atteint la hauteur requise, toute cette matière, actuellement en mouvement, doit être arrêtée; si on l'arrêtait soudainement avec une secousse, il en résulterait des inconvénients, et l'on pourrait blesser les hommes. Ainsi, il faut donc laisser reposer la machine graduellement; ainsi, il se consume du temps. La roue exige même, en général, un mouvement contraire pour descendre la corde à sa destination, etc.

Il est évident que par cette perte de temps et de force, une pareille roue est le plus mauvais moteur qu'on puisse employer pour une grue ou toute autre machine où il faut souvent changer le mouvement.

Dans des machines où toutes les parties continuent, sans changement, à suivre la direction de leurs mouvements, l'inertie d'une grande masse de matière n'est pas préjudiciable; elle contribue, au contraire, à régulariser le mouvement, malgré quelques petites irrégularités de force ou de résistance inévitables dans la partie intérieure du mécanisme; mais il en est autrement dans les machines à mouvement alternatif. L'artiste, dont toutes les connaissances dérivent des traités ordinaires du mécanisme, ne se doutera jamais de pareilles imperfections, parce qu'elles ne se rencontrent point dans les considérations statiques des machines.

Enfin, une machine ne peut se mouvoir sans le frottement mutuel de toutes ses parties dans le point de communication, telles que les dents dans les roues d'engrenage, les cammes pour élever des pilons, et les tourillons et axes des différentes parties en révolution, etc. Ainsi donc, une connaissance de la nature du frottement dans toutes ses variétés est indispensablement nécessaire lorsqu'on veut se mêler de machines.

Parlons présentement des machines simples, et auparavant disons un mot du centre de gravité.

On donne le nom de *centre de gravité* à un certain point dans le corps, où il peut être de tout côté en équilibre, lorsqu'il repose dessus ou qu'il y est suspendu.

On a coutume de concevoir toute la pesanteur d'un corps dans ce seul centre, sans qu'il y ait aucune pesanteur dans toutes les autres parties. Soit un cube dans lequel on conçoit les diagonales qui se couperont en un même point intérieur au milieu du cube; que l'on conçoive ensuite que la pesanteur de toutes les parties tombe sur ce point, le corps aura bien alors la même pesanteur qu'il avait auparavant, mais elle se placera toute dans ce point; de sorte que ce point étant soutenu ou suspendu à quelque chose, toute la pesanteur du corps sera aussi soutenue ou suspendue. Le centre de pesanteur tend par conséquent à tomber en bas en ligne perpendiculaire à l'horizon, de la même manière que toutes les autres pesanteurs. Si l'on soutient ce point ou si on l'appuie à quelque endroit de cette ligne perpendiculaire, on soutient alors tout le corps; mais dès qu'on cesse d'appuyer sur ce point, le corps cesse aussi dès-lors d'être soutenu, et il faut nécessairement qu'il tombe et qu'il s'affaisse d'autant plus que ce point tombe davantage en bas.

Soit le point incliné AB (*fig.* 1) situé sur l'horizon BC; qu'on mette sur ce plan le corps S dont le centre de pesanteur soit S, d'où, en tirant la perpendiculaire SP, on trouvera qu'elle passe par le point P du corps où il touche le plan AB, ce qui soutient de cette manière le poids du corps S, de sorte qu'il ne peut tomber en se renversant, mais seulement glisser en bas le long du plan AB. Supposons le globe R dont le centre de pesanteur soit D, ce globe touche le plan AB au point E; mais la ligne perpendiculaire tirée de D sur l'horizon est DG, laquelle fait voir que le globe n'est pas appuyé sur cette ligne du plan; ainsi le corps devra culbuter vers K et tombera de cette manière en bas en se renversant ou en roulant sur le plan. Il en est de même à l'égard du corps T, dont le centre de pesanteur est O, duquel on tire la ligne perpendiculaire ON qui n'est soutenue en aucun endroit par la surface; en sorte que le corps devra aussi culbuter et tomber par conséquent de L en B, tout en roulant de la même manière que le globe, mais pourtant sans glisser comme le corps S.

Les mécaniciens content trois sortes de leviers; car l'appui C est quelquefois placé entre le poids D et la puissance P appliquée en B, comme dans la figure 2, et c'est ce qu'on nomme *levier de la première espèce;* quelquefois le poid D est situé entre l'appui C et la puissance P appliquée en B, c'est ce qu'on appelle *levier de la seconde espèce*, comme dans la figure 3, et quelquefois enfin la puissance P est placée entre le poids D appliqué en A et l'appui C, comme dans la figure 4, ce qui donne *le levier de la troisième espèce.*

La force du levier a pour fondement ce principe, que l'espace ou l'arc décrit pour chaque point d'un levier, et par conséquent la vitesse de chaque point, est comme la distance de ce point à l'appui; d'où il suit que l'action d'une puissance et la résistance des poids augmentent à proportion de leur distance de l'appui. Ainsi (*fig.* 5), la vitesse du point B est à celle du point A, quand le levier AB est mis en mouvement autour de l'appui D, comme l'arc B*b* est à l'arc A*a* ou comme BD est à AD. Ainsi (*fig.* 6), l'effet produit par une puissance G appliquée en B est à celui que produirait la même puissance appliquée en A comme l'arc B*b* est à l'arc *a*A ou comme CB est à CA. Enfin (*fig.* 7), l'effet produit par une puissance O appliquée au point A d'un levier AB, susceptible de tourner autour de l'appui D, doit être égal à celui produit par une autre puissance G appliquée en V, dans le cas d'équilibre; d'où il suit qu'on a : la puissance O est à la puissance G comme la distance DV est à celle de AD, ce qu'on exprime en disant qu'alors les puissances sont réciproquement proportionnelles à leurs distances du point d'appui. D'où il suit qu'on peut diminuer la puissance G et conserver encore l'état d'équilibre, en éloignant du point d'appui D le point d'application de la puissance G, et en la plaçant en B de manière qu'on ait toujours égalité entre le produit de chaque puissance O et G, multipliée par la distance de son point d'application au point d'appui. Si le produit de la puissance appliquée en B par DB surpassait le produit de la puissance appliquée en A par AD, alors le levier

AB prendrait un mouvement et deviendrait *ab*, par exemple ; dans le mouvement, la vitesse du point B serait à celle du point A comme l'arc B*b* est à l'arc A*a*, c'est-à-dire comme DB est à AD.

Il suit encore de ce qui précède qu'une puissance pourra soutenir un poids, lorsque la distance de l'appui au point du levier où elle est appliquée sera à la distance du même appui, au point où le poids est appliqué, comme le poids est à la puissance, et pour peu qu'on augmente cette puissance on élèvera ce poids.

La puissance qui agit à l'aide d'un levier, est d'ordinaire la main de l'homme; mais cette action ou cette force peut être comparée avec un poids ; on peut par conséquent concevoir en la même place un poids qui agisse avec autant de force.

Qu'un homme, tirant fortement de haut en bas et perpendiculairement à l'horizon une corde qui passe par dessus une poulie, emploie toutes ses forces à élever un poids de 100 livres, il arrivera certainement que le même homme, tirant aussi fort un levier dans la même direction, fera la même chose que si un poids de 100 livres était suspendu au levier en sa place ; ainsi on peut concevoir ces 100 livres suspendues au levier, toutes les fois qu'on a les forces de cet homme qui tire la corde.

Si l'on fait bien attention aux forces que l'on peut mettre en œuvre par le moyen du levier, il sera aisé de voir de quelle manière on peut mouvoir, élever, soutenir, à l'aide de ces mêmes machines, toutes sortes de fardeaux.

Soit une pierre de 2,000 livres que l'on soit obligé

d'élever ; on nous donne pour cet effet un levier de 12 pieds de long, de la seconde espèce, et l'homme qui doit mouvoir cette pierre n'a qu'une force de 30 livres : on demande en quel endroit du levier on doit mettre la pierre, ou en quel endroit il faut la suspendre. CB (*fig.* 8) est de 12 pieds de long, c'est-à-dire, de 144 pouces ou de 1728 lignes ; le poids D est de 2,000 livres, la puissance P est de 30 livres ; on aura par conséquent D : P : : CB : CD, c'est-à-dire, 2,000 : 30 : : 1728 : 25 $\frac{23}{25}$ lignes.

Si donc le poids D de 2,000 livres est suspendu au levier à la distance CD de 25 $\frac{23}{25}$ lignes, c'est-à-dire, 2 pouces 1 ligne $\frac{23}{25}$, la puissance P soutiendra ce poids et sera avec lui en équilibre ; mais en poussant un peu D proche de C, en sorte que CD soit 2 pouces, la force du mouvement de P sera plus grande que celle de D, et alors P élèvera le poids D.

Archimède disait : Donnez-moi seulement un point fixe hors de la terre, et je l'enlèverai tout entière hors de sa place ; car en supposant que D représente la terre et P sa main, il aurait voulu mettre P à D en plus grande raison que CD à CB. En effet, un pied cube de terre pèse 100 livres, ainsi, la pesanteur de tout notre globe sera de 399,784,700,118,074,464,789,750 livres. Supposons que la force d'Archimède soit de 200 livres, alors P sera à D comme 1 à 199,892,350,059, 037,232,399,8 $^3/_4$; c'est pourquoi CD devrait être à CB comme 1 à 199,892, etc. Ainsi, CB étant divisé en autant de parties que ce dernier nombre, et la terre étant suspendue sur la première division, Archimède l'aurait arrêtée en P ; mais comme la terre est placée un peu plus près de C, il aurait pu l'élever.

Si le levier AB (*fig.* 9), situé parallèlement à l'horizon sur deux appuis en A et B, a sur lui, en quelqu'endroit du milieu, le poids D, l'action de l'appui B sera à celle de l'appui A, pour le soutenir, comme AD est à DB.

Il paraît par-là que si deux hommes A et B (*fig.* 10) portent le poids D suspendu au levier AB, quelle que soit la portion portée par chacun d'eux, la portion que B porte est à celle que A porte comme AD est à DB. Si AD est à DB comme 2 à 3, et que le poids D soit de 50 livres, B porte 20 livres et A porte 30 livres. On peut par conséquent, dit Mussembroek, attacher au levier AB un poids de telle manière qu'un enfant et le fort Samson en porteraient chacun une partie, qui sera proportionnelle à leurs forces. Que Samson soit 100 fois plus fort que l'enfant ; que AB soit divisé en 101 parties ; que A soit Samson, B l'enfant et D le poids ; que BD soit de 100 parties et AD d'une partie, alors AD est à DB comme 1 est à 100, et par conséquent la force requise de B est à celle de A comme 1 est à 100. Si donc le poids est suspendu au point D, chacun d'eux en portera une partie proportionnelle à sa force.

Si l'on attache divers poids, comme D, *f*, G (*fig.* 11), à divers points d'un levier qui porte sur ses appuis A et B, on pourra savoir quelle doit être la charge de chacun de ses appuis, si l'on vient à trouver en quel endroit est situé le centre de pesanteur de ces trois poids. Si donc ce centre est K et qu'on en tire LK perpendiculairement sur l'horizon et qui tombe sur le levier, l'action de l'appui B devra être alors à celle de A comme AL est à BL. Qu'on cherche premièrement le centre de la pesanteur des deux points D et *f*, en tirant, de chaque centre de pesanteur, la ligne droite D *f* et la divisant en *e*, en sorte que le poids *f* soit à D comme D*e* est à *ef*; maintenant *e* sera le centre de la pesanteur de ces deux poids, en sorte qu'il faut concevoir que ces deux poids sont suspendus à *e*. Qu'on tire donc une ligne droite *e* G jusqu'au centre de pesanteur dans le poids G, et qu'on divise cette ligne *e*G en K; en sorte que GK soit à K*e* comme le poids en *e* est à G. Si donc K est le centre de la pesanteur de tous les poids, qu'on fasse tomber perpendiculairement sur l'horizon la ligne KL, qui passe par le levier en L, et alors tous les poids agissent comme reposant sur ce point L; de sorte que l'action de l'appui B, qui soutient les poids, doit être à celle de l'appui A, qui les soutient aussi, comme la longueur AL est à BL.

Soit le levier AC (*fig.* 12), situé obliquement sur l'horizon dont l'extrémité C repose sur l'appui, tandis que l'autre extrémité A est soutenue par la puissance P, et que le poids D soit situé en quelqu'endroit du milieu, on demande quelle doit être la force de P à l'égard de la pesanteur de D pour pouvoir soutenir le poids D.

Il faut tirer du centre de mouvement C la ligne CB parallèle à l'horizon : ainsi la ligne de pesanteur sera éloignée du centre de mouvement de la distance de CB; mais la puissance P est éloignée de ce même centre de la distance CA, de sorte que P devra être au poids D, pour l'arrêter avec le levier, comme la longueur CB est à CA. Lorsque la puissance P aura élevé plus haut le levier CA, le poids D décrira l'arc DS ; mais dès que le poids sera parvenu jusqu'à E, il agira dans la ligne EF, et sa distance de l'appui C sera seulement égale à CF ; c'est pourquoi P pourra être plus petit pour faire équilibre, ou il devra moins agir lorsque le levier sera élevé à cette hauteur ; P devra aussi toujours agir d'autant moins que CA sera élevé plus haut ; de sorte que le levier passant par le point G, le poids D agira selon la ligne GH, comme en H, et aura une plus petite distance CH, tandis que P pourra être aussi plus petit.

Si l'on suppose trois leviers AO, CO, FO (*fig.* 13), joints ensemble en O, et que le poids soit sur O ; après qu'on aura tiré AC, CF, AF, prolongez OF en G, CO en E et AO en B, la puissance F sera, à l'égard du poids O, comme GO est à GF, et la puissance A sera à O comme BO est à BA, et la puissance C sera à O comme EO est à EC.

Soit le levier ACB (*fig.* 14) qui soit tiré par les deux puissances R et P avec des directions obliques sur le levier, comme sont RA, BP, on pourra alors déterminer les forces de R et de P, après qu'on aura tiré du centre de mouvement C la perpendiculaire sur la ligne de direction, c'est-à-dire CD, CE ; car il faudra, pour faire équilibre, que P soit à R comme la longueur CD est à CE. C'est ainsi qu'on peut déterminer toutes les actions obliques sur le levier

Soit le levier AC (*fig.* 15) dont le centre de mouvement est C; que les deux puissances R et P soient attachées à l'autre extrémité A, et qu'elles tirent à elles l'une contre l'autre le levier avec des directions obliques RA, AP : on demande quelle doit être la force des puissances R et P pour rester en équilibre. Tirez CP et CR perpendiculaires sur la direction de ces puissances AP, AR, on aura P est à R comme RC est à CP.

La poulie est une des cinq principales machines dont on traite dans la statique : elle consiste en une petite roue qui est creusée dans sa circonférence et qui tourne autour d'un clou ou axe placé à son centre; on s'en sert pour élever des poids par le moyen d'une corde qu'on place et qu'on fait glisser dans la rainure de la circonférence.

L'axe sur lequel la poulie tourne se nomme *boulon* ou *goujon*, et la pièce fixe de bois ou de fer dans laquelle on le met se nomme la *chape*.

La poulie est donc une sorte de roue DOFE (*fig.* 16) qui tourne autour de son essieu; il passe autour de cette roue une corde PDOFEB à laquelle on applique ordinairement la puissance qui agit; on y attache aussi le poids qui doit être mû. Cette machine sert à changer les directions des puissances qui agissent ou à augmenter leurs forces de mouvement pour mouvoir ou lever toutes sortes de poids.

Dans une poulie, la résistance en A, le poids P et la puissance appliquée en H sont entre eux, dans le cas d'équilibre, comme la sous-tendante de l'arc embrassé par la corde et les rayons CD et CO. Si la poulie DOFE tourne seulement autour de son axe C, mais que du reste elle soit attachée dans son écharpe A au croc U et qu'autour de la roue tourne la corde PDOEB, à l'une des extrémités de laquelle soit suspendu le poids P, tandis que la puissance B, qui donne le mouvement, agit à l'autre extrémité, B devra alors avoir la même force que P, afin que B soit en équilibre avec P. La même chose a lieu quelle que soit la direction avec laquelle la puissance B puisse tirer, soit que cela se fasse suivant la direction GF, HO, ou suivant quelque autre direction; on a toujours P égal à la force qui agit en G, et P égal à la force qui agit en H. On voit par là que la même puissance B, étant une fois en équilibre avec P, gardera toujours cet équilibre quelle que soit la direction suivant laquelle elle puisse tirer. C'est en cela que consiste l'avantage d'une poulie fixe.

On peut regarder la poulie comme l'assemblage d'une infinité de leviers fixés autour du même point C, et dont les bras sont égaux; et c'est cette égalité de bras qui fait que la puissance n'est jamais plus grande que le poids. Il est inutile d'avertir qu'il faut faire abstraction du poids et des frottements des cordes; car on conçoit aisément que, moyennant ce poids et ces frottements, il faudra plus de cent livres d'effort pour élever un poids de cent livres.

Les cordes ont une certaine roideur plus ou moins grande, selon leur épaisseur, et cette roideur fait beaucoup de résistance. La corde doit se courber d'autant moins vite que la poulie est plus grande, ce qui est cause qu'il y a aussi moins de résistance; de sorte que les grandes poulies sont meilleures que les petites.

L'usage de la poulie est principalement de changer une direction verticale en horizontale ou une direction qui devait être de bas en haut en une direction de haut en bas et réciproquement ; c'est principalement par là qu'elle est avantageuse. En effet, supposons que plusieurs hommes veuillent élever à une grande hauteur un poids considérable par le moyen d'une corde en la tirant de haut en bas : si la corde vient à se rompre, la tête des ouvriers qui se trouveront dessous sera en grand danger ; mais si, par le moyen de la poulie, la direction verticale de la corde est changée en horizontale, il n'y a plus rien à craindre de la rupture de la corde. La poulie est, dans ce cas, appelée *poulie de renvoi*, parce qu'elle sert à faire agir la puissance dans un sens différent de celui du poids.

Le changement de direction occasionné par la poulie a encore cet avantage, que si une puissance a plus de force dans une direction que dans une autre, elle peut agir, par le moyen de la poulie, dans la direction favorable.

Par exemple, un cheval ne peut tirer verticalement, mais il tire avec beaucoup de force dans le sens horizontal. Ainsi, en changeant la direction verticale en horizontale, on peut faire élever un poids à un cheval par le moyen d'une poulie.

La plupart des poulies sont mal faites pour la commodité, car, pour qu'une poulie soit bonne, il faut que son essieu soit fixe dans la roue, et qu'elle tourne en même temps avec son essieu dans le trou de sa chape.

De cette manière elle tourne bien rondement et sans être cahotée, et, quoiqu'elle vienne à s'user, elle ne laisse pas de tourner toujours rondement. Mais lorsqu'on perce la roue et qu'on fait tourner la poulie sur un goujon qui est tenu dans l'écharpe, il faut de nécessité qu'elle ait un peu de jeu, et il est alors impossible qu'elle puisse jamais tourner rondement, mais elle doit être cahotée; plus elle s'use, plus aussi le mouvement inégal et le cahot augmentent, et c'est pour cela que ces poulies ne valent rien.

La poulie est principalement utile quand il y en a plusieurs réunies ensemble. Cette réunion forme ce qu'on appelle un *moufle*. L'avantage de cette machine est de tenir peu de place, de pouvoir se remuer aisément, et de faire élever un grand poids avec peu de force.

M. Fyoc, mathématicien, a inventé, il y a quelques années, une poulie mécanique, machine très-ingénieuse dont je vais donner la description :

Le corps de la poulie mécanique, à proprement parler, est un cylindre du diamètre qu'on aurait donné au fond de la gorge, et de la même épaisseur que celle qu'elle aurait eue si elle avait été exécutée comme à l'ordinaire. Ce cylindre est fixé sur un arbre qui porte les deux pivots; sur cet arbre entre, de chaque côté, un petit plateau du diamètre nécessaire pour former, au-dessus du cylindre dont nous venons de parler, une gorge dont les rebords aient une hauteur suffisante pour bien contenir la corde qu'on y veut mettre. Ces denx plateaux sont bombés du côté opposé à la surface par laquelle ils s'appliquent au cylindre, et sont d'une épaisseur convenable ; ils ont des entailles qui, partant d'une certaine distance du centre, vont se rendre à la circonférence ; enfin, ils sont garnis, à leur surface interne, de rugosités pour mieux saisir la corde ; une espèce de fourche, attachée au haut de la chape et mobile sur des pivots, est continuellement pressée par un ressort contre deux petits plateaux, de manière que chacune de ses dents ou extrémités s'engage dans les entailles des plateaux. Ceci bien entendu, on conçoit que, quand on tire la corde dans le sens ordinaire, la fourche ne fait aucun obstacle au mouvement de la poulie ; mais qu'à l'instant où on la lâche, la fourche pressant, par l'effet du ressort, contre les plateaux qui sont bombés, et serrant, par ce moyen, la corde dans cette gorge artificielle, elle l'empêche de glisser, tandis que la poulie elle-même est arrêtée par les dents de la fourche qui s'engagent dans les entailles de ces plateaux.

Il y a un levier qui sert, dans l'occasion, à soulever les ressorts pour en empêcher l'action. L'invention de cette poulie a obtenu l'approbation de l'Académie des Sciences, et a déjà été employée d'une manière avantageuse dans les établissements publics.

On appelle *moufle* l'assemblage de plusieurs poulies mobiles dans une même écharpe, qui, dans les travaux, sert à élever de très-grands fardeaux avec peu de force.

On démontre en mécanique que la force qu'il faut pour mouvoir un corps pesant est en raison inverse des espaces parcourus en même temps par le fardeau et la puissance. Ainsi, une puissance peut faire mouvoir un fardeau double, triple, quadruple, etc., en ne lui faisant parcourir que la moitié, le tiers ou le quart du chemin qu'elle fait; d'où il résulte que, pour mouvoir un fardeau double, triple, quadruple, etc., de l'effort de la puissance, il faut deux fois, trois fois, quatre fois plus de temps, c'est-à-dire que l'on perd en temps ce que l'on gagne en force, indépendamment des frottements occasionnés par les combinaisons, pour produire de grands effets. Je vais citer, pour l'application de ces principes aux moufles, ce que dit M. Rondelet dans son *Art de bâtir*. On sait généralement que les poulies sont des corps cylindriques de peu d'épaisseur, en bois ou en métal, avec une cannelure autour pour tenir le cordage, et un axe de fer dans lequel elles sont enfilées pour tourner avec la corde qui enveloppe une partie de leur circonférence. Une poulie seule fixe ne peut pas diminuer l'effort du poids par rapport à la puissance qui le fait mouvoir, parce qu'elle est obligée de parcourir un espace égal à celui que parcourt le poids; et même, comme il n'y a pas de machine sans frottement, on peut dire que, pour faire mouvoir un poids par le moyen d'une poulie fixe, il faut un peu plus de force que si on le tirait immédiatement. Mais, comme on ne peut pas toujours appliquer à un poids une puissance selon la direction qu'il doit suivre, les poulies sont nécessaires pour donner à la puissance la direction que l'on veut, et souvent opposée à celle du fardeau, comme dans les chèvres et les grues.

Lorsque les poulies dont on se sert pour élever un fardeau ne sont pas arrêtées à un point fixe, c'est-à-dire lorsque les poulies attachées au fardeau suivent son mouvement, comme dans les fig. 17, 18, 19, 20, 21, la puissance étant obligée de parcourir un espace double de celui que parcourt le fardeau, son effort ne doit être qu'un peu plus de la moitié : ainsi, dans la figure 17, la force P, appliquée au-dessus de la poulie A, sera un peu plus de la moitié du poids, l'autre moitié étant soutenue par le premier cordon arrêté en E ; de même, la puissance Q appliquée au-dessus de la poulie B n'agira qu'avec un peu plus de la moitié de la force, P, l'autre moitié étant soutenue par le second cordon arrêté en F ; par la même raison, la puissance R, appliquée en dessus de la poulie C, n'agira qu'avec la moitié de l'effort de la puissance Q, l'autre moitié étant soutenue par le troisième cordon arrêté en G. Quant à la poulie D, qui est fixe, la puissance S, placée au-dessous, sera obligée d'agir avec un effort un peu plus grand que la puissance R, parce que, le quatrième cordon H n'étant pas arrêté, la puissance S soutient seule l'effort entier de la puissance R. Cette combinaison de poulies est une des plus avantageuses pour la puissance, mais elle a un inconvénient qui en rend l'usage impraticable ; c'est que pour trois poulies mobiles, il faut que la poulie fixe D soit à une hauteur huit fois plus grande que celle à laquelle on veut élever le fardeau. Ainsi, pour élever un fardeau à 50 pieds de hauteur, il faudrait que la poulie D fût à plus de 400 pieds d'élévation ; le cordon GFRS devrait avoir plus de 800 pieds; celui FQ et les deux autres chacun 400 pieds, ce qui fait plus de 1600 pieds de cordes,

Les moufles représentés de face et de profil par les figures 18 et 19, composés de deux chapes garnies chacune de trois poulies, sont ceux dont on fait plus d'usage. Si l'on fait abstraction du frottement des poulies autour de leurs axes, on trouvera que, par leur moyen, on pourrait mouvoir un fardeau six fois plus considérable que la puissance, parce qu'elle parcourt un espace six fois plus grand que celui parcouru par le fardeau; mais, pour produire cet effet, il faudrait, pour faire parcourir 50 pieds au fardeau, plus de 300 pieds de cordes.

Mais si l'on veut avoir égard au frottement, on trouvera que la puissance, au lieu d'être $^1/_6$ du fardeau, doit être près de la moitié. J'ai éprouvé que, pour élever un fardeau de 107 livres avec des moufles composés de deux chapes de fer garnies chacune de trois poulies en cuivre dont les diamètres étaient de 6 pouces, 4 pouces et 2 pouces; et ceux de leur axe de 10 lignes $\frac{3}{4}$, 9 lignes $\frac{3}{4}$ et 8 lignes $\frac{3}{4}$, il fallait un poids de 50 livres; ces moufles ayant six cordons, indépendamment de celui qui tire, l'effort de la puissance aurait dû être $\frac{107}{6} = 17\ \frac{5}{6}$, au lieu de 50; en sorte que les frottements ont été de $32\ \frac{1}{6}$.

On trouve, d'après les principes démontrés dans tous les traités de mécanique, que le frottement est au poids comme le diamètre des axes est à celui des poulies: ainsi, pour la chape du haut des moufles dont il s'agit, on trouvera que la somme des diamètres des axes étant de 29 lignes $\frac{1}{4}$ et celles des diamètres des poulies de 144 lignes, le rapport sera, à très-peu de chose près, comme 1 est à 5, c'est-à-dire que le frottement est 1/5 du poids du fardeau. Pour la chape du bas, à laquelle est suspendu le fardeau et qui se meut avec lui, le frottement n'est que moitié, c'est-à-dire 1/10, ce qui fait pour le frottement des six poulies 3/10 ; le fardeau étant de 107 livres, ces 3/10 donneront 32 $\frac{1}{10}$, c'est-à-dire 1/15 de livre de moins que l'expérience ou un peu plus d'une once, ce qui prouve l'accord de la théorie avec l'expérience lorsque l'application est faite comme il convient.

Les moufles indiqués par les figures 20 et 21, qui sont triples des précédents et composés de deux chapes garnies chacune de 9 poulies, ne sont pas, à beaucoup près, aussi avantageux qu'ils le paraissent, à cause du frottement. On trouvera qu'au moyen de ces moufles, une puissance pourrait élever un fardeau dix-huit fois plus grand que l'effort qu'elle fait en parcourant dix-huit fois plus de chemin ; de sorte que pour élever un fardeau à 50 pieds, il faudrait 900 pieds de cordage, ce qui devient fort embarrassant. Si l'on veut avoir égard au frottement, il faut, comme pour l'exemple précédent, chercher le rapport de la somme des diamètres des axes et des poulies. Supposons les diamètres des grandes poulies de 9 pouces et celui de leur axe de 10 lignes, le diamètre des poulies moyennes de 6 pouces et celui de leur axe de 9 lignes, le diamètre des petites de 3 pouces et celui de leur axe de 8 lignes, on aura pour les axes des grandes poulies de la chape du haut .... $10 \times 3 = 30$ lig.

La somme des axes des poulies moyennes sera .... $9 \times 3 = 27$

Celle des axes des petites poulies.. $8 \times 3 = 24$

En tout .... 81 lig.

Le diamètre des grandes poulies étant de 9 pouces ou 108 lignes, leur somme sera.. $108 \times 3 = 324$ lig.

Celle des poulies moyennes de 6 pouces ou 72 lignes, donne.... $72 \times 3 = 216$

Celle des petites poulies de 3 pouces ou 36 lignes................ $36 \times 3 = 108$

En tout........... 648 lig.

Ainsi le rapport sera $\frac{81}{648}$ qui se réduit à 1/8, et indiquera leur frottement; celui des 9 poulies de la chape du bas étant de moitié, sera exprimé par 1/16; ces deux rapports réunis donneront pour le frottement des 18 poulies 3/16, à quoi il faut ajouter encore 1/18 pour l'effort de la puissance indépendamment des frottements, et l'on aura $\frac{70}{288}$ qui se réduit à $\frac{35}{144}$, c'est-à-dire que pour élever un fardeau de 1440 livres, il faudrait 350 livres de force, au lieu de 80 livres que donne sa combinaison, ce qui fait 270 livres pour les frottements; en sorte que la puissance, au lieu d'être le dix-huitième, serait près du quart. L'expérience donne encore les frottements plus forts, surtout lorsqu'il n'y a qu'un seul cordon pour tirer; quand il y en a deux, il est un peu moindre, et ne diffère presque pas de ce que donne le calcul.

On appelle *treuil*, *tour* ou *vindas*, la machine dont on se sert communément pour tirer l'eau des puits, elle sert aussi à sortir les pierres des carrières (*fig.* 22). Il y en a certains où l'on adapte un tambour, dans lequel on fait marcher des hommes qui, par leur pesanteur, font lever le fardeau qui est suspendu à l'essieu. Voici de quelle manière on pourra concevoir leurs forces de mouvement. Selon Mussembroeck, que AFB soit un tambour concave, de manière qu'on puisse faire marcher un homme dedans (c'est la même chose si l'on emploie, pour cet effet, des animaux), qui fasse effort pour s'avancer vers H, K, S, B, lorsqu'il sera arrivé en H, la ligne de pesanteur sera en HO, et il agira, par conséquent, comme s'il était suspendu au point O dont la distance au centre de mouvement est CO; c'est pourquoi, il faut que, pour faire équilibre avec P, les forces de mouvement de l'homme soient égales à celles du poids P; que l'on nomme la pesanteur de l'homme H, les forces de mouvement égales seront $H \times CO = P \times DC$; ceci étant mis en proportion, on aura $H : P :: DC : CO$. Si l'homme s'avance davantage jusqu'en K, il agira, par sa pesanteur, dans la direction de la pesanteur KE, et de cette manière il sera suspendu comme au point E, étant plus éloigné qu'auparavant du centre de mouvement C; c'est pourquoi, il pourra alors, par sa pesanteur, lever un plus grand poids P. S'il avance encore davantage jusqu'en S, il agira dans la direction de la pesanteur QS, et il sera pour cette raison, comme suspendu au point Q, qui est encore plus éloigné de C;

c'est pourquoi il pourra par sa pesanteur lever un fardeau encore plus pesant P qu'auparavant. S'il peut maintenant s'avancer davantage, comme jusqu'en B, il se trouvera à la distance la plus éloignée de C où il puisse parvenir, et il lèvera alors le fardeau le plus pesant qu'il lui soit possible de lever.

On a en divers endroits des roues sur lesquelles les hommes peuvent marcher en dehors ; on fiche des anspects ou barres dans la roue, afin que les hommes puissent la tourner plus facilement. On fiche ces barres de deux manières : la première de ces manières est qu'elles soient comme des rayons allongés de la roue. Lorsque les ouvriers agissent à l'aide de ces barres, c'est comme si la roue en était d'autant plus grande, de sorte que son demi-diamètre est la distance au centre du mouvement jusqu'à l'endroit sur lequel ils appliquent la main. Il se trouve en Hollande plusieurs grues qui sont faites de cette manière ; mais on fiche aussi ces barres de travers dans la roue, de sorte qu'elles sont posées perpendiculairement sur le plan de la roue, aussi près du bord extérieur qu'il est possible, afin que l'ouvrier, tenant ferme une barre avec deux mains, puisse y être suspendu et faire tourner ainsi la roue par la pesanteur de son corps. Souvent on se contente de ficher dans le cylindre des barres pour le tourner : la roue ne fait que ce que font les barres, mais on conçoit qu'il y en a une infinité dans une roue.

On se sert utilement de ces machines pour élever les vannes des écluses, lorsqu'elles ont à vaincre une grande résistance ; on peut même diminuer d'un quart la résistance qu'oppose la vanne par l'usage des poulies mouflées qu'on y adapterait.

Examinons l'effet du frottement sur le tour : Soit le poids P et la force M (*fig.* 23), appliquée respectivement au cylindre BCH et à la roue AS d'un tour dont l'essieu est au centre de BHC, on suppose que le poids et la puissance agissent dans un même plan. Soit M la force simplement requise pour faire équilibre au poids P, et q la petite force qu'il faut ajouter à M pour vaincre le frottement.

Soit le rayon de l'essieu.................... a
Le rayon OB du cylindre.................. b
Le rayon OA de la roue.................... c
Le rapport du frottement à la pression...... n
Le rayon du cercle où l'on mesure les sinus.. 1

Soit f le sinus de l'angle que fait la direction de la puissance M avec l'horizon, on trouve :

$q=\frac{an}{c}\sqrt{M^2+P^2+2fMP}$ ou (en mettant pour M sa valeur $\frac{Pb}{c}$) $q=\frac{anP}{c^2}\sqrt{b^2+c^2+2fbc}$.

Faisons-en l'application à un exemple : P=900 liv., $a=1$, $b=10$, $c=60$, $n=\frac{1}{5}$, l'angle de la direction de la puissance M avec l'horizon $=45^o$ ou $f=\frac{1}{\sqrt{2}}$. On trouvera $q=3$ liv. 372 environ. Il faut donc ajouter à la puissance M environ 3 livr. et $\frac{372}{1000}$ pour vaincre le frottement ; ainsi, cette puissance qui, sans le frottement, n'aurait été que de 150 livr., sera de 153 livr. 372, en ayant égard au frottement.

Lorsque la direction de la puissance est verticale, on a $f=1$, et l'équation se réduit à

$$q=\frac{an\,(P+M)}{c-an},\ \text{ou}\ q=\frac{an\,P\,(c+b)}{c\,(c-an)}.$$

Soit, comme dans l'exemple précédent, P=900 liv., $a=1$, $b=10$, $c=60$, $n=\frac{1}{5}$. On trouvera $q=3$ livr. 61 à peu près.

On employait autrefois, dans certaines circonstances, un certain instrument à corde sujet à beaucoup d'inconvénients, et qui a été décrit par MM. Perrault et Varignon (*fig*. 23). DE est une corde bien tendue, qui fait un tour autour de l'axe BC, de sorte que quand on tourne l'axe suivant le rang qu'occupent ces lettres BHC, il faut que la roue s'élève en haut, et qu'elle tombe en bas demeurant appliquée à la corde BE lorsqu'on tourne l'axe suivant CHB. Il passe autour de l'axe BC une autre corde plus en dedans, CP, à laquelle est suspendu le poids P ; il y a autour de l'axe une grande roue faite en manière de poulie ANS, autour de laquelle passe une corde qui est tenue et tirée par la puissance M ; lorsqu'on met cette machine en mouvement, le centre de mouvement se trouve en B où B touche la corde EBD, de sorte que les distances du poids P et de la puissance M sont CB et AB ; c'est pourquoi la force de M doit être à P comme CB est à BA. Le physicien Desaguliers a fait voir les incommodités de cette machine dans les *Transactions philosophiques*. On ne s'en sert presque plus aujourd'hui.

Le cabestan est un cylindre vertical, percé de

plusieurs trous à son extrémité supérieure, pour y passer les barres ou leviers avec lesquels on le fait tourner à force de bras ; il a un pivot à son extrémité inférieure. L'une et l'autre extrémités sont armées de frettes de fer. On se sert de cette machine sur terre pour attirer de grands fardeaux.

Le cabestan présente un grand inconvénient : quand la corde qui se roule dessus et qui descend de sa grosseur à chaque tour, est parvenue tout à fait au bas du cylindre, alors le cabestan ne peut plus virer, et l'on est obligé de chaquer, c'est-à-dire de prendre des bosses, de dériver le cabestan, de hausser les cordages, etc. Cette manœuvre fait perdre un temps considérable.

Le cabestan n'est donc, à proprement parler, qu'un levier ou un assemblage de leviers auxquels plusieurs puissances sont appliquées. Or, suivant les lois du levier et abstraction faite du frottement, la puissance est au poids comme le rayon du cylindre est à la longueur du levier auquel la puissance est attachée, et le chemin de la puissance est à celui du poids comme le levier est au rayon du cylindre ; moins il faut de force pour élever le poids, plus il faut faire de chemin ; il ne faut donc pas faire les leviers trop longs, afin que la puissance ne fasse pas trop de chemin ; ni trop courts, afin qu'elle ne soit pas obligée de faire trop d'efforts, car dans l'un et l'autre cas elle serait trop fatiguée.

Le cabestan peut s'appeler indifféremment *treuil* ou *vindas*, suivant les différentes applications qu'on en fait. Lorsque le tour, ou le rouleau sur lequel la corde s'enroule, est posé de niveau, on l'appelle communément *treuil*, et l'on applique la puissance qui le fait mouvoir ou aux bras ou aux chevilles de la roue, mais lorsque le tour est posé d'aplomb, suivant l'expression des ouvriers, ou bien perpendiculairement à l'horizon, on appelle la machine *vindas* ou *cabestan*.

Le treuil avec sa roue s'applique plus particulièrement aux grues avec lesquelles on élève les grosses pièces dans les édifices, et dont le cable est arrêté en quelque endroit du tour dans lequel il s'enroule.

Je donne le dessin d'un nouveau cabestan, qui ne diffère des cabestans ordinaires que par l'effet de quelques roulettes pour faciliter le déroulement du cable (*fig.* 24).

1° Le cabestan doit être fixé par les moyens connus d'une manière immobile.

2° Les deux brins du câble doivent être enroulés sur la partie échancrée du cabestan dans le même sens, de manière qu'après deux ou trois tours, ces deux brins viennent se réunir sur la roulette qui se trouve fixée au côté gauche du cylindre, comme on le voit sur le plan visuel.

Au moyen des deux roulettes mobiles fixées dans l'intérieur de la pièce de bois à l'arrière du cabestan, les deux brins du câble conservent leur parallélisme, et se développent sur le cylindre chacun de leur côté et toujours à la même place.

Le cabestan dont je donne le dessin ne tire les masses que d'une manière horizontale ; mais pour lui faire enlever des fardeaux verticalement, c'est-à-dire de bas en haut, il ne faudrait que changer l'appareil établi à l'arrière du cabestan et lui donner une direction horizontale, au lieu de la verticale qu'il a dans le modèle.

Explication de la figure 24.

A. Roulette mobile sur un axe, servant à réunir les deux brins de câble ou tournevis.

B. Cylindre échancré dans la moyenne partie ; les deux extrémités CC de l'échancrure forment un plan incliné d'environ quarante-cinq degrés sur l'axe du cylindre.

D. Deux roulettes mobiles qui servent à tenir constamment l'écart des deux brins du câble, pour conserver leur parallélisme jusqu'au cylindre et faciliter le déroulement.

E. Jambe de force qui soutient la pièce F et qui doit être à rainure pour le libre passage du câble.

Il y a des chaînes de fer rond, d'un pouce de gros, qu'on attache au sommet d'une file de bornes espacées également ; on peut les établir le long des quais; elles peuvent même quelquefois servir de parapet à un pont.

Je parlerai d'une chaîne propre à remplacer une corde de grue ou de cabestan, qui s'enroulera beaucoup plus facilement autour du treuil, et lèvera sans se fatiguer les plus grands poids ; cet avantage est inappréciable dans plusieurs machines, surtout dans les pompes à feu et dans les machines hydrauliques où l'humidité roidit et détruit bientôt les meilleures cordes.

La forme des mailles se conçoit aisément par la seule

inspection de la *figure* 25, où l'on voit la manière de les construire.

Il y a un grand défaut dans la confection de toutes les chaînes ; il provient du grand nombre de soudures qu'on est obligé de pratiquer pour former les mailles ; d'ailleurs les chaînes sont faites, en général, avec du fer de fonderie, de la qualité duquel on n'est pas toujours sûr, ce qui entraîne des accidents funestes par la rupture des mailles, surtout lorsqu'on les emploie dans les travaux des mines.

La Société d'encouragement de Londres a donné, il y a quelques années, une récompense à M. Hancock, pour la nouvelle chaîne dont je parle, et qui était débarrassée de ces inconvénients.

La forme de ses mailles permet de ployer la chaîne en tout sens, et sa manière de préparer le fer détruit l'inquiétude qu'on peut avoir sur sa solidité. A cet effet, il faut passer à la filière et à froid le fer destiné à la confection de ces mailles ; la tension considérable qu'éprouve le métal fait que la moindre paille se découvre, et le plus léger défaut fait rompre le fil ou plutôt la tringle.

L'épaisseur de trois huitièmes de pouce suffit pour en fabriquer une chaîne propre à enlever les plus grands fardeaux.

La bonté et la solidité des chaînes ont été constatées d'une manière authentique. M. Hancock en a fabriqué de toutes dimensions. Une chaîne de deux cent treize pieds, dont la tringle avait à peine trois huitièmes de pouce, mesure anglaise, ne pesait que deux cent seize livres ou environ une livre par pied, et elle levait des poids de deux milliers avec aisance.

On appelle aussi *chaîne* l'assemblage de plusieurs bouts de fil de fer d'environ un pied de long, liés les uns aux autres par des anneaux de cuivre, dont on forme une mesure de plusieurs toises ou mètres pour servir, dans la levée des cartes, à toutes les opérations de géométrie pratique. Une chaîne de cette espèce a été construite en acier par les ordres du major-général Roi et exécutée par M. Ramsden, l'un des plus habiles artistes d'Angleterre.

Cette chaîne est construite sur les principes de celle d'une montre : chaque chaînon est composé de trois principales parties, savoir : une longue bande, deux petites ayant moitié de l'épaisseur de la première, avec des trous circulaires près des extrémités de chacune, et des chevilles d'acier fondu de la grosseur du diamètre des trous, pour servir à réunir et attacher les chaînons entre eux. La surface intérieure des trous des petites plaques est rendue âpre et raboteuse avec la lime, tellement que lorsqu'elles embrassent les extrémités des deux grandes bandes consécutives, les chevilles passées dans ces trous y sont parfaitement serrées et comme unies aux petites plaques, tandis que les extrémités embrassées des longues bandes tournent librement autour de la cheville dans le milieu de sa longueur.

A chaque dixième chaînon, l'articulation qu'on vient de décrire est polie à angle droit avec les articulations précédentes, c'est-à-dire que les petites plaques y sont posées horizontalement, les clous qui les traversent étant verticaux. Ces articulations, dont l'objet principal était de rendre la chaîne propre à être réduite dans un petit espace, en se repliant sur elle-même à chaque sixième chaînon, ont aussi servi à adapter sur la surface horizontale qu'elles présentaient de petites pièces circulaires en cuivre sur lesquelles on a gravé les chiffres 1, 2, 3, etc., jusqu'à 9, marquant les parties décimales de la longueur totale; ainsi, l'articulation du milieu qui séparait le 50e chaînon du 51e portait le chiffre 5.

Cette chaîne a cent pieds de longueur y compris les deux mains ou anneaux extrêmes de cuivre ; à l'extrémité de chaque main il y avait des trous demi-circulaires, de même diamètre que les fiches ou petits piquets d'acier qu'on devait planter successivement dans le terrain, pour servir à compter le nombre des chaînes lorsqu'on mesurait à la manière ordinaire. L'usage de cette chaîne fit bientôt connaître combien sa construction était parfaite. Elle pèse environ 18 livres ; et quand elle est pliée, elle se renferme aisément dans une boîte de 14 pouces de long, 8 pouces de large et autant de hauteur.

On entend par *plan incliné* un plan qui fait un angle aigu avec un plan horizontal. La théorie du mouvement des corps sur des plans inclinés est un des points principaux de la mécanique.

Supposons qu'il y ait sur le plan incliné AC (*fig.* 26) un corps pesant K, qui soit retenu par la puissance P dont la direction est KP parallèle à AC, la puissance P devra être alors à la pesanteur du corps comme la hauteur BC du plan incliné est à la longueur CA du même plan.

Que le corps K soit une boule ou un cylindre, il ne restera pas en repos avant que la ligne PK passe par le centre de pesanteur K, car ce centre représente tout le corps, lequel est arrêté par la puissance P; que l'on tire de ce centre K la ligne droite KD où la boule touche la surface AC, et qu'on tire ensuite de K la ligne dans laquelle la pesanteur agit, c'est-à-dire K*e*G, perpendiculairement sur l'horizon; comme la boule venant à se mouvoir, ou en montant, ou en descendant, tournerait sur le point D, ce point sera le centre du mouvement duquel il faut tirer la ligne perpendiculaire D*e* sur la ligne de pesanteur K*ef*G, il s'en formera donc un levier KD*e* de la première sorte, dont les bras seront KD, D*e*, et l'appui D; or, parce que la surface CA est une tangente de la boule et qu'on a tiré KD du centre, KD sera alors posé perpendiculairement sur AC et sur KP, parce qu'ils sont tous deux parallèles. Comme la pesanteur de K, qui est conçue en *e*, agit perpendiculairement sur D*e*, la puissance P, qui est appliquée au bras KD du levier, sera à la pesanteur de K, qui est suspendue au bras D*e*, comme D*e* est à DK; mais les triangles DK*e* et CBA sont semblables, de sorte que D*e*⁚DK⁚⁚BC⁚CA. C'est pourquoi P⁚K⁚⁚CB⁚CA, c'est-à-dire comme la hauteur du plan incliné est à la longueur de ce même plan.

Si la puissance O tire le poids K avec une direction parallèle à la base BA, O devra être à K pour l'arrêter, comme CB, qui est à la hauteur du plan incliné, est à BA, qui est la longueur de sa base. Cela résulte de ce qui vient d'être expliqué et de la similitude des triangles KID et CBA.

On voit clairement que si la puissance P tire avec diverses directions de P vers O et de plus en plus du côté d'en bas, elle agit continuellement comme un plus petit levier, au lieu que cependant le poids K ne cesse d'agir au même levier D*e*.

Plus le levier auquel la puissance P est appliquée devient petit, plus la puissance doit être grande pour soutenir P, de sorte que la puissance P doit être plus petite lorsque la fraction PK est parallèle à la surface CA.

Car si la puissance P, en changeant sa direction précédente, se rend vers Q et tire dans la direction QK*q*R, il faut tirer de D sur cette direction la perpendiculaire D*q* et le levier sera *q*D*e*; de sorte que la puissance Q doit être alors à K comme *e*D est à D*q*; mais D*q* est plus petite que DK, puisque le côté DK du triangle rectangle DK*q* est opposé à l'angle droit : pour cette raison la puissance placée en Q, qui tire à un plus petit levier que celle qui est placée en P, devra être plus grande que celle qui se trouve située en P. Si la puissance qui tire parvient jusqu'à S, en sorte que GK*e*S soit une même ligne, S devra soutenir toute la pesanteur du corps K; car S agit au même point *e* du levier D*e* que le poids K, et il faut par conséquent que S soit aussi grand que K ou qu'il agisse avec la même force que K. Il suit donc de là que plus la hauteur BC du plan incliné est petite, plus la puissance P peut être petite pour soutenir le poids K. Si par conséquent B avait une hauteur infiniment petite, la puissance P devrait être aussi infiniment petite pour arrêter le poids K dans la direction PK.

En général la puissance doit être au poids qu'elle doit soutenir sur un plan incliné comme le sinus de l'angle que forme le plan incliné avec l'horizon est au cosinus de l'angle qui est formé par la puissance qui tire et par le plan incliné.

D'où il suit : 1° qu'un corps ne pesant sur le plan incliné qu'avec sa pesanteur respective ou relative, le poids appliqué dans une direction verticale le retiendra ou le soutiendra, pourvu que ce poids soit à celui du corps qu'on veut retenir comme la hauteur du plan BC est à sa longueur AC;

2° Si l'on prend pour sinus total la longueur du plan CA, BC sera le sinus de l'angle d'inclinaison CAB ; c'est pourquoi la pesanteur absolue du corps est à sa pesanteur respective, suivant le plan incliné, comme le sinus total est au sinus de l'angle d'inclinaison ;

3° Les pesanteurs respectives du même corps sur différents plans inclinés sont l'une à l'autre comme les sinus des angles d'inclinaison ;

4° Plus l'angle d'inclinaison est grand, plus aussi est grande la pesanteur respective ;

5° Ainsi, dans un plan vertical où l'angle d'inclinaison est le plus grand, puisqu'il est formé par une perpendiculaire, la pesanteur respective est égale à la pesanteur absolue ; et dans un plan horizontal où il n'y a aucune inclinaison, la pesanteur respective s'anéantit absolument.

Pour trouver le sinus de l'angle d'inclinaison que doit avoir un plan, afin qu'une puissance donnée y puisse soutenir un poids donné, dites : le poids donné est à la puissance donnée comme le sinus total est au sinus de l'angle d'inclinaison du plan. Ainsi, supposant qu'un poids de mille doive être soutenu par une puissance de cinquante, on trouvera que l'angle d'inclinaison doit être de 2° 52′.

Au reste, nous supposons dans toute cette théorie que la puissance tire parallèlement à AC, c'est-à-dire, à la longueur du plan ; et c'est la manière la plus avantageuse dont elle puisse être appliquée ; mais si elle tire dans toute autre direction, il ne sera pas fort difficile de déterminer le rapport de la puissance au poids. Pour cela on mènera par le point de concours de la direction de la verticale du poids et de la direction de la puissance, une perpendiculaire au plan AC ; or, pour qu'il y ait équilibre, il faut : 1° que cette perpendiculaire tombe sur la base du corps et non au-delà ou en deçà, car autrement le corps glisserait ; 2° qu'elle soit la direction de la force résultante de l'action du poids et de celle de la puissance, car il faut que la force résultante de ces deux actions soit détruite par la résistance du plan, et elle ne peut être détruite à moins qu'elle ne soit perpendiculaire au plan ; on fera donc un parallélogramme dont la diagonale soit cette perpendiculaire et dont les côtés seront pris sur les directions de la puissance et du poids, et le rapport des côtés de ce parallélogramme sera celui de la puissance et du poids.

Si un poids descend selon la direction verticale en élevant un autre poids dans une direction parallèle au plan incliné, la hauteur de l'élévation du dernier poids sera à celle de descente du premier comme le sinus de l'angle d'inclinaison est au sinus total. D'où il suit encore que les puissances sont égales lorsqu'elles élèvent des poids à des hauteurs qui sont réciproquement proportionnelles à ces poids.

On voit aussi la raison pourquoi il est beaucoup plus difficile de tirer un chariot chargé sur un plan incliné que sur un plan horizontal, parce qu'on a à vaincre une partie du poids qui est à la pesanteur totale dans le rapport de la hauteur du plan à sa longueur. Cette vérité peut servir aux ingénieurs à établir, dans leurs devis, des règles certaines pour fixer le prix des transports des terres ou des pierres à des longueurs et hauteurs déterminées. Par exemple, si à des distances égales et sur un plan incliné de 25 degrés, on donne pour prix de transport par toise cube 12 fr., que doit-on donner pour la conduire, même longueur supposée, sur un plan incliné de 6 degrés ?

Si un corps X (*fig.* 27) repose contre un plan incliné AC et un point vertical AX, la pression contre le plan AX fait, par rapport au plan AC, l'office d'une puissance qui retiendrait le corps sur ce plan, en agissant parallèlement à sa base AB; donc, on a la pression exercée contre le plan vertical AX égale au produit du poids du corps X par la hauteur BC du plan incliné, divisé par la base AB du dit plan incliné.

La vis est une des cinq puissances mécaniques dont on se sert principalement pour élever ou presser.

On donne particulièrement ce nom à un cordon ou arrête entortillée du haut en bas autour d'un cylindre, de manière qu'il y a partout une distance égale entre chaque pas de la vis; on lui donne le nom de *vis extérieure*. Mais si la canelure est creusée de la même manière, en rond, dans une concavité, on l'appelle alors *matrice* ou *écrou*. Ce cordon a une base plate qui tient au cylindre; il finit en dehors en pointe, et est aussi quelquefois partout de la même épaisseur. On donne au premier le nom de *vis triangulaire*, et au dernier celui de *vis carrée*.

Le relief spiral formé ainsi sur la surface du cylindre s'appelle *filet de la vis*. La distance qu'il y a parallèlement à l'axe du cylindre entre deux filets de vis consécutifs, se nomme *hauteur du pas de la vis* ou simplement *pas de la vis*.

Pour se servir de cette machine, on doit avoir toujours deux vis qui tournent l'une dans l'autre, c'est-à-dire que la vis extérieure tourne dans l'écrou, et il faut alors que l'une des deux reste fixe, tandis que l'autre tourne autour d'elle; il n'importe pas que ce soit l'une ou l'autre qui soit fixe. L'écrou doit être creusé intérieurement d'une quantité égale et semblable au filet de la vis, en sorte que l'écrou peut être regardé comme le moule du filet de la vis.

On emploie la vis pour lever des corps pesants, pour en presser d'autres et aussi pour les mettre en mouvement.

Les vis triangulaires sont ordinairement faites de bois, mais les carrées sont en métal ; ces dernières sont plus fortes, moins sujettes au frottement ; et comme elles s'engagent l'une dans l'autre plus aisément, elles s'usent moins et par conséquent durent plus longtemps.

Si une puissance tourne une vis autour d'une autre avec une direction parallèle à la base du cylindre, cette puissance devra être alors au poids qui est posé sur la vis et qui doit être mû, comme la distance entre deux cannelures situées l'une près de l'autre est à la circonférence du cercle de la base.

Les vis qui s'engrènent avec des roues dentées s'appellent *vis sans fin,* parce que l'engrenage n'a pas de fin, et demeure toujours le même tant que la machine tourne.

Dans cette espèce de vis, *le poids est à la puissance comme le produit du rayon de la roue par la circonférence que décrit la manivelle est au produit du rayon du cylindre par la hauteur du pas de la vis.*

Le coin est un morceau de bois ou de fer composé de deux surfaces inclinées l'une vers l'autre, dont on se sert pour fendre, couper, presser ou élever quelque chose.

On distingue deux sortes de coins, un simple et un double. Le coin simple (*fig.* 28) est comme un triangle rectangle ADC dont la base AD est appelée la *longueur,* DC est la *hauteur* ou le *dos* du coin.

Le coin double ACD (*fig.* 29) est fait de deux coins simples, ACE, AED, qui sont joints par l'application de leurs longueurs l'une contre l'autre.

Les puissances que l'on emploie pour les coins sont ou les pressions ou les percussions. Lorsqu'un charpentier veut percer du bois, il presse avec sa poitrine sur le coin ; lorsque nous coupons quelque chose avec un couteau nous ne faisons que presser, mais nous frappons aussi sur le coin avec un marteau.

Les corps que l'on sépare les uns des autres à l'aide du coin sont aussi de différentes sortes ; quelques-uns se fendent, et la fente s'avance devant le coin, comme cela arrive à l'égard des bois qui se fendent aisément ; mais il s'en trouve d'autres dont la fente ne s'étend pas au-delà de l'endroit ou le coin pénètre, comme cela se remarque lorsqu'on désunit du liége, du bois humide ou quelque métal, à l'aide du coin.

Lorsqu'un corps ne se fend pas en avant, mais qu'il ne fait que se désunir par le moyen du coin, la pression qui agit sur le dos du coin doit être à la résistance des parties qui se désunissent comme la hauteur du coin est à la longueur, c'est-à-dire comme DC est à DA (*fig.* 28).

La cohésion des parties produit leur résistance contre le tranchant du coin. Cette cohésion est la même que si les parties étaient pressées l'une contre l'autre par un poids ; car les parties d'un corps qui se sont jointes peuvent tenir l'une à l'autre aussi fortement que si, étant séparées, elles étaient pressées par un poids quelconque. Par conséquent, au lieu de se représenter la cohésion des parties, on peut les concevoir comme pressées par un poids qui produise le même effet ; de sorte que nous donnerons à la résistance le nom de *poids*.

Concevons donc un mur A*d* (*fig.* 28) contre lequel le poids X s'appuie, mais qui s'élève de lui-même autant que le coin fait lever le poids; supposons que la puissance P, qui presse sur le dos du coin DC, le fasse avancer de D vers A jusqu'à ce que le tranchant A arrive en *b*, et que le dos DC parvienne en AD, le poids sera alors monté de A jusqu'en *d;* c'est pourquoi la vitesse de la puissance sera AD et celle du poids DC. Maintenant si leurs forces de mouvement sont égales, c'est-à-dire si $P \times AD = X \times DC$, alors P sera à X comme DC est à AD.

Par conséquent, plus AD est long, la hauteur DC restant toujours la même; ou bien plus CD est petit, AD restant aussi le même, plus petite devra être la force de P pour lever le poids X. Il n'y aura aucune différence dans cette règle, que le coin soit simple ou double.

On comprend par là quelle est la nature des couteaux, des clous, des vilebrequins, etc.; car ils ne sont tous que des coins qui pénètrent d'autant plus facilement dans les autres corps qu'ils sont ou plus aigus ou plus pointus. Il nous reste à examiner la puissance qui est requise pour agir sur le dos du coin, lorsqu'on veut fendre une pièce de bois dont la fente s'étend en avant; cela demande plus d'attention.

Que l'on conçoive une pièce de bois déjà fendue en la manière de EFL (*fig.* 30), laquelle doive être encore fendue davantage à l'aide du coin ABC : lorsqu'on enfoncera le coin plus avant dans la fente EFL, les points EL, venant à s'affaisser plus profondément, diviseront encore davantage l'angle EFL de la fente. Supposons que le coin s'enfonce de la longueur de D*d*, et qu'il soit alors en *abc*, le point E se trouvera en *e* et L en *l* ; de sorte que la ligne de la fente EF aura décrit le triangle EF*e*, et la ligne LI le triangle LF*l*, lesquels triangles sont tous deux égaux. Si donc on tire *ef* parallèle à EF et F*f* parallèle à E*e*, on aura le parallélogramme E*e*F*f*, qui est égal aux deux triangles *e*E*f* et EF*e* pris ensemble ; les mouvements des deux lignes de la fente sont donc égaux au parallélogramme E*e*E*f*, c'est-à-dire au mouvement de la ligne EF sur E*e*. Par conséquent, la ligne E*e* fait voir jusqu'à quel point les parties du bois sont séparées l'une de l'autre, c'est-à-dire que E*e* représente la résistance qui a été mise en mouvement contre le coin que nous avons supposé auparavant être le poids X. Le coin est à présent descendu avec son tranchant C jusque en *c*. Si donc on tire la ligne C*g* parallèle à *e*E, elle sera aussi égale à E*e*. Puisqu'il faut pour faire équilibre que les forces du mouvement du bois et de la puissance qui presse soient égales, il faut aussi que $P \times Cc = X \times Cg$; je nomme X la résistance du bois, comme j'ai fait ci-dessus. De sorte que, après avoir posé cela en proportion, X sera à P comme C*c* est à C*g*, c'est-à-dire la résistance du bois sera à la puissance qui le fend comme C*c* est à C*g*. Pour déterminer encore ces proportions d'une autre manière, il est bon de faire attention que le point E a décrit l'arc d'un cercle dont le centre est F et le demi-diamètre EF. Si E*e* est un petit arc qui ne diffère pas d'une ligne droite, E*e* sera posé perpendiculairement sur EF ; il en est de même à l'égard de C*g*, parce qu'il est parallèle à E*e*. Qu'on mène par le tranchant du coin la ligne *c*CD jusque sur le dos AB, et qu'on tire de D la ligne DH perpendiculaire sur EF ou parallèle à C*g*, le triangle DHC sera alors semblable au triangle C*gc* ; de sorte que *c*C : C*g* :: DC : DH ; mais X : P :: C*c* : C*g* :: DC : DH, c'est-à-dire la résistance du bois sera à la puissance qui le fend comme la hauteur du coin est à une ligne tirée du milieu du dos perpendiculairement sur la fente, mais posée sur le côté du coin.

La roue est une des principales puissances employées dans les mécaniques ; elle est simple ou dentée.

La roue simple est celle dont la circonférence est uniforme et qui n'est point combinée avec d'autres roues ; telles sont les roues des voitures. Elles ont un mouvement double, l'un progressif, l'autre circulaire ; la ligne tracée par le mouvement circulaire est la courbe que les géomètres appellent *cycloïde*.

Dans les roues simples, la hauteur doit toujours être proportionnée à la hauteur de l'animal qui la fait mouvoir ; la règle qu'il faut suivre, c'est que la charge et l'axe de la roue soient de même hauteur que la puissance ; car si l'axe était plus haut que la puissance qui tire, une partie de la charge porterait sur elle, et si l'axe était plus bas, la puissance tirerait d'une manière désavantageuse et aurait besoin d'être augmentée.

Les grandes roues sont d'un usage infiniment meilleur que les petites ; j'entends par grandes roues celles dont le diamètre a 5 ou 6 pieds, parce que dans cette grandeur elles ont l'avantage d'avoir leur centre à peu près à la même hauteur d'un trait de cheval ; ce qui met, dit M. l'abbé Nollet, son effort dans une direction perpendiculaire au rayon qui pose verticalement sur le terrain, c'est-à-dire dans la direction la plus favorable.

Outre qu'il est certain que les fortes roues s'engagent moins que les petites dans les fortes inégalités de chemin, nous allons examiner, avec Mussembroek, quelles sont les roues avec lesquelles un chariot peut être tiré plus commodément, lorsqu'il est porté sur des roues hautes ou basses, et qu'il doit être tiré par un chemin raboteux. Ces connaissances sont relatives aux travaux, et peuvent servir beaucoup dans l'exécution pour faciliter les transports.

La ligne HH (*fig.* 31) représente le chemin, BD l'inégalité du chemin par lequel les roues doivent être tirées, KZXB est la grande roue, L*y*O*r* la petite roue, qui heurtent l'une et l'autre contre DB. On conçoit que les cordes avec lesquelles elles sont tirées, passent par les essieux C et I, et dans une direction parallèle à l'horizon, comme CF, IG. Tout le poids qui se trouve sur le chariot presse les essieux, et est par conséquent en C ou en I, qui sont les centres de ces roues, agissant également dans la ligne de direction CA ou IK. Lorsque ces roues sont mises en mouvement, elles tournent sur le point B de la hauteur BD, qui est par conséquent le centre du mouvement. Qu'on tire des essieux C et I des lignes droites jusque sur le centre du mouvement B, et l'on aura CB, IB, qui représentent deux leviers, auxquels les puissances tirantes F et G se trouvent attachées ; mais parce que ces puissances agissent par des directions obliques sur les leviers, il faut tirer du point B des lignes perpendiculaires sur CF et IG, qui sont BE et BO. Pour avoir la vraie distance des lignes de direction du centre du mouvement B, il faut aussi tirer de la même manière les lignes perpendiculaires sur CA et IK, qui sont BA et BS ; on peut donc concevoir que les poids reposant sur les essieux sont sur les points A et S. On aura de cette manière deux leviers ABE pour la grande roue, et SBO pour la petite roue ; de sorte que la charge est suspendue aux extrémités A et S, et que les puissances tirantes se trouvent en O et en E. C'est pourquoi la puissance sera à A comme AB est à BE, et la puissance G au poids S comme SB est à BO. Mais BE est égal à CA, qui est le sinus de l'angle CBA ; BE le sinus de l'angle BCA, de même que BO est égal à IS, et celui-ci est le sinus de l'angle IBS, et BS le sinus de l'angle BIS. Maintenant, parce que l'angle aigu CBA est plus grand que IBS et que BCA est plus petit que BIS, le sinus de CA à AB aura une plus grande proportion que IS à SB. Si, par conséquent, les puissances F et O ont des forces égales, la force du mouvement de F en CA aura une plus grande raison au poids en AB que n'a G en IS au poids en SB ; par conséquent, la puissance F transportera plus aisément la grande roue au-delà de l'inégalité DB, que la puissance G ne transportera la petite roue.

Le poids de la roue qui est suspendue en A sera toujours à la puissance tirante F, au-delà de l'inégalité DC, comme le sinus de l'angle qui est fait par une ligne tirée de l'essieu C jusqu'à l'inégalité B et par une ligne parallèle à l'horizon, tirée du même point B, qui est BA, est au cosinus du même angle, c'est-à-dire comme AC est à AB.

La difficulté qu'a la roue pour se transporter au-delà des inégalités, augmente en plus grandes proportions que n'est la hauteur des inégalités. En effet, ces hauteurs *pq*, BD, sont comme les sinus verse K*r*, KS, de l'angle d'inclinaison ; au lieu que la puissance est au poids comme le cosinus est au sinus de l'angle d'inclinaison, dont la proportion augmente plus vite que celle du sinus verse.

Il suit à présent de là que l'inégalité VT est aussi haute que le demi-diamètre de la roue KI. La puissance G, quelque grande qu'elle puisse être, ne pourra jamais tirer la roue dans la direction IG, puisque SB venant à augmenter, BO devient plus petit et perd sur la fin toute sa grandeur ; mais la même puissance F, qui tire la grande roue XZ, pourra encore la transporter au-delà de VT, puisqu'elle doit seulement être à l'égard du poids comme V*m* est à V*n*.

Les puissances G et F doivent d'abord employer leur plus grande force lorsqu'elles commencent à lever les roues ; mais aussitôt que la puissance G a un peu levé la roue *x*L*r*, c'est alors que diminue la longueur du levier BS auquel le poids est suspendu, et BO, auquel la puissance tire, devient plus grand. Puisque BS devient continuellement plus petit et qu'il s'anéantit même sur la fin, il paraît clairement que la puissance G, tirant continuellement, élève plus facilement le fardeau de la roue.

Il y a encore d'autres raisons pour lesquelles une grande roue est tirée beaucoup plus facilement qu'une petite, parce que le frottement sur l'essieu d'une grande roue est à celui d'une petite roue comme le diamètre de la petite roue est à celui de la grande roue.

La petite roue, comme je l'ai déjà dit, s'enfonce plus profondément dans les inégalités du chemin que la grande roue.

Lorsque la terre est humide, il faut que les deux roues, qui sont également chargées, fassent aussi sortir de l'ornière la même quantité de terre ; mais il faut pour cela que la petite roue s'enfonce dans la terre plus profondément que la grande roue, et elle doit être, par conséquent, soulevée plus haut que la grande roue.

Comme le frottement des roues sur leurs essieux est fort grand, et comme on ne peut tirer pour cette raison un chariot pesamment chargé qu'avec beaucoup de peine, on a pensé si l'on ne pourrait pas inventer une machine qui fût faite de telle manière qu'il n'y eût presque point de frottement. C'est ce qu'on a trouvé en posant à terre, dans un endroit uni, deux rouleaux, et en mettant sur ces rouleaux ou des planches ou le fardeau même lorsqu'il a une surface unie ; car ce fardeau étant poussé, il fait bien rouler les rouleaux. C'est de cette manière qu'un cheval peut tirer une pesante caisse de 80,000 livres, au lieu qu'un cheval ne pourrait tirer autrement qu'avec beaucoup de peine un chariot chargé de 2,000 livres.

Il y a de ces rouleaux qu'on nomme *sans fin* ou *tours terriers*, parce qu'on les fait tourner par le moyen de leviers ; ils sont assemblés sous un poulin avec des entre-toises ou des moises. On s'en sert très-utilement pour conduire de grands fardeaux et pour amener de grosses pierres d'un lieu à un autre.

Les roues dentelées sont celles dont les circonférences ou les essieux sont partagés en dents, afin qu'ils puissent agir les uns sur les autres et se combiner. Ce sont des leviers du premier genre multipliés et qui agissent les uns par les autres.

La force de la roue dentelée dépend du même principe que celle de la roue simple.

La théorie des roues dentelées peut être renfermée dans la règle suivante : la raison de la puissance au poids, pour qu'il y ait équilibre, doit être composée de la raison du diamètre du pignon de la dernière roue au diamètre de la première roue, et de la raison du nombre des révolutions de la dernière roue au nombre des révolutions de la première, faites dans le même temps (*fig.* 32).

Les roues dentelées, avec leurs pignons ou lanternes, ne diffèrent pas beaucoup du vindas, et doivent être pour cette raison considérées de la même manière. On verra sans peine comment la puissance qui agit doit être à l'égard du poids ; par exemple : que RCA soit un essieu autour duquel on entortille la corde AP (*fig.* 32), à laquelle est attaché le poids P de 30 livres ; que DBG soit une roue dentelée, posée autour de l'essieu précédent ; que le demi-diamètre GB de cette roue soit six fois plus grand que le demi-diamètre de l'essieu CA; pour cette raison, un poids de 5 livres suspendu à la dent B sera en équilibre avec P, qui est de 30 livres; soit le pignon E dont les dents reçoivent celles de la roue DBG, alors les dents du pignon E seront pressées par le poids P avec une force de 5 livres; car cette force agit de cette manière sur la dent B. Supposons maintenant que le demi-diamètre de ce pignon E soit EB, qui est une cinquième partie du diamètre EM de l'autre roue, avec ses barres : il y aura donc alors une puissance en M, laquelle, ayant la force d'une livre, arrêtera le poids de 5 livres en B, et retiendra aussi de cette manière le poids P de 10 livres, qui est suspendu à l'essieu CA.

C'est ainsi qu'on doit concevoir les crics et plusieurs autres machines semblables à des roues dentelées.

On sait que les dents sont de petites parties saillantes placées à la circonférence d'une roue, et par lesquelles elle agit sur les ailes de son pignon pour le faire tourner.

La figure des dents des roues est une chose essentielle, et à laquelle on doit faire beaucoup d'attention dans l'exécution des machines.

De toutes les figures qu'on peut donner aux dents des roues, celle qui tend à les faire marcher avec une force et une vitesse uniformes et à rendre égaux les efforts que les pièces font toujours les unes sur les autres, doit être regardée comme la meilleure. Cette égalité de force est nécessaire pour faire mouvoir uniformément et avec la moindre puissance motrice possible.

Une machine qui ne se meut pas toujours uniformément ou dont les pièces agissent les unes sur les autres avec des forces tantôt plus grandes, tantôt plus petites, a besoin qu'on lui donne toute la puissance motrice qui lui est néeessaire dans la situation la plus désavantageuse de ces pièces; en sorte que la puissance motrice qui pourrait la faire marcher dans une situation moyenne, ne suffirait pas pour la faire toujours aller dans une situation désavantageuse.

Les constructeurs suivent toujours une routine particulière, sans considérer les principes de la mécanique. Leurs connaissances ne s'étendent pas ordinairement au-delà de ce qu'il faut pour espacer les dents de manière à ce qu'elles ne restent pas accrochées. M. de Lahire est le premier qui ait recherché la forme de dents la plus propre à entretenir une action constante entre les roues. Je vais rapporter l'extrait d'un Mémoire sur la théorie et la construction des machines, où l'on trouvera à peu près tout ce qui peut être dit sur ce sujet.

M. de Lahire, dans cette savante dissertation, prouve que la forme des dents cherchée doit être en épicycloïde. La solidité du principe est incontestable. Cette forme a, en outre, une propriété très-précieuse : c'est qu'elle exempte entièrement du frottement l'action mutuelle des roues. Une dent ne fait que s'appliquer sur l'autre et roule sur elle sans frotter aucunement. Ceci contribue à les faire durer longtemps ou plutôt à les empêcher tout à fait de s'user. Mais cette construction est sujette à une restriction qui n'est pas à négliger. Les dents doivent être faites (*fig.* 33) de manière que la partie courbe de la dent *b* éprouve l'action d'une partie plate de la dent *a*, jusqu'à ce qu'elle arrive à la ligne AB dans le cours de son action; après quoi la partie courbe de *a* agit sur une partie plate de *b*, ou, en d'autres termes, il faut que l'action totale de *a* sur *b* ne soit complète ou ne commence qu'à la ligne AB qui joint les centres des roues.

Il y a une autre forme de dents qui assure une parfaite unité d'action sans cette restriction gênante, laquelle exigerait une exécution extrêmement soignée. On n'a qu'à former les dents de chaque roue en déroulant sa circonférence, c'est-à-dire, que l'on donne à la surface agissante G*c*H de la dent *a* la forme de la courbe tracée par l'extrémité du fil déroulé de la circonférence. Il est évident que la ligne F*c*E, qui est tirée perpendiculairement aux surfaces au point *c*, est la direction ou la position précise des fils déroulés par lesquels les deux surfaces agissantes sont formées. Cette ligne doit donc être la commune tangente des deux cercles ou circonférences des roues, et par conséquent elle coupera toujours la ligne AB au même point D. Cette forme permet aux dents d'agir l'une sur l'autre dans toute l'étendue de la ligne F*c*E, et permet par conséquent à plusieurs dents d'agir à la fois, ce qui rentre dans la méthode de M. de Lahire, par laquelle deux dents agissent simultanément; cette action simultanée, divisant la pression entre plusieurs dents, diminue la quantité de cette pression sur chacune d'elles, et par conséquent diminue les empreintes ou marques qu'elles laissent inévitablement l'une sur l'autre. Par cette méthode, les dents ne sont pas entièrement exemptes de frotter ou de glisser; mais ces inconvénients sont presque insensibles. Une dent de trois pouces de longueur, appartenant à une roue de 10 pieds de diamètre, agissant sur une dent d'une roue de 2 pieds de diamètre, ne peut jamais glisser pendant un espace égal seulement à la soixantième partie d'un pouce, quantité tout à fait insignifiante.

Dans la confection des dents des roues, il n'est peut-être pas indispensable de tenir rigoureusement à une forme parfaite, excepté dans les cas où une très-grande roue en ferait marcher une très-petite, défaut qu'un bon mécanicien évitera toujours. Cependant la construction d'une dent parfaite est aisée, et il serait inexcusable de la faire mal. D'ailleurs des dents bien formées et un grand nombre de dents agissantes à la fois communiquent un mouvement extrêmement doux et uniforme; la machine travaille sans bruit, et les dents durent très-longtemps sans se déformer d'une manière sensible. Il est des cas où la plus grande exactitude est indispensable. Parlons du frottement.

Tous les corps, sans en excepter même ceux qui paraissent les plus polis, ont une certaine rudesse ou âpreté qu'il ne dépend pas de l'art d'adoucir; tous les corps sont percés, tant à la surface que dans l'intérieur, d'une infinité de petits trous, ce qu'on appelle leurs *pores*, et sont à cet égard de vrais cribles; en sorte que l'air et d'autres fluides peuvent les pénétrer et passer au travers.

Quoique les inégalités des corps ne soient pas toujours sensibles à la vue et au toucher, elles ne laissent pas de se manifester par les effets ; car si l'on frotte deux marbres bien polis, on en voit naître à la fin une poussière fine, et l'on y aperçoit des traits qu'on n'y voyait pas auparavant, ce qui prouve que les parties solides des corps sont autant de pointes qui s'engrènent et s'emboîtent les unes dans les autres, déchirent leur surface et les sillonnent lorsqu'on les fait mouvoir. C'est cet engrenage ou emboîtement réciproque, en tant qu'il retarde les corps qui se meuvent en se touchant par quelques parties de leurs surfaces, qu'on appelle leur *frottement*. Les anciens bâtissaient à pierre sèche ; ils frottaient les pierres les unes contre les autres, les usaient et les posaient ensuite l'une sur l'autre ; elles acquéraient par ce moyen une telle adhérence que, par la suite, aucune force ne pouvait les séparer.

La grandeur des surfaces ne change rien à la quantité du frottement, laquelle demeure toujours la même tant que la charge du plan ou l'effort perpendiculaire qui la produit est la même. Cette supposition n'est point arbitraire ; voici sur quoi elle est fondée. Supposons deux poids égaux, mais les bases inégales, l'une étant double de l'autre : qu'on les pose sur deux plans inclinés, auxquels on donne l'inclinaison nécessaire pour les mettre en état de glisser pour peu que l'inclinaison devienne plus grande ; il semblerait d'abord qu'il faudrait élever davantage le plan qui supporte le corps qui a une base double, et que le frottement devrait se régler sur le rapport des surfaces. Cependant, si l'on y réfléchit, on verra que l'inclinaison des plans doit être la même pour les deux corps, ou que l'effort parallèle qui surmonte le frottement, ne doit pas être plus grand pour le corps dont la base est double, car la mesure du frottement se détermine par la quantité dont les parties solides s'enfoncent dans les cavités. Si l'enfoncement est deux ou trois fois moindre, le frottement diminuera dans la même proportion. Or, si l'on donne aux deux plans la même inclinaison, les parties solides ou les petites pointes qui s'élèvent au-dessus de la surface double, s'enfonceront deux fois moins, parce que la pression perpendiculaire, qui est la même pour les deux points, étant distribuée à un nombre de parties deux fois plus grand lorsqu'elle agit sur la surface double, l'enfoncement de chaque partie sera deux fois moindre; donc, quoique le nombre des parties qui frottent soit double, le frottement total n'en sera pas pour cela plus grand, puisque l'embarras de chaque partie sera deux fois moindre; cet embarras augmente d'un côté à cause du plus grand nombre des parties; et d'un autre il diminue d'autant, parce que l'obstacle des parties est moindre à proportion que le nombre en est plus grand. C'est l'avis de Mussembroek qui dit : « Je « ne saurais être du sentiment de quelques savants, « qui ont prétendu que le frottement augmente lors- « que les surfaces deviennent plus grandes, et qu'au « contraire il diminue lorsque ces surfaces deviennent « plus petites. »

Lorsque les corps ne se meuvent pas avec beaucoup

de rapidité les uns sur les autres, le frottement est d'ordinaire en raison de la vitesse, mais pourtant pas exactement; et lorsque ce même mouvement des corps est trop rapide, le frottement augmente considérablement. Cela a lieu dans les corps qui se meuvent les uns sur les autres, soit qu'ils soient secs, soit qu'on les ait frottés d'huile.

Cependant l'huile versée entre les parties de métal contribue beaucoup à les rendre glissantes, et diminue le frottement; elle produit surtout cet effet dans les plus grandes vitesses; car, lorsque les corps sont secs et qu'on doit les faire mouvoir avec beaucoup de rapidité les uns sur les autres, ce qui a lieu dans le roulage des voitures, le frottement est plus grand qu'il ne devrait l'être relativement au poids que porte l'essieu. Mussembroek a trouvé que, si la vitesse était dix et le poids quatre-vingt-quinze, le frottement serait alors cent vingt-huit, au lieu qu'il n'était que soixante-quatre lorsque l'essieu était frotté d'huile.

L'huile est composée de globules fort minces qui s'insinuent dans les cavités des surfaces, ce qui les rend plus unies; ils empêchent de cette manière les corps de pouvoir s'enfoncer si profondément l'un dans l'autre.

Un exemple servira mieux à faire connaître la manière dont on doit supputer le frottement des machines, de même que la grandeur de la puissance qui est requise pour mouvoir les fardeaux. (*Fig.* 34 et 35.)

Nous supposons que le poids P est de 800 livres, d'où il suit que, pour faire équilibre, la puissance B doit être de 10 livres. Supposons encore que B fasse dix tours dans le temps d'une minute ; que la grande roue C n'en fasse qu'un seul, et que les deux poulies E et F en fassent aussi un ou davantage, suivant que l'axe est plus ou moins épais. Comme toutes ces vitesses sont petites, le frottement des essieux de toutes les parties, dans cette machine, sur leurs bassinets de cuivre, est seulement égal à 1, c'est-à-dire qu'il est au poids comme 1 est à 3 pour prendre le frottement au plus haut point. Le frottement, qui est un tiers du poids, suppose que la puissance et le poids agissent au même essieu ; mais si l'essieu auquel le poids est suspendu est plus mince que celui auquel la puissance est appliquée, il faut alors faire toujours attention aux leviers par lesquels le poids et la puissance agissent.

Le poids P est donc de 800 livres et le diamètre de la poulie F est au diamètre de l'essieu comme 10 est à 1; c'est pourquoi la puissance en D, qui tire la corde pour lever le poids P, est à l'égard du frottement comme $26 \frac{2}{3}$, et elle est, à l'égard de la poulie, égale à 400, et de cette manière comme $426 \frac{2}{3}$; mais $26 \frac{2}{3}$ font aussi du frottement, de sorte que nous sommes obligé de prendre la puissance en D plus grande ; nous la mettrons par conséquent à 427. La puissance en K, qui tire le poids au delà de la poulie E, doit surmonter le frottement causé par 427, lequel est de $14 \frac{7}{30}$. C'est pourquoi le poids qui doit être tiré au delà de E sera de $440 \frac{27}{30}$; mais $14 \frac{7}{30}$ font aussi du frottement, il faut augmenter le poids précédent et le concevoir de 441. Maintenant D est le cylindre de la grande roue de la grue autour de laquelle la corde tourne ; le diamètre de l'essieu est à celui du cylindre comme 1 est à 10 ; par conséquent, le frottement du poids sur l'essieu sera $\frac{441}{3 \times 10}$, c'est-à-dire $14\frac{21}{30}$; c'est pourquoi la force du cylindre doit être de $445\frac{21}{30}$. Mais le diamètre de la roue C est à celui du cylindre comme 21 est à 1 ; ainsi la force de la roue doit être comme $445\frac{21}{30}$ est à 21, c'est-à-dire de $21\frac{441}{630}$ ou $21\frac{7}{10}$, qui est, par conséquent, aussi la force nécessaire aux dents de la petite roue A ; l'épaisseur de l'essieu est à celle de la roue A comme 1 est à 10, par conséquent A doit avoir une force pour surmonter le frottement comme $21\frac{7}{10}$. Supposons ceci égal à 1 maintenant, la manivelle B devra être de $10\frac{17}{20}$, c'est-à-dire, à peu près de 11.

Cet exemple suffit pour faire connaître de quelle manière on doit supputer le frottement des autres machines.

Si le frottement est généralement nuisible aux machines, non-seulement parce qu'il consomme inutilement une grande partie de la force qui leur est appliquée, mais encore parce qu'il les détruit plus promptement, il est certains cas où on peut le mettre à profit. On sait, par exemple, que les essieux et les pivots dans les roues deviennent plus doux par le frottement, et qu'il est ensuite plus aisé de les mouvoir. Une corde passée dans l'entaille d'une poulie l'oblige de tourner par le seul frottement ; de même une corde qui environne de plusieurs tours l'arbre d'un treuil ou d'un cabestan, devient capable de résister aux plus grands fardeaux, sans qu'il soit possible de la faire glisser, ce qui fait qu'elle peut se dévider d'elle-même vers un bout, tandis que le fardeau s'approchant, elle se roule vers l'autre ; de cette sorte, il n'y en a jamais que la même longueur qui soit roulée, et l'arbre du cabestan n'en est jamais entièrement couvert.

Il semblerait d'abord qu'une corde qui fait divers tours sur un cylindre et qui est tirée par un poids, a toutes les parties également tendues ; cependant cela n'arrive pas de la sorte. Supposons qu'on ait roulé comme au hasard et sans dessein une corde sur un cylindre horizontal dont la surface est lisse et bien polie et qu'elle soit demeurée lâche dans les différents tours qu'elle fait ; si l'on suspend un poids à une de ses extrémités, il est certain qu'elle s'accourcira sur le cylindre et que le poids descendra ; or, quoique la surface du cylindre soit bien unie, la corde ne laisse pas que de frotter, et c'est le frottement qui empêche que le mouvement ne se communique également à toutes les parties de la portion roulée. Il est évident que la difficulté que les premières parties ont à glisser, détruisant une partie de l'action de ce poids, les suivantes sont tirées avec moins de force ; car la résistance que celles-ci font au mouvement diminue encore l'action du poids sur celles qui viennent ensuite. Donc, plus les parties de la portion roulée sont éloignées du poids qui les tire, moins elles participent à son action et à son mouvement, en sorte que l'impression communiquée diminuant à mesure qu'elle s'éloigne de son origine, elle devient insensible avant qu'elle soit parvenue aux parties les plus éloignées ; ainsi la corde demeure inégalement tendue dans sa portion roulée.

Ces diverses observations sont importantes dans la pratique, et l'on trouve tous les jours à en faire l'application dans l'emploi des machines.

A ce que je viens de dire sur les frottements et sur les moyens d'empêcher qu'ils n'aient lieu, j'ajouterai l'extrait d'un Mémoire tiré de l'*Essai sur les forces motrices*, ouvrage inédit de M. Gaston, rapporté dans les *Annales des Arts*, tome XXII.

Les frottements peuvent être envisagés sous plusieurs rapports : 1° sous celui de la chaleur et de la commotion électrique qu'ils peuvent occasionner, phénomène qui peut produire une puissance dont les effets sont incalculables ; 2° sous celui de la résistance qui consomme inutilement une partie de la puissance motrice, ceux-ci se subdivisent en frottements de première et de seconde espèces. Je ne parlerai point ici de ces derniers ; mais je rangerai en deux classes ceux de première espèce. Dans la première classe, je place ceux qui résultent des pressions latérales, obliques et verticales, provenant des actions et réactions que les différentes pièces d'une machine exercent réciproquement les unes sur les autres. Je range dans la seconde classe les frottements occasionnés par la pesanteur de ces mêmes machines. Ce n'est que sous ce dernier point de vue que je veux les envisager ici et tâcher de démontrer que leur réduction totale peut être opérée par un moyen simple et applicable à toutes les machines qui se meuvent en place. Je crois qu'il est désirable d'atteindre ce but, et de démontrer par une suite d'expériences la réalité d'un principe qui n'a jusqu'à présent été contesté par les savants que parce qu'il n'a été ni assez mûrement examiné, ni envisagé sous son véritable point de vue.

PRINCIPES.

On a coutume d'évaluer au tiers du poids d'un corps la résistance occasionnée par sa pression sur son appui, laquelle s'oppose à son mouvement. Sans examiner cette théorie, je l'adopterai, vraie ou fausse, pour la facilité du calcul.

Soit un cylindre A (*fig.* 36), d'un pied de diamètre sur autant de profondenr, du poids de 50 livres, ce qui équivaut à peu près à un pied cylindrique d'eau ; ce cylindre est traversé par une verge inflexible (que je supposerai sans pesanteur), longue de 3 pieds et allant d'une extrémité de la circonférence à l'autre, passant par le centre ; ce corps étant posé sur son appui B, il faudra un poids de 16 livres $\frac{2}{3}$ appliqué en C, ou un de 5 livres $\frac{5}{9}$ en D, pour déterminer ce cylindre à se mouvoir sur son appui. Ce principe est trop connu pour s'y arrêter davantage.

Je ne porte point en ligne de compte l'augmentation de frottement occasionnée par l'addition du poids qui doit la vaincre.

Maintenant je prends deux autres cylindres (*fig.* 37 *et* 38) de même dimension, mais de poids différents, l'un pesant 59 livres et l'autre 41 livres. Je plonge ces trois cylindres dans l'eau, il n'importe pas à quelle profondeur ; celui qui pèse 59 livres ne chargera son appui que de 9 livres. Il faudra donc un poids de 3 livres en C ou un d'une livre en D pour vaincre son frottement.

Celui qui ne pèse que 41 livres aura sur le volume d'eau qu'il déplace un excédant de légèreté égal à 9 livres, et cet excédant déterminera dans le corps une force d'ascension égale à 9 livres. Le frottement qu'elle occasionnera, s'exercera sur la partie supérieure du cylindre en EEE, au lieu de s'exercer sur la partie inférieure, comme dans le cas précédent, où il est le résultat du poids ; dans ce cas-ci, il est le résultat de la légèreté, mais dans ces deux cas il faudra les mêmes poids pour les vaincre, c'est-à-dire 3 livres en C ou une livre en D.

Revenant au cylindre dont le poids est parfaitement égal à celui du volume d'eau qu'il déplace, je trouverai qu'il n'exerce sur son appui aucune pression, puisqu'il n'a aucun poids qui puisse la produire ; que par conséquent il aura une extrême facilité à se mouvoir. Le moindre poids possible en C ou en D, ou en quelque autre endroit que ce soit de la ligne CD, suffira pour vaincre les obstacles, puisqu'il n'en restera aucun à vaincre, comme je le démontrerai. Je supposerai cependant qu'il faut un poids d'une once pour le mettre en mouvement.

Si maintenant, laissant au cylindre son même diamètre, je lui donne 6 pieds de longueur (*fig.* 39), il pèsera 300 livres ; le même poids d'une once suffira cependant encore pour vaincre toutes les résistances.

Si je double le diamètre, il pèsera 1200 livres, et dans ce cas, comme dans le precédent, le même poids d'une once suffira pour lui communiquer le mouvement et pour produire les mêmes effets.

Il résulte de ces expériences qu'un corps plongé dans l'eau et égal en poids au volume d'eau qu'il déplace, fait en quelque sorte partie de ce fluide ; ils n'exercent l'un sur l'autre aucune pression : en repos lorsque le fluide est en repos, en mouvement lorsqu'il est en mouvement ; il se conforme en tout aux lois qui lui sont imposées. Si ce corps, dégagé de son appui qui lui devient inutile, perd la moindre parcelle de son poids, il montera à la surface de l'eau ; s'il en acquiert, il descendra au fond. Si cette même parcelle additionnelle de poids est appliquée à la circonférence comme en S (*fig.* 36), elle déterminera dans le cylindre un mouvement de rotation qui ne cessera que lorsque le point S sera parvenu en T ; l'effet contraire aura lieu si, au lieu d'un excédant de poids, on applique une bulle d'air ou un petit morceau de liége en T.

Il est à observer que dans ses mouvements le cylindre n'éprouvera aucune espèce de frottement ni de résistance de la part du fluide dans lequel il se meut. On sera convaincu de cette vérité, si l'on observe que l'eau peut agir par son poids, par son choc, par sa masse ; qu'elle peut faire éclater le fond ou les côtés d'un vase qui la contient s'ils sont trop surchargés ; mais qu'étant essentiellement incompressible, elle ne peut exercer aucune pression immédiate sur les corps exposés à son action et qui font partie de son volume. Or, le frottement n'étant que le résultat de la pression, il s'ensuit que là où il n'y a point de pression, il ne peut y avoir de frottement. On sera encore plus convaincu de cette vérité, si l'on considère que la puissance requise pour vaincre le frottement d'un corps quelconque est toujours proportionnée au poids de ce corps, dont elle est en quelque sorte partie intégrante ; que d'ailleurs elle est astreinte, dans tous les cas, aux lois ordinaires de la mécanique, tandis que, dans le cas présent d'un corps qui se meut dans un fluide, le poids d'une once suffira pour lui imprimer le mouvement, soit qu'il pèse 30 ou 300 ou 3,000, etc. Il n'y aura donc aucun rapport entre la résistance vaincue et la puissance qui doit vaincre, et l'on ne doit considérer cette dernière que comme destinée à vaincre les résistances provenant des imperfections de la machine, qui ne peut être strictement parfaite, toute autre résistance provenant du frottement étant réduite à zéro.

Quelque figure qu'un corps plongé dans l'eau puisse avoir, quelques grandes et irrégulières que soient ses formes et ses surfaces, s'il est d'un poids égal au volume d'eau déplacé, le même effet d'ascension et de descente aura lieu dans les mêmes suppositions énoncées ci-dessus ; seulement les effets seront d'autant plus lents et d'autant plus retardés, que les surfaces seront plus grandes et plus irrégulières ; mais, dans aucun cas, ils ne seront anéantis ni leur tendance détruite. Or, on peut poser en fait qu'un corps qui, par son poids, requiert une puissance égale à 10 livres pour vaincre la résistance occasionnée par le frottement, que ce corps, dis-je, persistera dans l'immobilité sous une puissance de 9 livres 15 onces, etc. Donc, par conséquent, elle anéantira l'effet malgré sa tendance; tandis qu'un corps qui se meut dans un fluide est seulement retardé et arrive plus tard ; mais enfin il arrive et sa tendance peut être ralentie, mais non pas anéantie. Cette observation servira de réponse à l'objection que ceci ne pourrait être qu'une dispute de mots, puisque j'appelle retardement ce qu'un autre appellerait frottement.

Pour renforcer encore mon opinion, je citerai l'exemple d'un bateau allant à la rame par un temps parfaitement calme. Si l'on y ajoute une voile tendue à angle droit avec la ligne de direction du bateau, non-seulement cette voile ne servira de rien, mais elle augmentera la peine du rameur dans la proportion de l'étendue de la surface et de la vitesse du bateau ; on ne pourra cependant pas dire que c'est le frottement des bords de la voile contre les parties de l'air qui s'oppose à la célérité du bateau, mais le volume d'air que la surface antérieure à la voile est continuellement obligée de déplacer dans sa marche. Il en est de même d'un corps qui se meut dans un fluide quelconque avec lequel il est en équilibre ; car soit qu'il se meuve horizontalement, obliquement ou verticalement, soit qu'il n'ait qu'un mouvement de rotation sur lui-même, si le corps est irrégulier et a des parties saillantes, son mouvement sera retardé, non pas proportionnellement à son poids, à sa masse ou à son volume, mais proportionnellement à la grandeur de la surface antérieure qui doit déplacer le volume de fluide que le corps doit traverser.

Mais si un corps de forme cylindrique, sphérique, conique, ou toute autre forme pareille, dont toutes les parties correspondantes, dans chaque plan, sont à égale distance du centre ou de l'axe sur lequel il tourne ; si, dis-je, on imprime à un pareil corps un mouvement de rotation sur lui-même, il conservera pendant fort longtemps le mouvement imprimé. La raison en est simple : ce corps n'ayant aucune partie saillante, aucune partie de l'eau ne sera déplacée ; ce corps cependant ralentira son mouvement, et finira par s'arrêter, parce que, rien n'étant parfait dans la nature et encore moins dans les ouvrages des hommes, on devra toujours supposer que l'eau n'est pas ici parfaitement pure et élémentaire, ni parfaitement incompressible à le prendre dans toute la rigueur du mot ; et c'est assez pour se persuader que ce corps ne doit pas conserver éternellement le mouvement qui lui aura été imprimé. Je pourrais ajouter que le corps en mouvement doit tendre vers le repos, du moment que la puissance qui a dû vaincre sa force d'inertie et le faire passer du repos au mouvement, cesse d'agir.

On conclut de ce principe qu'en transportant sur un fluide quelconque la totalité du poids d'une machine, on fera disparaître la totalité de la pression provenant de sa pesanteur, et par conséquent, la totalité du frottement qu'elle occasionne et de la résistance au mouvement qui en est la suite.

On peut tirer de ce théorème une infinité de corollaires dont je ne citerai que quelques-uns qui suffiront pour donner une idée succincte des moyens d'exécution.

Je prendrai pour exemple une roue de moulin que je supposerai peser, avec son arbre et son rouet, 3,000 livres ; cette roue posée sur un tourillon, je supposerai encore que l'extrémité du côté de la roue est chargée de 200 livres, et celle du côté du rouet de 1100 livres. Cela posé, je dis : si à l'extrémité qui pèse 2,200 livres j'adapte un cylindre du poids de 60 livres, ce qui déplace un volume d'eau égal à 1160 livres ; si ces deux cylindres, disposés comme on le voit dans la figure 40, sont traversés par les tourillons auxquels ils sont fixés, ils auront un centre de rotation commun avec la roue. Si maintenant ces deux cylindres sont posés dans deux caisses remplies d'eau et disposées de telle manière que les tourillons A et B communiquent dans l'intérieur de la caisse par une lunette assez juste pour ne laisser échapper que le moins d'eau possible, mais cependant pas trop juste, afin que le mouvement de rotation ne soit pas gêné, ce qui est très-facile en faisant passer l'axe au travers d'une pièce de cuir épais, mais gras et souple, fixé à l'œil de la caisse, il est évident que, dans cet état de choses, la totalité du poids de la roue sera soutenue par les deux cylindres flottants, mais cependant contenus par les deux pivots X et Y, engagés dans une crapaudine fixée dans l'épaisseur du bois de la caisse pour empêcher que la roue ne varie dans son mouvement de rotation. Il n'est pas moins évident que les deux supports de la roue se trouveront soulagés de la totalité du poids qui les surchargerait, et que le poids se trouvant transporté sur un fluide, il en résultera que le frottement sera totalement anéanti : 1° parce qu'il n'y aura plus ni poids, ni conséquemment de pression ; 2° parce que les cylindres faisant partie du volume d'eau dans lequel ils se meuvent, n'ayant d'ailleurs aucune surface ou partie saillante qui occasionne un déplacement des parties du fluide, n'éprouveront ni retardement ni résistance quelconque dans leur marche. Si cependant on voulait donner une grande vitesse à la machine, les résultats seraient un peu différents, parce que les imperfections et les inégalités des cylindres deviendraient d'autant plus sensibles que la vitesse serait plus grande. Je dois observer que les seuls frottements provenant de la pesanteur se trouvent anéantis sans rien changer à ceux qui proviennent des pressions obliques et latérales, qui ont lieu dans toutes les machines lorsque la puissance et la résistance ne sont pas dans une même ligne avec le point d'appui et conséquemment forment un angle.

Deux objections semblent se présenter, non pas contre le principe, mais contre son application. La première est la grandeur de l'appareil ; et la seconde, sur ce qu'il fait en quelque sorte partie de l'arbre de la roue, ce qui peut être embarrassant dans certaines machines. Je répondrai à la première objection, en disant qu'au lieu d'eau on peut employer du mercure, qui étant à l'eau à peu près comme 14 est à 1, demandera des cylindres d'une solidité quatorze fois moindre. Dans ce cas, il sera à propos que le mercure soit couvert d'eau, autrement il ne manquerait pas de s'oxyder par le mouvement à l'air et de se changer en une poudre noire. Quant à la seconde objection, je dirai qu'il n'est pas nécessaire que le cylindre fasse partie de l'axe; qu'il vaut peut-être mieux qu'il en soit indépendant comme dans la figure 41 où l'extrémité du tourillon se meut sur le sommet du cylindre A, et n'éprouve qu'un frottement de seconde espèce. Ce cylindre tourne sur son axe C, engagé dans l'épaisseur de la caisse B; un intervalle d'une ligne entre le cylindre et la caisse est plus que suffisant pour la liberté du mouvement. Ainsi l'on voit qu'il ne faudrait pas une grande quantité de mercure, et qu'il ne pourrait pas s'en perdre par l'œil de la caisse, comme dans la figure 40. Toutes ces figures doivent être considérées comme des coupes ou sections verticales.

On conçoit facilement que le même principe peut s'adapter à un mouvement circulaire alternatif, tel que celui d'un fléau de balance, du balancier d'une machine à vapeur ou toute autre de même espèce. Si le mouvement de rotation est parallèle à un plan horizontal, le cylindre, dans ce cas, doit faire partie de l'axe et être placé à son sommet ou à son extrémité inférieure. L'appareil représenté par la figure 42 m'a servi à faire toutes mes expériences ; c'est une espèce de meule A qui pèse, avec son axe, 132 livres que je déterminais à volonté, tantôt par un cylindre de bois B d'un volume égal à 132 livres de mercure, ou par un autre de fer-blanc creux O, d'un volume égal à 132 livres d'eau ; j'entourais cette meule d'une soie très-fine passant sur une poulie D; à cette soie pendait un petit morceau de métal A, pesant trois grains, qui était suffisant pour donner le mouvement à la machine qui, lorsque le cylindre n'était plus soutenu par l'un ou l'autre fluide, requérait un poids F de 12 onces $\frac{1}{2}$ pour se mettre en mouvement ; lequel poids est à 3 grains comme 2,383 est à 1. J'ai même obtenu un mouvement très-sensible, mais à la vérité plus lent, avec un poids d'un grain seulement.

Je pense qu'on pourrait appliquer ce moyen avec avantage aux meules de moulins. On sait par expérience qu'une meule mout encore très-bien lorsqu'elle a perdu la moitié de son poids ; on pourrait donc soulager la puissance de cet excédant de résistance provenant du frottement sur le pivot. Ce frottement est d'autant plus sensible que le rayon de la lanterne ne représente ordinairement qu'un levier de 7 à 8 pouces, et quelquefois moins. Par ce moyen, la seule résistance d'un moulin à farine se réduirait à celle qui résulte du passage du grain entre les deux meules et du poids indispensable au moulage.

J'ai dit, au commencement de ce Mémoire, que le moindre excédant possible de poids ou de légèreté suffirait pour faire aller au fond ou venir à la surface de l'eau un corps, quelque grandes et irrégulières que puissent être ses formes. On conclura de cette assertion que je pense que les corps n'éprouvent aucune espèce de résistance dans les fluides. Quelque extravagante que puisse paraître cette idée au premier coup d'œil, j'espère qu'on voudra bien l'examiner avant de me condamner pour avoir adopté un principe qui m'a été démontré par une suite d'expériences qui m'ont toujours donné les mêmes résultats, dans le détail desquels je vais entrer.

Dans une caisse de fer-blanc (*fig.* 43) de 7 pieds de longueur, 3 de largeur et 16 de profondeur, remplie d'eau d'un pied de hauteur, j'ai fait flotter un baquet de bois A de 2 pieds de diamètre, plongeant seulement de trois pouces sur le bord du baquet; en X était fixé un petit clou auquel était attachée une soie très-fine *a*, *a*, *a*, qui allait passer sur une poulie B ; au bout de cette soie pendait un poids de trois grains O, à peine suffisant pour tendre la soie qui pesait un grain et demi, et pour vaincre le frottement de première espèce sur la rainure de la poulie qui, comme on le pense bien, ne tournerait pas sous un si faible poids; le frottement sur la poulie était par conséquent le résultat d'un poids de quatre grains et demi. Les choses dans cet état, l'eau étant parfaitement calme, j'ai tiré avec beaucoup de précaution la pièce D mise en travers sur le vase XY; cette pièce servait à contenir le baquet A touchant contre Y. Je pourrais alléguer ici un obstacle de plus provenant de la prétendue attraction des bords du vase Y contre ceux du vase A; mais je dois observer que je n'ai rien remarqué de semblable, et que si cette attraction a lieu dans quelques cas, ce n'est du moins pas entre fer-blanc et bois. De ce qui vient d'être exposé, il résulte qu'à peine un demi-grain de poids agissait sur le vase A devenu libre, et il y avait déjà quelques instants qu'il l'était que je n'avais encore remarqué aucun mouvement dans le vase A; mais en jetant les yeux en Z, je m'aperçus qu'il avait cependant changé de place, puisqu'il était déjà à environ 1 pouce de distance du bord Y, et en 7 minutes 27 secondes il fit tout le trajet d'x en X, c'est-à-dire à peu près 5 pieds. Son mouvement parut un peu s'accélérer, ce que j'attribuai à la longueur de la soie dont une partie, de résistance qu'elle était, devenait puissance à mesure que le poids O descendait.

J'ajoutai alors de l'eau dans le vase A et le fis plonger de 6 pouces; dans ce nouvel état, il fit le trajet en 9 minutes 16 secondes.

Je le plongeai de 9 pouces, et il fit le trajet en 13 minutes 42 secondes.

Le vase XY étant situé entre la porte et la fenêtre, toutes deux fermées, j'ai recommencé les expériences en sens contraire, et j'ai eu les mêmes résultats à quelques secondes près. J'en ai fait d'autres avec des poids irréguliers, et le poids de trois grains a toujours été suffisant.

J'aurais de la peine à expliquer les irrégularités dans le rapport des vitesses respectives; mais cela est étranger à mon objet, qui est de démontrer qu'il n'y a pas de résistance absolue dans les fluides et que le moindre poids ou la moindre puissance agissant sur les corps qui s'y meuvent, suffit pour les déterminer au mouvement. Peu importe en quel temps les obstacles sont vaincus; le fait est qu'ils le sont. Je puis donc établir en principe qu'un corps qui se meut dans un fluide parfaitement calme, n'éprouve aucune résistance de la part du fluide lorsque la vitesse n'est comptée pour rien.

J'ai cru ce Mémoire intéressant, puisqu'il renferme

des idées neuves sur les frottements des corps qui se meuvent circulairement. Le frottement joue un trop grand rôle dans la mécanique pour que tout ce qui y a rapport ne soit pas lu avec intérêt des artistes. On sait d'ailleurs que des erreurs conduisent souvent à de grandes vérités.

Outre le frottement, la roideur des cordes apporte de grands obstacles à l'effet des machines.

Une corde est d'autant plus difficile à plier :

1° Qu'elle est plus roide et plus tendue par le poids qui la tire ;

2° Qu'elle est plus grosse ;

3° Qu'elle doit, en se pliant, se courber davantage, c'est-à-dire se rouler, par exemple, autour d'un plus petit rouleau. M. Amontons, qui a fait beaucoup d'expériences sur cet objet, a trouvé que la résistance qui vient de la roideur causée par les poids qui tirent la corde, augmente à proportion des poids ; celle qui vient de la grosseur des cordes augmente à proportion de leur diamètre.

Sur quoi il faut remarquer que ce n'est pas parce qu'une plus grosse corde contient plus de matière qu'elle résiste davantage, car alors sa résistance augmenterait suivant le plus de capacité d'un cercle correspondant à une plus grosse corde, c'est-à-dire selon les carrés des diamètres, ce qui n'est pas ; mais elle augmente suivant la simple proportion des diamètres, parce qu'un point de la circonférence du rouleau autour duquel la corde doit se plier, est une espèce de point fixe par rapport auquel le diamètre de la corde doit se mouvoir ; par conséquent, plus ce diamètre est long, plus la corde est éloignée du point de mouvement et plus elle a d'avantage contre la puissance opposée. Enfin, la résistance causée par la petitesse des rouleaux, poulies, etc., autour desquels les cordes doivent se rouler, est bien à la vérité plus grande pour de plus petites circonférences de rouleaux, poulies, etc.; mais elle n'augmente pas tant que selon la proportion de ces circonférences.

Il est clair que la résistance causée par la roideur des cordes sera d'autant plus grande, que les cordes malgré cette roideur seront obligées de se plier plus vite. Il faut y avoir égard en calculant les résistances de différentes parties de la même corde, qui se plieront avec différentes vitesses.

Pour trouver l'effet de la roideur d'une corde dans une machine, il faut voir dans le mémoire d'Amontons, comment il se sert d'une première expérience, qui devient le fondement de tous ses calculs.

On a accroché à quelque chose de fixe, comme au plancher d'une chambre, les extrémités AA des deux cordes AC, AC (*fig.* 44), distantes l'une de l'autre de 5 à 6 pouces. Les extrémités de ces cordes, pendant librement vers le bas, portaient le bassin D d'une balance.

On a engagé dans les cordes un cylindre de bois BB, en faisant faire, du même sens, un tour à chaque corde autour de chaque bout du cylindre, ainsi qu'il est représenté (*fig* 44). On a mis ensuite en D un poids assez considérable, et l'on a entortillé vers le milieu du cylindre, du sens contraire à la corde AEFG, c'est-à-dire du sens EGF, un ruban de fil fort flexible, au bout duquel était un autre petit bassin de balance pendant librement en H ; on a mis dans ce bassin assez de poids pour faire descendre le cylindre BB, nonobstant la résistance causée par la roideur des cordes AC, AC.

On a fait une expérience avec des cylindres et des cordes de différentes grosseurs, chargées de différents poids, et après avoir réduit l'action du poids H à une distance égale du point d'attachement E, dans tous les cylindres, ayant égard au poids de chaque cylindre et des bassins H et D, on a trouvé qu'à un demi-pouce de distance du point E, 45 onces surmontaient la résistance de deux cordes ayant chacune trois lignes de diamètre, chargées d'un poids de 20 livres et tournées autour d'un cylindre de demi-pouce.

82 onces surmontaient cette résistance, le poids étant de 40 livres ;

153 onces, le poids étant de 60 livres.

D'où il suit que la résistance causée par la roideur des cordes autour des mêmes poulies ou des poulies égales, augmente à proportion des poids qui pendent au bout des cordes.

En continuant l'expérience, on a trouvé que toujours à un demi-pouce du point E :

30 onces surmontaient la résistance de deux cordes de deux lignes chacune de diamètre, chargées en D d'un poids de 20 livres et tournées autour du même cylindre.

15 onces surmontaient la résistance de deux cordes, d'une ligne de diamètre, pareillement chargées en D d'un poids de 20 livres, et tournées autour du même cylindre.

D'où il suit que la résistance causée par la roideur des cordes augmente non-seulement à proportion des poids qui pendent aux extrémités de ces cordes, mais encore à proportion de leur grosseur, et que, sur des poulies égales, ces résistances sont entre elles en raison composée des poids et des grosseurs des cordes.

On doit remarquer que la résistance causée par la roideur des cordes de grosseur égale, chargées de poids égaux, augmente bien à mesure que le diamètre des poulies autour desquelles elles sont enveloppées diminue, mais non pas suivant la même proportion; car, dans le cas dont il s'agit, quoique les diamètres des poulies soient entre eux comme les nombres 1, 2, 3, les résistances n'augmentent cependant que suivant les nombres 90-114 et 135, au lieu qu'elles devraient augmenter suivant les nombres 90-180-270, si elles suivaient la proportion des poulies.

Pour avoir la première résistance causée par la roideur des cordes d'une machine, on divisera la force mouvante par 10, et l'on multipliera le quotient par la quantité de lignes que contient le diamètre de la corde; puis on prendra les $\frac{15}{32}$ du produit, si le diamètre de la poulie n'a que 6 lignes; les $\frac{19}{48}$, s'il en a 12, et les $\frac{5}{16}$, s'il en a 18 et au-dessus; on divisera ce dernier produit par la quantité de pouces que le diamètre de la poulie contient, et le quotient de la division sera la valeur cherchée.

Je viens de donner la manière de calculer la force des cordages ; il faut maintenant jeter un coup d'œil sur les difficultés qui résultent de la forme ronde de ces cordes. On sait qu'il y a beaucoup de danger à s'en servir, soit dans les travaux des mines, soit dans les carrières ; le tortillement forcé qu'on emploie à les former nuit à leur usage.

C'est une vérité reconnue de tout temps dans l'art de la corderie, que la force de plusieurs fils pris séparément est plus grande que quand ils sont réunis pour ne former qu'une corde : les torons sont roulés en spirale, les fibres extérieures occupent plus de place et sont plus tendues que celles de l'intérieur ; elles portent plus de poids, et ayant déjà cédé aux efforts du tortillement pendant leur confection, elles ne peuvent pas s'allonger comme celles qui ont éprouvé peu ou point de tension, et elles se rompent promptement. Le seul effort de la tension les casse souvent.

Il résulte donc de ces observations et d'une suite d'expériences nombreuses, que le tortillement affablit les cordages ; que les cordes sont d'autant plus faibles que les hélices que forment les cordons approchent plus de la perpendiculaire à l'axe de la corde ; que les cordes, au contraire, sont d'autant plus fortes que les hélices sont plus obliques à l'axe du cordage.

C'est à ces principes reconnus que nous devons l'invention des cordages plats qu'on devrait s'empresser d'appliquer aux travaux.

Un anglais, nommé John Curr Sheffield, a trouvé la manière de fabriquer des cordes plates.

La grande difficulté que présentait la fabrication de ces cordes, était de réunir les torons pour que l'agrégation de leurs forces pût agir comme une seule et même corde.

L'avantage est considérable sous tous les rapports, puisqu'une corde plate où se trouvent réunis quatre torons, peu tortillés, et assemblés de manière à ce que la somme de leurs efforts agisse à la fois, sera plus forte qu'une corde composée de cinq torons, ou du moins cinq torons dans un cordage plat auront plus de force qu'une haussière à six torons. L'économie des matières est frappante; non-seulement on retranche un cinquième ou un sixième du chanvre, en employant un moindre nombre de torons dans la confection d'une corde plate, mais encore ces torons, n'étant que légèrement tortillés, ne sont pas raccourcis dans leur longueur, comme les cordages ordinaires dans l'opération du commettage, ce qui donne encore une plus grande économie.

Les cordages plats ont encore un avantage dans l'usage, c'est qu'ils ne peuvent se détordre; se repliant toujours sur eux-mêmes, il leur est impossible de sortir de leur position, tandis qu'on ne peut empêcher le détortillement des cordes rondes.

FIN DE LA STATIQUE ET DU LIVRE PREMIER.

LIVRE SECOND.

LEVÉE DES PLANS.

§ Ier.

NIVELLEMENT.

Le but du nivellement est de déterminer la différence de hauteur entre deux ou plusieurs points de la surface d'un terrain. Il arrive fréquemment que les architectes, les ingénieurs, etc., etc., ont besoin d'avoir recours à cette opération. Ainsi, quand il s'agit d'établir un canal, un chemin, de pratiquer des rigoles pour dessécher les marais, il est clair qu'avant d'entreprendre de pareils travaux on doit avoir une connaissance exacte de toutes les pentes, de toutes les inclinaisons que peut offrir la surface du terrain sur lequel on doit travailler. Or, cette connaissance ne peut s'obtenir que par le nivellement.

Il existe plusieurs sortes d'instruments que l'on appelle *niveaux :* le *niveau de maçon*, le *niveau d'eau*, le *niveau à bulle d'air* et, enfin, le *kliséomètre*.

1° Le *niveau de maçon* (*fig.* 1) se compose de deux règles jointes bout à bout. Sur le milieu de la traverse MN est un trait appelé *ligne de foi*, par lequel doit passer un fil à plomb lorsque les deux pieds B et D sont de niveau, c'est-à-dire sont sur une même ligne horizontale. Si l'instrument est exact, il faut que le fil à plomb soit perpendiculaire à cette horizontale HR; par conséquent, il faut qu'en retournant l'instrument de manière à passer le point D en B, et réciproquement, le fil à plomb demeure invariable sur le trait, s'il y était avant la conversion de l'instrument.

2° Le *niveau d'eau* est composé d'un tuyau en fer-blanc (*fig.* 2) ABCD, de deux siphons AE et DF, d'une virole G qui sert à le poser sur un trépied mobile, et d'un genou par le moyen duquel on le dirige vers tel côté que l'on veut.

Le tuyau a ordinairement $1^m,30$ de long sur $0^m,03$ de diamètre; ses extrémités AB et DC sont recourbées à angles droits, et leur longueur est d'environ $0^m,04$. Les deux siphons, qui doivent être du verre le plus blanc et le plus transparent, sont enfoncés d'environ $0^m,03$ dans le tuyau où ils sont mastiqués, et d'où ils saillent d'environ $0^m,10$. Ainsi l'on voit qu'en versant de l'eau dans l'un de ces siphons, cette eau passe dans l'autre et ne fait qu'une seule et même eau, qui, lorsque l'instrument est posé sur son trépied, donne deux surfaces qui sont parfaitement de niveau, et qui permettent alors d'effectuer l'opération.

3° Le *niveau à bulle d'air* (*fig.* 3) se compose d'une lunette dont on rend l'axe horizontal en calant l'instrument avec les vis qui le maintiennent sur son trépied. Au-dessous de la lunette est un tube en verre fermé à ses deux extrémités par des pièces en cuivre. Ce tube est presque entièrement rempli d'une eau rougie, de sorte qu'il ne reste dans son intérieur qu'une bulle d'air étendue qui semble flotter dans le liquide; le tube porte des divisions, et l'on juge que l'instrument est de niveau lorsque les deux extrémités de la bulle d'air sont à égale distance du milieu du tube. Comme l'axe de la lunette est parallèle à celui du tube, on pourra ainsi juger quand il sera horizontal.

4° Le *kliséomètre* est un instrument gradué avec un plomb pour prendre ou pour régler les diverses pentes. Cet instrument, dont nous allons donner la description, est assez commode dans la pratique (*fig.* 4) : c'est une espèce de planchette, posée verticalement sur son pied, d'environ 0m,30 de longueur sur 0m,20 de largeur, sur laquelle on a assujetti une alidade vers le haut; on tire une ligne de bas en haut, perpendiculairement sur le milieu de l'alidade, et une parallèle à l'alidade au bas de la planchette, qui sera perpendiculaire sur la première; on fait à la planchette, près de l'alidade et sur sa perpendiculaire, un trou dans lequel entre une cheville qui porte au centre un fil à plomb; on porte à droite et à gauche, sur la parallèle à l'alidade, du point d'intersection de sa perpendiculaire, la dixième partie de la distance de ce point au centre de la cheville, où le fil est assujetti. Cette division en dixième indique, suivant les proportions voulues, tant de mètres ou de centimètres par degrés de subdivision. On prend les pentes avec cet instrument, en faisant tenir dans l'éloignement un jalon de repère *b*, de la hauteur de l'alidade *a*, avec laquelle on vise le jalon; le fil de l'instrument indique, sur l'axe du cercle gradué, la pente cherchée. On peut vérifier la justesse de l'instrument, en le retournant de droite à gauche.

Lorsqu'on se sert d'un niveau quelconque, on fait usage d'une *mire* : c'est une règle bien droite de deux ou trois mètres de hauteur et divisée en décimètres et centimètres ; à cette règle est adaptée un curseur blanc qu'on peut faire descendre ou monter à volonté. Ce curseur se nomme *voyant*, il est souvent rose et blanc, et l'on vise alors le point d'intersection des droites qui le partagent en quatre parties.

MANIÈRE D'OPÉRER.

1° *Avec le niveau de maçon.*

Nivellement simple. — Pour appliquer le niveau à la détermination de la quantité dont le point B est plus élevé que A (*fig.* 5), en supposant que ces deux points soient assez près l'un de l'autre, l'arpenteur placera le niveau au point B et le maintiendra dans une position telle que le fil à plomb passe sur le trait. Pendant ce temps, son aide tiendra la mire le plus verticalement possible au point A, et fera monter ou descendre le voyant jusqu'à ce que l'arpenteur le trouve en ligne avec la base qui supporte le niveau ; alors la mesure indiquée sur la mire sera la hauteur cherchée.

Nivellement double.— Si la distance des deux points A et B (*fig.* 6) ne permettait pas de niveler par une seule opération ou portée, on répéterait cette même opération autant de fois que la distance des deux points l'exigerait. Il faudrait tenir note des hauteurs partielles obtenues à chaque station, et ajouter ensemble ces différentes hauteurs ; le résultat indiquerait la quantité dont B est plus élevé que A.

Ainsi, en supposant JO = 1m25
SO = 2.
PA = 1.45
4.70

le point B serait plus élevé que le point A de 4m,70c.

2° *Manière d'opérer avec le niveau d'eau.*

Nivellement simple. — On veut savoir (*fig.* 7) si les points A et B sont également éloignés du centre de la terre, ou de combien il s'en faut qu'ils ne le soient.

Après avoir posé un niveau au point A et versé de l'eau dans l'un des siphons, de manière qu'il y en ait environ jusqu'aux deux tiers de chacun, on enverra au point B deux aides, dont l'un y portera la mire, et l'autre servira seulement à mesurer et à écrire ensuite sur des tablettes la hauteur du point de mire, lorsqu'on l'aura déterminée.

Cette préparation étant faite, l'aide qui porte la mire la tiendra au point B le plus verticalement qu'il sera possible, mais d'une seule main, afin d'avoir l'autre libre pour tourner ou baisser le point de mire le long de la règle, selon les signes qu'on lui fera. Alors celui qui fait le nivellement se placera au bout C du niveau, et de là il dirigera vers la mire le rayon visuel CD, qui rase la surface de l'eau de chacun des siphons. Il fera en même temps signe à l'aide qui tiendra la mire, de hausser ou de baisser jusqu'à ce qu'il parvienne à poser le point de mire de manière que le centre D du carré noir et blanc se trouve précisément dans le rayon visuel. Enfin, lorsqu'il aura rencontré ce point, on le lui fera connaître et l'autre aide mesurera exactement la hauteur BD que cette opération aura déterminée.

Supposons, par exemple, que la hauteur AF du rayon visuel CD soit de 1,50 et que l'on ait trouvé 0m,75 pour la hauteur BD, la différence 0,75 de ces deux nombres sera la quantité dont le point B est plus élevé que A.

Nivellement composé. — Le nivellement composé n'est autre chose qu'une suite de nivellements simples, tous liés entre eux, depuis le premier terme jusqu'au dernier. Tout étant préparé comme nous l'avons dit précédemment, opérons le nivellement de A en F (*fig.* 8); on placera d'abord le niveau sur la première station A, d'où l'on nivellera la seconde B ; on placera ensuite le même niveau sur la seconde station B, d'où l'on nivellera et la première A et la troisième C ; et ainsi de suite jusqu'à la dernière station F, ce qui réduit tout le nivellement composé à une suite liée de nivellements réciproques.

3° *Manière d'opérer avec le niveau à bulle d'air.*

Pour se servir du niveau à bulle d'air, il suffit d'amener la bulle d'air au milieu du tube en haussant ou baissant l'instrument dans différents sens, au moyen des vis colantes qui s'attachent à son pied ; on n'a plus alors qu'à viser avec la lunette, qui contient deux fils minces se croisant sur axe ; l'aide de l'arpenteur doit hausser ou baisser la mire jusqu'à ce que celui-ci voie coïncider le milieu du voyant avec le point d'intersection des fils croisés. Pour les opérations, elles sont les mêmes que ci-dessus.

§ II.

ARPENTAGE.

Le but principal de l'arpentage est de faire connaître les moyens propres à la mesure ou au partage d'un terrain quelconque. Toutes les opérations de l'arpentage dépendent de différentes propositions de géométrie et de trigonométrie. Nous renvoyons pour cela nos lecteurs aux traités que l'on rencontre dans notre ouvrage.

Avant que de faire l'application des principes, nous allons faire connaître ici quels sont les instruments nécessaires à l'arpenteur. Nous aurons le soin cependant, en faisant nos applications, de mettre en note au bas de nos pages les problèmes de géométrie qui se rapportent à l'opération.

1° *Chaîne métrique.*

La chaîne métrique a ordinairement 20 mètres de longueur ; elle est divisée par mètres que l'on indique par des anneaux de cuivre. Chaque mètre est subdivisé en deux parties égales. Les anneaux des extrémités sont compris dans la longueur de la chaîne.

Quand on se sert de cet instrument, il faut veiller à ce que les anneaux soient bien dégagés, sans quoi l'on pourrait commettre des erreurs préjudiciables à l'une ou l'autre des parties pour lesquelles l'on opère.

Lorsque le terrain à mesurer a plus de 20 mètres de longueur, on se sert de fiches pour savoir combien de fois la chaîne a été transportée.

2° *Jalons.*

Les jalons sont des piquets de bois dont la hauteur et la grosseur dépendent de la situation. Ils servent à indiquer quelle est la ligne à suivre pour le chaînage d'une ligne droite. Lorsqu'ils sont placés à une trop grande distance, on a le soin de les faire reconnaître au moyen d'une pancarte blanche placée verticalement dans la fente faite à ce propos dans la partie supérieure du jalon.

3° *Équerre.*

Cet instrument (*fig.* 9) est un prisme creux en cuivre, qui a huit faces latérales. Ce prisme porte quatre fentes situées au milieu de quatre faces opposées deux à deux. Ces fentes sont disposées à angle droit; elles sont déterminées par l'intersection des faces qui le portent avec deux plans perpendiculaires, menées par l'axe du prisme. On conçoit, d'après cela, qu'en fixant l'œil successivement à deux fentes consécutives, les deux lignes que l'on aperçoit par les fentes opposées sont des lignes perpendiculaires. L'équerre se fixe sur un pied d'environ 1 mètre de longueur.

4° *Le Graphomètre.*

Quoique nous ayons fait une opération par cet instrument dans la géométrie, nous en ferons la description et l'application plus étendue.

Le graphomètre est un instrument de cuivre qui est composé d'un demi-cercle ADB (*fig.* 10), de deux règles AB et CD, et d'un genou qui sert à poser cet instrument sur son pied dans telle situation que l'on veut. Ce demi-cercle est divisé en 180 degrés qui y sont nombrés sur l'une de ses faces, en allant de la droite à la gauche et réciproquement de la gauche à la droite. Des deux règles, l'une, qui est fixe, est le diamètre de ce demi-cercle, et l'autre, qui est mobile et à laquelle on donne le nom d'*alidade,* tourne sur le centre E de cet instrument. Elles ont à chacune de leurs extrémités un bout en cuivre qui est perpendiculaire à leur plan au milieu duquel il existe une fente qui sert à diriger les rayons visuels et que l'on nomme *pinnule.* Enfin, les deux bouts opposés ont encore chacun une autre ouverture qui a la figure d'un rectangle et à laquelle on donne le nom de *fenêtre.* L'une de ces fenêtres est au-dessous de la pinnule, et l'autre au-dessus ; et elles sont divisées chacune verticalement en deux parties égales par un crin ou par un fil de soie extrêmement fin. Mais il faut remarquer que ce graphomètre, que l'on appelle *graphomètre à pinnule,* ne peut servir que pour certaines distances ; lorsque avec cet instrument on doit observer des objets fort éloignés, alors on se sert d'un graphomètre qui, au lieu de pinnules, a des lunettes d'approche, tel que le représente la figure 11.

5° *La Planchette.*

La planchette est composée de trois parties, savoir : d'un pied, d'une tablette et d'une alidade ou règle mobile.

Le pied est précisément le même que celui du graphomètre dont nous avons donné la description.

La tablette n'est autre chose qu'une planche de bois bien unie, qui forme un carré dont chaque côté est à peu près de 0m,35 ; il y a au milieu de sa surface inférieure un genou et une virole qui servent aux mêmes usages que le genou et la virole du graphomètre.

Enfin, l'alidade est une règle en cuivre sur laquelle sont gravées plusieurs échelles de différentes longueurs. Ses deux bouts sont relevés perpendiculairement à son plan et fendus de même que ceux qui sont aux extrémités du diamètre et de l'alidade du graphomètre. Elle doit être d'une certaine pesanteur, afin qu'elle ne puisse pas facilement se déranger, lorsqu'on la pose sur la tablette pour y déterminer la grandeur des angles formés par les rayons visuels que l'on dirige en regardant par les pinnules. La figure 12 représente la planchette posée sur son pied, et la figure 12 *bis*, son alidade.

6° *La Boussole.*

La boussole dont on se sert pour lever les plans est composée d'un cercle en cuivre. Sur la surface intérieure du fond de ce cercle est tracée une circonférence que l'on a divisée en ses 360 degrés et autour de laquelle on a marqué les noms des huit principaux vents, à commencer par celui du nord qui se trouve placé vis-à-vis de la division 360. Au centre de ce cercle s'élève perpendiculairement un pivot ; il se termine par une pointe extrêmement fine, afin qu'elle ne puisse occasionner qu'un frottement insensible, et que par ce moyen l'aiguille d'acier aimantée, qui est mise en équilibre sur cette pointe, y soit dans une entière liberté de conserver toujours sa direction naturelle du sud au nord, en quelque sens que le cercle soit placé. Le tout est exactement couvert par un verre, de manière que le vent ou la poussière ne puisse y pénétrer, ni y faire varier l'aiguille aimentée ; ensuite, sur la partie supérieure sont placées des alidades pareilles à celles du graphomètre.

MESURE DES SURFACES.

Nous avons assez parlé des opérations graphiques sur les triangles dans la géométrie (1), au sujet des problèmes sur ces derniers, pour que nous y revenions ici ; nous allons donc seulement nous occuper du levé des plans des terrains dont plusieurs parties seront accessibles ou inaccessibles, régulières ou irrégulières, et des polygones dont les surfaces sont terminées par des courbes.

---

(1) Pages 47, 48, 49, 53, 54 du Vade-Mecum. *Géométrie usuelle.*

L'arpenteur ne doit jamais entreprendre de lever le plan d'un terrain sans avoir préliminairement fait le canevas de ce dernier ; et un rapide coup d'œil lancé autour de lui doit lui suffire pour lui faire connaître la figure de ce terrain. Dès qu'il a obtenu la mesure d'une distance, il peut, en agissant ainsi, en écrire le chiffre à côté des lignes qu'il a sur son croquis.

La question la plus importante dans l'arpentage est de savoir quelles sont les lignes que l'on doit mener et mesurer, en raison de la figure du terrain.

Supposons 1° que nous ayons à mesurer le quadrilatère ABCD (*fig.* 13) dont les côtés sont inégaux.

Considérons le côté AB comme servant de base à la figure, et, au moyen de l'équerre, élevons sur cette base les deux perpendiculaires EC, FD, passant par les points C, D. Le terrain se trouve ainsi décomposé en deux triangles rectangles CAE, BDF, et un trapèze CEFD.

On sait que la surface du trapèze (1) a pour mesure le produit de la moitié de la somme des côtés parallèles par leur distance. On peut donc mesurer la surface de chacune des trois parties de la figure et ajouter ensemble les trois superficies.

Pour cela, on place des jalons aux points E et F, et l'on mesure successivement les distances AE, EF, FB, EC, FD. Supposons que l'on ait trouvé AE=12^{m},50, EF=30^{m},20, FB=9^{m},75, EC=29^{m}, FD=23^{m},50,

---

(1) Page 56.

la surface du triangle AEC sera $12^m,50 \times \frac{29^m}{2}$, celle du triangle BFD sera $9^m,75 \times \frac{23^m,50}{2}$; enfin, celle du trapèze ECDF sera $30^m,20 \times \frac{29^m+23^m,50}{2}$, de sorte qu'en réunissant les trois surfaces de la manière suivante :

triangle AEC	$= 12^m,50 \times 14^m,50 =$	$181^m,2500$
triangle BFD	$= 9^m,75 \times 11^m,75 =$	$114^m,5625$
trapèze ECFD	$= 30^m,20 \times 26^m,25 =$	$792^m,7500$
	Total........	$1088^m,5625$

la surface cherchée est donc de 10 ares 88 centiares.

On peut encore trouver la mesure d'un quadrilatère au moyen de la diagonale AB (*fig.* 14). On doit toujours avoir soin de la tracer entre deux angles opposés le plus éloignés l'un de l'autre, parce qu'il faut prendre pour base de l'opération la ligne qui a le plus d'étendue. Ce quadrilatère se trouve ainsi décomposé en deux triangles ABD, ABC, qui ont tous les deux pour base le côté AB ; on trace avec l'équerre les deux perpendiculaires ED, CF, qui sont les hauteurs de ces triangles. Après cela, on mesure la base AB et les deux hauteurs DE, CF, et l'on cote le résultat sur le canevas.

Nous allons indiquer la manière d'arpenter une surface d'un nombre quelconque de côtés.

Soit d'abord le pentagone ABCDE (*fig.* 15); il y a plusieurs méthodes pour trouver la mesure de cette figure. Nous allons donner ici la méthode la plus expéditive :

Tirons et jalonnons entre les deux sommets les plus éloignés la diagonale AD, qui servira de base. Avec l'équerre, élevons sur cette base les perpendiculaires, passant par les autres sommets B, C, E ; le pentagone se trouve ainsi divisé en quatre triangles et un trapèze ; mesurons alors chacune des perpendiculaires, ainsi que la portion de diagonale qui sert de base à chaque triangle et de hauteur au trapèze ; inscrivons les longueurs trouvées sur le canevas, à côté des lignes correspondantes, et évaluons ensuite chacune des cinq parties du pentagone proposé, comme nous l'avons appris plus haut ; faisons la somme des cinq résultats, et nous aurons la mesure du pentagone ABCDE. Les deux triangles AEH, HED, peuvent être évalués par une seule opération ; car ils forment le triangle AED qui a pour hauteur EH et pour base la diagonale AD.

Supposons maintenant que l'on veuille arpenter une surface polygone d'un grand nombre de côtés, comme ABCDEFGH (*fig.* 16) ; on tracera, comme ci-dessus, la diagonale AE, et, en appliquant ici la méthode que nous avons indiquée dans l'exemple précédent, on décomposera la figure proposée en triangles et trapèzes, que l'on évaluera ensuite.

2° *Arpentage des terrains terminés par une ligne courbe.*

La manière la plus simple de mesurer une surface terminée par une courbe quelconque, consiste à la partager par des droites parallèles assez rapprochées pour que les arcs qu'elles comprennent sur la courbe puissent sans erreur être considérés comme des lignes droites à cause de leur peu de longueur. Si la surface à mesurer est terminée par des lignes droites et des lignes courbes, on choisira la plus longue des lignes droites et on lui mènera un grand nombre de perpendiculaires, ce seront les parallèles qui doivent décomposer la surface. Si la surface n'était terminée que par des lignes courbes, il faudrait la partager en deux par une ligne droite joignant deux points de la courbe, les plus éloignés possibles l'un de l'autre, puis élever encore des perpendiculaires à cette droite. Si la droite AB (*fig.* 17) que l'on appelle *base* a été partagée en parties égales, on pourra, au lieu d'additionner simplement les surfaces partielles dans lesquelles a été décomposée la surface totale ACDEFB, recourir à la formule d'un mathématicien distingué (1). Au moyen de cette formule, on aura beaucoup plus exactement la surface cherchée en faisant la somme des deux perpendiculaires extrêmes, puis celles des autres placées au rang impair ; enfin, celles placées au rang pair, sans y comprendre la dernière si elle est de rang pair ; puis on ajoutera la première somme à quatre fois la seconde et à deux fois la troisième, et on multipliera le tout par le tiers de la distance constante qui sépare les deux perpendiculaires consécutives. On aura ainsi la surface cherchée.

Ainsi, par exemple, si la longueur AB est de 72 mètres, de sorte que chacune de ses divisions ait 6 mètres de largeur, et si l'on a trouvé pour longueur des ordonnées ou perpendiculaires les nombres indiqués dans

(1) Thomas Simpson.

les figures, on aura la surface cherchée par les calculs suivants :

$$\begin{array}{r} 24,00 \\ 11,60 \\ \hline 35,60 \end{array} \qquad \begin{array}{r} 46,00 \\ 57,20 \\ 45,25 \\ 25,00 \\ \hline 173,45 \end{array} \qquad \begin{array}{r} 35,60 \\ 50,75 \\ 58,25 \\ 34,50 \\ 23,00 \\ \hline 202,10 \end{array}$$

$$\begin{array}{r} 35,60 \\ 4 \times 173,45 = 693,80 \\ 2 \times 202,10 = 404,20 \\ \hline 1133,60 \end{array}$$

Surface cherchée $= \frac{6^m}{3} \times 1133,60 = 2267,2000$; donc, 22 ares 67 centiares est la surface cherchée.

Il en est de même pour toutes les surfaces plus ou moins terminées par des lignes courbes. On peut du reste chercher le moyen le plus propre à effectuer l'opération, c'est suivant l'idée de l'arpenteur.

3° *Arpentage des terrains dans lesquels on ne peut entrer.*

Supposons que les surfaces à mesurer soient accessibles en dehors seulement ; ainsi, par exemple, marais, bois épais, récolte, etc., etc.

Dans de pareils cas, on voit que l'application des moyens que nous avons indiqués jusqu'ici n'est pas praticable, puisqu'on ne peut tirer ni des lignes, ni même de perpendiculaires dans l'intérieur.

Alors on parvient à trouver la superficie de ces terrains impénétrables en dedans, en les enveloppant dans des lignes qui forment un rectangle ou un trapèze que l'on sait calculer. On déduit ensuite de la superficie totale de ce rectangle les diverses parties de terrain empruntées pour sa formation, et comprises entre les côtés de ce même rectangle ou trapèze, et les lignes qui terminent l'enceinte inaccessible en dedans. La déduction faite, ce qui reste représente la surface à mesurer.

Supposons, par exemple, qu'on veuille connaître la superficie du marais ABCDEFR, accessible en dehors.

Commençons par placer des jalons à tous les angles A, B, C, E, F, (*fig.* 18) de la surface que nous voulons mesurer. Après cela, traçons une ligne MP, passant par le sommet D ; élevons sur cette ligne avec l'équerre d'arpenteur, deux perpendiculaires MN, PQ, passant par les jalons E et B, et prolongeons dans les deux sens le côté FA de la figure proposée, jusqu'à ce qu'il rencontre les deux perpendiculaires.

Le marais se trouve ainsi compris dans un trapèze MNPQ, dont la hauteur est MP et les deux bases PQ, MN ; il sera facile d'en déterminer la superficie. Après cela calculons en particulier la contenance des sept parties (triangles et trapèzes) et retranchons l'expression de leur somme de la valeur trouvée pour surface du trapèze enveloppant ; le reste de cette soustraction représentera la surface du marais.

Cherchons maintenant le moyen de mesurer la hauteur d'un arbre, d'une tour, d'un clocher ou de tout autre objet au pied duquel on puisse approcher.

Soit le clocher BC (*fig.* 19) dont on veut chercher la

hauteur et que l'on suppose vertical à la terre. Il faudra mesurer sur le terrain une base arbitraire AB, que nous faisons ici de 136 mètres. Alors, prenant avec le graphomètre la mesure de l'angle *a*, que nous supposons ici de 52°, celle de l'angle B de 90°, nous disons que l'angle C est de 38°. Ainsi, si l'on construit sur le papier un triangle PQR semblable à *abc*, en donnant à PQ 136 mètres d'une échelle de proportion, les autres côtés PR, QR, mesurés sur la même échelle, donneront la mesure de *b*C et de *a*C. L'on trouvera donc : *b*C = 177 mètres ; on n'aura plus qu'à ajouter à 177 la hauteur du graphomètre.

Les fonctions de l'arpenteur ne se bornent pas à mesurer et à constater l'étendue d'une surface ; il arrive souvent qu'il est appelé pour faire des partages de terrain. Nous avons indiqué, dans le Cours de Géométrie, pages 59 et suivantes, les moyens qu'il faut employer. Il serait superflu d'y revenir ici.

§ III.

LEVÉE DES PLANS. — DESSIN. — MANIÈRE DE DESSINER ET D'APPLIQUER LES COULEURS.

Après avoir terminé sur le terrain les opérations nécessaires, il ne reste plus à l'arpenteur qu'à faire le plan de l'objet mesuré, c'est-à-dire à représenter exactement sur le papier la figure sur laquelle il vient de travailler. Il se sert pour cela de certains instruments que nous ne ferons que mentionner ici, tout le monde les connaît ; ce sont : le *compas*, le *tire-ligne*, pour passer le plan à l'encre ; la *règle*, l'*équerre de dessinateur* et l'*échelle de proportion*. Il arrive souvent qu'une fois que le croquis est mis au net, on a besoin de copier le plan. Il existe deux moyens d'obtenir ce résultat : le premier consiste à calquer les plans, le second à les piquer.

1° *Calquer un plan.*

Pour calquer un plan, on se sert d'un papier nommé *papier végétal*, qui est très-transparent ; on fixe ce papier sur le plan que l'on veut copier, au moyen d'épingles ou de colle à bouche ; puis, avec un crayon aussi fin que possible, on suit avec précaution tous les traits du plan que la transparence du papier laisse apercevoir.

On se sert ordinairement, pour calquer, d'un instrument fait exprès pour cet usage : cet instrument se compose d'un châssis en forme de pupître pliant, dont le cadre environne une vitre, et que l'on peut placer au degré voulu pour avoir le jour nécessaire. On applique le plan sur le cadre, et l'on fait de même que ci-dessus.

2° *Piquer un plan.*

Disposons, par les mêmes moyens que plus haut, le plan modèle sur le papier qui doit le recevoir, et avec le piquoir on pique tous les traits et toutes les lignes de manière qu'en enlevant le plan modèle, on n'ait qu'à suivre les lignes indiquées ; on a ainsi la reproduction exacte.

3° *Teintes diverses que doit avoir un plan dans toutes ses parties.*

Les couleurs généralement employées sont : l'*encre de Chine*, la *gomme-gutte*, le *carmin*, la *sépia*, le *vert de vessie*, l'*indigo*, le *bleu de Prusse*, la *terre de Sienne calcinée*, la *teinte neutre*.

On distingue dans les plans topographiques deux manières de représenter le terrain : la *minute* est pour ainsi dire le croquis du plan, et la *rédaction* en est la mise au net.

Nous allons indiquer la manière de colorier les diverses parties qui composent les diverses surfaces que l'on est appelé à dessiner.

1° *Terres labourées.* — *Minute :* Une teinte faible de sépia naturelle. — *Rédaction :* Sillons exécutés avec les diverses couleurs que prend la végétation, lilas, vert, bleu, jaune, rouge, etc.

2° *Prairie.* — *M.* Vert de vessie faible. — *R.* Même teinte plus intense avec retouche à la plume pour représenter le gazon.

3° *Vignes.* — *M.* Teinte faible composée de carmin et de bleu. — *R.* La même teinte un peu plus intense; travail à la plume pour représenter les ceps de vigne.

4° *Pâturages.* — *M.* On se sert de deux couleurs et de deux pinceaux ; vert de vessie et de terre de Sienne ; on imite une espèce de marbrure. — *R.* La même teinte plus intense, avec retouches de vert à la plume, pour représenter les bouquets de gazon et d'arbustes.

5° *Bois, taillis, futaies.* — *M.* Teinte composée d'indigo et de gomme-gutte ; la gomme-gutte doit dominer. — *R.* Vert et jaune à deux pinceaux ; les arbres avec plusieurs sortes de vert, légèrement ombrés d'un côté. On ne doit pas oublier que les arbres sont vus en plan.

6° *Landes.* — Même procédé que pour les pâturages, le jaune doit seulement dominer.

7° *Bruyères.* — Même procédé, en remplaçant la terre de Sienne par du carmin faible.

8° *Verger.* — *M.* Vert formé d'indigo et de gomme-gutte ; l'indigo domine. — *R.* Même teinte avec de nombreux petits ronds à la plume pour indiquer les arbres fruitiers.

9° *Marais.* — *M.* Vert de prairie, en conservant des places blanches que l'on remplit avec du bleu de Prusse faible. — *R.* Comme pour les prairies ; retouches avec du bleu foncé sur les eaux pour faire des ondulations.

10° *Étangs, rivières, canaux.* — Bleu de Prusse en ayant soin de faire pour les étangs des ondulations horizontales. Dans les rivières ou canaux, il faut mettre une teinte plus forte sur le bord du côté de la lumière. Le courant de l'eau s'indique par une flèche dont le dard est dirigé dans le même sens que ce courant.

11° *Sables.* — Terre de Sienne calcinée faible ; un pointillé à la plume pour la rédaction.

12° *Rochers.* — *M.* Après les avoir dessinés le mieux possible à la plume, on les couvre d'une teinte faible de sépia avec une retouche plus forte de la même teinte. — *R.* On fait les ombres à l'encre de Chine et on les couvre d'une teinte de terre de Sienne calcinée avec des plans de teinte neutre, retouches avec sépia. On indique aussi le gazon.

13° *Montagnes.* — Comme pour les rochers ; on adoucit la teinte du haut en bas avec l'encre de Chine pour imiter la pente. Le côté opposé à la lumière est le plus foncé.

14° *Bâtiments.* — On recouvre la surface de chaque maison d'une teinte de carmin et l'on met sur le côté opposé à la lumière un trait plus fort.

FIN DU LIVRE SECOND.

LIVRE TROISIÈME.

TRAVAUX.

CHARPENTE.

§ Ier.

DES BOIS : LEURS QUALITÉS ET LEURS DÉFAUTS ; LEUR ÉQUARRISSAGE SUIVANT LEUR LONGUEUR.

Il n'existe pas de construction sans qu'il y entre du bois de n'importe quelle essence. Il est donc nécessaire d'en bien connaître la nature, afin de recevoir ou de rejeter celui qui peut être présenté par les entrepreneurs. Du bon choix des matériaux consiste, en effet, la durée et la solidité des ouvrages. On a souvent cherché à savoir la cause certaine de plusieurs malheurs, et bien souvent aussi on l'a cherchée loin du véritable motif. Étudions donc les bois qui sont le plus généralement employés en matière de charpente : ce sont le chêne et le sapin. On se sert quelquefois de l'orme, du hêtre, du charme, du châtaignier, du tilleul, du peuplier ; mais ces dernières essences ne présentent pas les mêmes avantages qne les premières. Nous ne ferons pas une étude du bois comme naturaliste, ce sera comme charpentier, abattu et près d'être mis en œuvre ; d'abord selon ses espèces, ses formes, ses défauts.

Commençons par donner les diverses épithètes qui caractérisent les bois :

On appelle *bois dur* celui qui a le fil gros, qui vient dans les terres fortes et au bord des forêts : on l'emploie pour la charpente ;

Tendre ou *doux*, le bois qui a peu de fil, est moins poreux et a moins de nœuds : il est employé pour les assemblages qui ne fatiguent point ;

Léger, tous les bois blancs ;

Affaibli, celui considérablement diminué par l'équarrissage ;

Apparents, ceux qu'on emploie dans les diverses constructions et qui ne sont point recouverts ;

Bouge, celui qui est recourbé ou bombé ;

Carié ou *vicié*, celui qui a des nœuds pourris ou malandreux ;

De brin ou *de tige*, celui qu'on a seulement équarri en ôtant les quatre dosses-flaches et qui sert pour poulies ;

D'échantillon, tous les bois qui ont les longueur et grosseur ordinaires, tels qu'ils ont été faits dans les forêts ;

Gauche, tout bois qui préparé se courbe et perd la forme voulue ;

D'équarrissage, celui qui est propre à recevoir la forme d'un parallélipipède ;

De refend, celui qui, ayant le fil droit, peut être refendu ;

Flache, celui dont les arêtes ne sont pas bien vives ;

En grume, celui qui n'est point équarri et dont on se sert pour pilotis ;

De sciage, celui qui est débité et refendu à la scie ;

Refait, celui qui, étant gauche et flache, est redressé au cordeau et équarri ;

Gélif, celui qui a des gerçures et des fentes causées par la gelée ;

Roulé, celui dont les crues de chaque année sont séparées et ne font pas corps ;

Sain et net, un bois qui n'a pas le moindre défaut ;

Vif, celui à arêtes vives et sans flache aucune.

Les bois de bonne qualité sont sains, à droit fil, non roulés, et n'ont ni fentes ni gerçures.

Le bois de chêne est le meilleur qu'on puisse employer dans les constructions des charpentes exposées à l'air. Moins sujet que les autres à se pourrir par suite des alternatives de l'humidité et de la sécheresse, il se conserve plus longtemps en bon état. Entièrement à l'abri de l'humidité ou complétement plongé dans l'eau, il a une durée pour ainsi dire indéfinie ; il acquiert même, dans ces circonstances, une dureté tellement grande, qu'il n'est presque pas possible de le travailler avec des outils. C'est sans contredit le plus utile de tous les arbres ; il est naturellement répandu dans les climats tempérés ; sa solidité répond de celle de toutes les constructions dont il forme le corps principal ; sa force le rend capable de soutenir de pesants fardeaux dont la moitié ferait fléchir la plupart des autres bois, et sa durée peut aller jusqu'à 600 ans sans altération (1) lorsqu'il est à l'abri, et 1500 ans lorsqu'il est sous l'eau.

Le sapin est un bois résineux dont on fait d'excellentes charpentes. Placé en travers, il résiste aussi bien à sec et se tourmente moins que le chêne ; il a l'avantage sur ce dernier d'être plus léger et de se conserver parfaitement quand il est recouvert de plâtre. Le bois de sapin peut servir pour le cintrage des arches, pour échafauder ; il ne ploie jamais sous le faix et casse plutôt. Il sert, refendu, à former des palplanches, des soliveaux, etc., etc.

Le châtaignier, l'orme, le hêtre, le charme, et certaines autres essences, sont plus fréquemment employés dans la menuiserie, soit pour l'ornementation des meubles, soit pour planches.

Les divers bois à employer ne doivent être choisis qu'un an après leur abattage. Pour reconnaître leur bonté et leur franchise, on les sonde avec une vrille, ou l'on frappe à une extrémité en écoutant le son que rend la pièce à l'autre : si ce son est clair, c'est l'indice que ce bois est bon ; s'il est sourd et cassé, cela prouve qu'il est gâté.

Passons à la résistance et à l'équarrissage des bois suivant leur longueur. Après avoir fait son choix, l'ouvrier, considérant quel doit être le poids que le bois doit supporter, le travaillera de manière à ce qu'en l'équarrissant il ne diminue point sa force, en tenant compte de la longueur. Pour éviter tout travail, on a fait des tables

(1) M. de Geoffroy, ingénieur en chef des ponts-et-chaussées.

qu'il serait trop long d'énumérer ici ; nous nous contenterons seulement d'expliquer le moyen qu'il convient d'employer dans cette circonstance pour ne point tomber dans une grave erreur.

Cependant, pour donner une explication, nous croyons nécessaire, afin d'être plus clair, de transcrire la petite table suivante concernant une pièce de chêne de 6m,00 de longueur.

LARGEUR.	0m,28	0m,30	0m,32	0m,34	0m,36	0m,38	0m,40
	k.	k.	k.	k.	k.	k.	k.
0m,24	15680	18000	20480	23120	25920	28880	32000
0m,26	16986	19500	22186	25046	28080	31286	34666
0m,28	18983	21000	23893	26973	30240	33693	37333
0m,32	20906	24000	27306	30826	34560	38506	42666
0m,36	23540	27000	30720	34680	38880	43320	48000
0m,38	14826	28500	32426	36606	41040	45726	50666
0m,40	26133	30000	33134	38533	43200	48133	53333

Il est facile avec ces tables, dont celle-ci n'est que la plus simple partie, d'avoir la résistance d'un morceau de bois de chêne de 6 mètres de long, 0m,26 de large et 0m,32 de haut. On cherchera d'abord la table calculée pour les bois de 6m,00 de long ; dans la première colonne, qui représente la largeur, on cherchera 0m,26 ; dans la première tranche horizontale, on cherchera 0m,32 ; suivant la colonne au-dessous jusqu'à ce qu'elle se rencontre avec la tranche horizontale qui correspond à 0m,26, on trouvera le nombre 22186, qui indique le poids en kilogrammes qu'un morceau de 6 mètres de long, $0^m,26$ de large et $0^m,32$ de haut, doit supporter avant de se rompre.

Or donc, si, en diminuant l'équarrissage de cette pièce de chêne, nous lui faisons supporter un poids de 22186 k., il est évident qu'elle rompra sous le poids.

On ne peut donc pas employer du bois trop petit dans les constructions; car, malgré l'avantage qu'il y aurait de réformer l'abus d'employer de trop gros bois dans la charpente des ponts, des portes d'écluses, etc., ce serait tomber dans l'erreur que d'employer des bois réduits à une trop faible épaisseur. Il faut toujours, en effet, avoir égard aux divers vices qui se rencontrent dans les bois.

§ II.

DU FER.

Ce métal, le plus dur et le plus élastique de tous les métaux, est sans contredit le plus utile sous une foule de rapports; il est en même temps le plus commun dans toutes les parties du globe. La France, l'Allemagne en sont abondamment pourvues; mais il n'y a pas de pays en Europe qui en fournisse en aussi grande quantité et de meilleure espèce que la Suède, soit par l'excellente qualité des mines, soit par les soins qu'on apporte à leur exploitation.

Le fer est dilatable par la chaleur; il se fond à la température de 160 degrés du pyromètre de Weedgevood, répondant au 9280me du thermomètre de Réaumur.

Sa pesanteur spécifique est de 7,788, mais cette pesanteur varie en raison du plus ou du moins de pureté du fer, et de son état de fer, de fonte ou de fer forgé.

Les qualités du fer pur sont modifiées et quelquefois anéanties par différentes substances qui lui sont alliées. Les plus importantes modifications sous le rapport des constructions sont les suivantes :

Le fer chauffé et refroidi sans être battu devient aigre et cassant.

Le fer forgé est flexible, malléable ; il cède à la lime, au burin ; il est propre à la filière en le cassant à froid ; lorsque sa contexture est fibreuse, il est de bonne qualité.

Lorsque le fer forgé est complétement affiné, il ne doit contenir aucune matière étrangère ; mais, quelque soin que l'on prenne, on l'obtient rarement pur ; il retient toujours un peu d'oxygène et de carbone.

On distingue dans les arts la fonte en quatre classes, et qui ont chacune des propriétés particulières.

1° *La fonte blanche*. C'est celle qui contient peu de carbone. Sa cassure est d'un blanc argentin ; elle est très-dure et fragile ; elle ne peut être employée avec succès aux ouvrages destinés à éprouver des chocs, mais elle est propre à l'affinage, et se convertit plus facilement que les autres en fer forgé.

2° *La fonte grise*. Elle doit son état et sa couleur plombée dans la cassure à une plus grande dose de carbone. Elle a un peu de ductibilité, propriété qu'elle doit à la plombagine ou carbure de fer qu'elle contient ; elle a aussi de la ténacité. Ces qualités la rendent propre à la fabrication des bouches à feu. Elle est moins propre à l'affinage que la fonte blanche.

3° *La fonte mêlée.* Elle tient le milieu entre les deux précédentes. On en fabrique les boulets, les bombes et autres objets qui doivent éprouver une forte résistance, tels que les châssis ou voussoirs qui sont employés à la construction des ponts de fer. Cette fonte est la plus propre à être convertie en fer forgé.

4° Enfin, *la fonte noire.* C'est celle qui contient la plus forte dose de carbone. Son grain est fin dans la cassure, et d'une couleur plus sombre que la grise; elle est douce, mais elle n'est capable que d'une faible résistance; elle est, en général, peu propre aux ouvrages coulés.

On peut apprécier la qualité de ces diverses fontes, en examinant le fer forgé qui en résulte; si ce fer est doux, s'il a de la ténacité, s'il est ductile à chaud et à froid, la fonte de laquelle il provient, sera d'excellente qualité; mais, au contraire, si le fer est cassant à froid, la fonte n'aura pas les qualités nécessaires pour être employée avec succès aux ouvrages coulés, destinés aux grandes constructions.

On distingue également plusieurs espèces de fer forgé, relativement à ses qualités.

1° Le fer *doux.* Il tient le premier rang par ses excellentes qualités. Ce fer est ductile à chaud et à froid, ce qui est dû à sa grande ténacité. Sa cassure, en fort échantillon, présente une couleur plombée, peu de nerf et beaucoup de grain. Cassé en petit échantillon, il paraît, au contraire, tout neuf. Il est propre aux grands ouvrages de forge, surtout lorsqu'il est corroyé.

2° Le fer *cassant à froid*. Cette espèce de fer se rompt aisément à froid et sans le secours de la tranche; il est ductile à chaud. Cassé en gros et petit échantillons, il est d'un blanc argentin, à petites facettes, et ne montre point de filets nerveux. Cette espèce de fer a plus de dureté, mais moins de ténacité que le fer *doux*; il se soude aisément.

3° Le fer *cassant à chaud*. Le caractère principal de cette espèce de fer est de ne pouvoir être soudé; il a d'ailleurs beaucoup d'analogie avec la première espèce, le fer *doux* : les ouvriers l'appellent improprement *fer cuivreux*; ils lui donnent aussi le nom de fer *rouvrain*, sous lequel il est plus généralement connu.

Le résultat moyen des dernières expériences de M. de Buffon sur le fer forgé, est qu'un fil de fer de 0m,002 (une ligne) de diamètre supporte, avant de casser, un poids de 242k,3.

Le résultat des dernières expériences faites aux forges de Saint-Gervais, est que le fer de fonte n'a pas, à beaucoup près, la même ténacité que le fer forgé; un barreau de (0m,009) 4 lignes de côté, n'a porté que (808k,67) 1650 livres, tandis qu'un barreau de fer forgé, provenant de la même usine de Saint-Gervais, et des mêmes dimensions, a porté (5,671k,88) 11,587 l., résultat qui établit une différence prodigieuse entre les forces de résistance du fer dans ces deux états.

Il est d'autres matériaux que le bois et le fer dont on se sert, tels que la brai pour couvrir toute construction de charpente qui doit être exposée à l'eau; le goudron, les clous, etc., etc.

§ III.

DÉTAIL D'UNE ÉCLUSE DE CHARPENTE.

On appelle, en général, *écluse* l'agglomération des parties suivantes : le sas, les bajoyers, les portes busquées, les portes de tête.

Le sas est un bassin de maçonnerie fermé par deux portes d'écluse et placé sur un canal, pour se rendre maître de la dépense des eaux et de la hauteur dont on voudra les élever, afin que les bateaux que l'on y fera entrer puissent passer de la partie inférieure (d'amont) dans la supérieure (d'aval) et réciproquement de celle-ci dans la première, par le jeu alternatif des écluses.

Les bajoyers sont les revêtements latéraux d'une écluse. Les bajoyers doivent avoir une épaisseur proportionnée à la hauteur de l'eau dont ils ont à soutenir la poussée. Les bajoyers d'une écluse ne peuvent être construits avec trop de précautions ; il faut, par leur bonne construction, éviter toute espèce de dégradation causée par le choc de l'eau, parce que ces dégradations ne peuvent être réparées qu'avec la plus grande difficulté et d'énormes dépenses.

Nous voici enfin arrivés aux portes d'écluse. Prenons-en une et faisons-en la description.

Une écluse se compose d'un *poteau tourillon*, d'un *poteau busqué*, d'*entretoises*, d'*entretoises maîtresses*, de *crapaudines*, de *crics*, de *vannes*, de *ponts volants*, de *bracons*, de *colliers* avec queues et de *bordages*. Nous allons faire connaître ces diverses parties.

Soit la porte d'écluse figurant dans nos planches, que nous prenons pour modèle et pour objet de notre description.

Comme les portes d'amont et d'aval ou de tête et de mouille se composent exactement des mêmes parties, nous prendrons une porte de tête.

Le *poteau tourillon* est celui où s'adapte la crapaudine et le collier. Il tire son nom de sa forme conique qui sert à l'enchâssement de la crapaudine mâle. Il est désigné sur la figure par la lettre A.

Le *poteau busqué* B, dont les faces s'appliquant sur le banc sont taillées en biais, afin de suivre l'angle formé par ce dernier et correspondre avec celui de l'autre volant de la porte, demande beaucoup de justesse dans le travail, afin de ne point livrer passage aux eaux et éviter par là un mauvais coup d'œil.

On appelle *entretoise maîtresse* la pièce C, sur laquelle s'appliquent les liens pour conserver à la porte d'écluse plus de solidité et lui conserver son équilibre. Les liens sont des pièces en fer enchâssées dans l'épaisseur de l'entretoise.

La *crapaudine* est la pièce fondamentale d'une porte d'écluse. Sans elle pas de mouvement, le poteau tourillon repose sur elle. Elle se compose du mâle et de la femelle, c'est-à-dire que la partie qui est adaptée au poteau en question se désigne comme le mâle ; en effet, il s'enchâsse dans la seconde partie qui est sensée dans la pierre du banc. On peut en voir la description à la figure D.

Le *cric* (*fig.* E) a pour but les manœuvres des vannes,

c'est-à-dire qu'il sert à les monter ou à les descendre, suivant que le nécessite la navigation. Il doit être manœuvré avec la plus grande circonspection; on risque fort sans cela de le casser ou de se porter préjudice, vu la pesanteur de la vanne, qui, faisant tourner rapidement la manivelle, peut blesser dans une partie du corps la personne qui la met en mouvement et lui enlever même la vie.

La *vanne* (*fig.* F) est une espèce de porte qui retient les eaux ou leur livre passage; elle doit être bien casée dans les coulisses, afin qu'il n'existe point de perdant.

Le *pont-volant* G est destiné à livrer passage d'un bord de l'écluse à l'autre, et en même temps à la manœuvre des crics.

Le *bracon* H est la pièce de bois qui rallie toute la porte; il la redresse, la fortifie, et lui conserve d'une manière infaillible son équilibre.

Le *collier et sa queue* I, J, retiennent la porte collée contre la feuillure ronde, taillée dans les bajoyers de l'écluse. Il convient de bien l'établir avec sa queue dans la maçonnerie, afin d'éviter les accidents les plus graves.

Les *bordages* sont des planches de chêne de $0^{m},06^{c}$ d'épaisseur, couvrant la surface de la porte.

§ IV.

MOYEN D'ÉTABLIR UN BATARDEAU DANS L'EAU.

On a dû remarquer souvent qu'il était nécessaire d'établir des barages, afin de pouvoir établir des constructions au-dessous de l'eau, soit pour établir une chambre d'écluse, soit pour les piles d'un pont dont on veut établir sûrement les fondations, soit pour tout autre travail hydraulique.

Pour parvenir à ce résultat, on a eu recours à un système de batardeaux qui est parfaitement simple. Ce système se compose de deux longues pièces supérieures et deux inférieures, sur lesquelles viennent s'appliquer les palplanches. Ces deux pièces sont retenues par les pilots déjà plantés dans la profondeur du canal ou de la rivière, d'une longueur déterminée par la qualité du terrain dans lequel on les fait entrer. Les liernes servent à conserver la perpendicularité des pilots exposés à la perdre, vu la poussée des terres; mais comme on n'a pas seulement que la poussée des terres à craindre, qu'il y a aussi la résistance convenable à trouver pour neutraliser la force des eaux, on se sert d'arc-boutants établis suivant la force faite. Il convient que les terres jetées dans le batardeau soient bien damées, afin d'éviter toute filtration. Une faute de ce genre amènerait la chute du batardeau, et de plus grands malheurs peut-être.

Lorsque les épuisements sont terminés, on peut commencer les travaux hydrauliques ou la pose des portes d'écluse, des crapaudines, etc., etc.

MAÇONNERIE.

Avant d'entrer dans les détails de construction des ponts et des maisons, il est indispensable d'avoir quelques notions sur les matériaux que l'on compte employer ; de leur choix et de leur emploi dépend, comme nous l'avons dit ailleurs, la durée de l'édifice à construire.

§ Ier.

DES PIERRES.

La pierre est une substance terreuse, endurcie par le temps ; plus les parties qui la composent sont atténuées, plus elles sont étroitement liées les unes aux autres. Parmi les pierres, les unes sont tendres, et les autres ont acquis une telle dureté, qu'elles ne peuvent être taillées qu'avec l'acier.

Les pierres peuvent se diviser, selon leur essence, en cinq classes principales :

La première renferme les pierres argileuses, qui durcissent au feu, et ne sont point attaquées par les acides ;

La deuxième comprend les pierres calcaires, qui se dissolvent dans les acides et se réduisent en chaux par le moyen du feu ;

La troisième contient les pierres gypseuses ou plâtre ; elles forment le plâtre par l'action du feu, et ne se dissolvent point dans les acides ;

La quatrième contient les pierres vitrifiables qui ne

sont pas non plus attaquables par les acides ; mais on en tire des étincelles en les frappant d'un briquet ;

La cinquième renferme les pierres fusibles par elles-mêmes au degré de feu où les précédentes ont résisté ; elles ne font point de feu avec le briquet, elles sont très-pesantes.

Nous venons d'exposer la classification générale des pierres sous le rapport scientifique ; mais les ouvriers, en ne les considérant que sous des rapports plus faciles à observer et à saisir, se bornent à les classer, abstraction faite de leurs principes constituants, en *pierre tendre* et *pierre dure*.

L'échantillon ou grandeur du bloc produit encore une autre division, en *pierre de taille*, en *moellons*, ou en *libages*.

Les *pierres de taille* sont celles qui peuvent prendre une forme convenable à l'emploi qu'on veut en faire ; ce sont des pierres de sujétion dont toutes les dimensions sont calculées et prévues d'avance.

Le *moellon* est la pierre de petit échantillon ; il sert ordinairement à la construction de l'intérieur des maçonneries ; quelquefois on l'emploie cependant pour les parements des murs, lorsque l'ouvrage n'exige pas de grands soins.

Une espèce de moellon tient le milieu entre la pierre de taille et le moellon ordinaire, c'est le *moellon piqué* ; il est équarri et réduit à une hauteur uniforme, son parement est taillé à la pointe. C'est de la pierre de taille de petit appareil.

On distingue enfin une troisième espèce de moellon,

c'est le *moellon smillé;* ce sont les plus forts morceaux des moellons ordinaires, que l'on équarrit grossièrement au marteau nommé *smille*, pour l'employer aux parements.

Les qualités essentielles à prendre en considération dans le choix des pierres à bâtir, sont : la force, la dureté et la durée. Il est remarquable que l'une quelconque de ces qualités, est le plus souvent accompagnée des deux autres. Il serait imprudent d'estimer la qualité d'une pierre à bâtir d'après son apparence ; on peut cependant dire d'une manière générale, qu'une texture serrée, un grain fin, une couleur foncée et une grande pesanteur spécifique, sont les indices d'une bonne pierre. Il est inutile de dire que certains défauts, que l'on constate par l'examen le plus simple, tels que les fentes, les parties tendres ; les fissures, les cavités et les minéraux étrangers, particulièrement les composés de fer, doivent faire rejeter une pierre, bien que, du reste, elle soit d'une bonne composition. Une très-grande dureté est aussi un motif légitime d'exclusion, si le travail de taille nécessite des frais hors de proportion avec la destination des matériaux, ou bien encore s'ils doivent être employés en marches ou pavages, parce que les pierres douées d'une grande dureté deviennent gluantes par le frottement et peuvent ainsi donner lieu à des accidents.

Dans les travaux de maçonnerie, on doit avoir soin de poser les pierres dans la même position que dans leur lit de carrière, elles résistent mieux de cette manière à la pression qu'elles doivent supporter. Les maçons intelligents ont toujours soin de ne jamais poser de pierres en *délit*.

Une des qualités, en un mot, les plus indispensables des pierres, est de résister à l'action de la gelée, ou de n'être point *gélives*.

La brique, faite avec de l'argile, est une pierre factice qui est d'un usage très-fréquent dans les constructions, où elle remplace tout à la fois la pierre de taille et le moellon. On s'en sert presqu'exclusivement dans certains pays qui manquent d'autres matériaux. Aussi mérite-t-elle d'être étudiée avec soin.

La brique bien choisie est d'un excellent usage, elle est indispensable pour les fourneaux, pour les cheminées et les fours, quand on ne trouve pas de pierres réfractaires, et enfin pour les toitures. On la divise en deux classes : premièrement en brique canal et en brique late ; secondement, en pavés et en carraux.

La chaux pure est composée d'oxygène et de calcium, corps simple, dont la combinaison donne une base entièrement caustique, avide d'eau, et s'unissant facilement avec un grand nombre d'acides pour former des sels; les pierres calcaires sont des sels à base de chaux. Ceux qui sont répandus le plus abondamment dans la nature, sont le carbonate de chaux (craie, marbre, etc.) et le sulfate de chaux (plâtre, gypse, albâtre). La chaux est employée dans l'art des constructions, pour former le mortier. On ne la trouve pas à l'état naturel, il faut l'extraire des pierres calcaires. Celles qui sont employées à cet usage, sont les carbonates de chaux.

Les constructeurs distinguent deux espèces de chaux :

la chaux *grasse* et la chaux *maigre*. La chaux grasse est à peu près pure, elle absorbe d'une fois et demie à trois fois et demie son poids d'eau, et augmente beaucoup de volume lorsqu'on la mélange avec cette eau pour la réduire en pâte ayant la consistance du beurre. Cette transformation de la chaux calcinée et pulvérulente en pâte s'appelle l'*extinction* de la chaux. La chaux maigre est mélangée de matières étrangères; elle n'absorbe guère qu'une fois à deux fois et demie son poids d'eau et acquiert beaucoup moins de volume par l'extinction. On peut sans inconvénient éteindre les chaux grasses longtemps avant de les employer à la fabrication du mortier. Il n'en est pas de même de la chaux maigre : une extinction prématurée lui ferait perdre ses qualités et la rendrait inerte.

On divise encore la chaux en *chaux hydraulique* et *chaux ordinaire* : la première a la propriété, lorsqu'elle a été réduite à l'état de pâte, de se durcir dans l'eau; elle communique au mortier cette qualité. La chaux ordinaire, au contraire, se délaie dans l'eau indéfiniment et ne se durcit bien qu'à l'abri de l'humidité. La propriété de durcir dans l'eau est communiquée à la chaux par la présence d'une certaine proportion de quelques matières étrangères. On peut aussi fabriquer artificiellement des chaux hydrauliques, en pétrissant de la chaux pure en poudre avec une certaine quantité d'argile grise ou brune, que l'on fait calciner. Le ciment romain, celui de Pouilly et en général les matières connues sous le nom de *ciment*, ne sont autre chose que des chaux éminemment hydrauliques.

Le *mortier* est une substance plastique qui sert à lier entre elles les pierres dont se compose une maçonnerie. Le mortier ordinaire est un mélange de sable siliceux et de chaux triturés ensemble avec de l'eau et réduits en pâte plus ou moins épaisse. Quelquefois, au lieu de sable siliceux, on emploie de la terre argileuse ; mais le mortier qui en résulte est de mauvaise qualité et ne peut convenir aux ouvrages de quelque importance. La fabrication du mortier se fait en plaçant une certaine quantité de chaux au centre d'un amas de sable ou autres matières étrangères que l'on veut mélanger avec elles. La chaux peut être éteinte d'avance ou apportée en poudre et éteinte sur place. On amène peu à peu, au moyen de rabots, le sable dans la masse de chaux, en mélangeant le tout ensemble, et ajoutant la quantité d'eau suffisante pour que le mortier ait la consistance de pâte molle. Lorsqu'on a de grandes mares de mortier à mélanger, la trituration, au lieu de se faire à bras d'homme, se fait au moyen de roues et de rabots mus par un manége à chevaux, et quelquefois à la vapeur.

Le mortier doit être préparé quelques instants seulement avant l'usage que l'on veut en faire, sans quoi il perdrait ses qualités les plus importantes.

Il ne suffit pas, pour faire du mortier, de bien éteindre la chaux, de la mêler avec du bon sable, il faut encore proportionner la quantité de l'une et de l'autre de ces deux parties.

La dose de sable avec la chaux est ordinairement de moitié ; mais on peut mettre $^3/_8$ de sable sur $^2/_8$ de chaux et quelquefois $^2/_3$ de sable sur $^1/_3$ de chaux, selon qu'elle est plus ou moins grasse, et c'est assez l'avis de Vitruve, qui prétend que le meilleur mortier est celui où il y a trois parties de sable de cave, ou deux parties de sable de rivière ou de mer, contre une de chaux ; et il sera encore meilleur, ajoute-t-il, si, à ce dernier, on ajoute une partie de tuileau ou de ciment.

Le mortier est hydraulique ou ordinaire, suivant la qualité de la chaux employée.

§ II.

CONSTRUCTION D'UN PONT. — SES PARTIES.

Les ponts et ponceaux sont des ouvrages en maçonnerie, en bois ou en fer, destinés à franchir les cours d'eau, les ravins ou un fossé large et profond. On les distingue en *ponts de bois*, *ponts en pierre*, *ponts en fer fondu*, ponts en chaînes ou fil de fer et ponts en cordes. On les distingue aussi, sous le rapport du mode de construction, en *ponts fixes*, *ponts mobiles*, *ponts flottants* ou *volants*.

Un pont se compose de différentes parties :

1° La *fondation* ou la partie inférieure de la construction, destinée à supporter tout le poids du reste. De la résistance de la fondation dépend essentiellement la stabilité de l'ouvrage ; le moindre vice dans cette partie importante peut entraîner sa ruine entière.

2° Le *radier*, ou ouvrage en maçonnerie qui recouvre tout l'emplacement sur lequel doit être construit le pont et qui s'élève jusqu'à l'arrasement du sol naturel du fond de la rivière ou du ruisseau.

3o Les *culées*, ou massifs de maçonnerie construits sur les rives opposées du ruisseau, destinées à supporter le poids de la voûte, à résister à la poussée horizontale qu'elle peut exercer et à soutenir les terres de la route, qui ont été remblayées pour faciliter les abords du pont.

4o Les *murs en aile*, qui soutiennent et défendent les berges de la rivière, et protégent les talus de la levée des abords du pont ; ce sont de véritables murs de soutenement.

5o Les *piles*, ou massifs de maçonnerie fondés et construits dans le lit de la rivière, pour porter les voûtes au travers des ponts.

6o Les *palées*, ou supports en charpente, qui, dans les ponts en bois, ont la même destination que les piles.

7o La *voûte*, ou corps en maçonnerie, disposée en plein cintre ou en courbe plus ou moins surbaissée, s'appuyant sur les deux culées et établissant la communication de l'une à l'autre.

Telles sont les diverses parties d'un pont ; mais avant de le construire il est certaines conditions à remplir, ce sont ces conditions dont nous allons parler rapidement.

Il faut d'abord étudier le débouché du pont, c'est-à-dire quelle doit être la grandeur de l'arche par rapport au niveau des eaux ordinaires et aux plus fortes crues. La moyenne doit fournir la grandeur.

Il faut connaître ensuite quelle doit être la forme de l'arche, car il existe trois espèces principales d'arches, qui ne conviennent pas toutes à la position sur laquelle on doit établir le pont.

Les arches sont :

1° Arches *en plein cintre*, décrites par une demi-circonférence ;

2° Arches *en anse de panier*, décrites ordinairement par plusieurs arcs de cercle de différents rayons, et dont la forme approche de celle d'une demi-ellipse ;

3° Arches *en arc de cercle*, formées d'un arc de cercle moindre qu'une demi-circonférence, et comprenant un nombre de degrés plus ou moins considérable.

Le tracé des arches en plein cintre et en arc de cercle n'offre aucune difficulté. Les premières sont entièrement déterminées lorsqu'on a fixé leur ouverture, puisque cette forme est un demi-cercle dont cette ouverture est le diamètre ; leur naissance est ordinairement située à la hauteur des fondations ou à celle des basses eaux ; il est rare que l'on puisse établir une voûte en plein cintre sur des pivots droits. On peut voir, dans la figure 1 des ponts, comment on s'y prend pour connaître toutes les parties d'un pont et les dimensions qu'il convient de leur donner. La légende qui suit la planche suffit pour faire connaître ces détails.

Dans les arches en arc de cercle, le rayon de l'arc de cercle se détermine par la condition de placer les naissances à la hauteur des grandes eaux et de ne pas élever le sommet de la voûte au-dessus d'un certain point dépendant des localités ; si en satisfaisant à ces deux conditions l'arc se trouve trop surbaissé, alors on doit renoncer à cette forme.

Les arches à anse de panier offrent plus de difficulté dans leur tracé. Les seules choses que l'on se donne pour décrire ces courbes sont les deux diamètres, le grand s'appelle *ouverture*, la moitié du petit prend le nom de *montre* ou de *flèche;* or, il est possible de décrire une infinité de courbes sur deux diamètres donnés, en remplissant les seules conditions que l'on s'impose dans les anses de panier, savoir que la tangente au sommet soit horizontale, et les tangentes aux naissances verticales.

La courbe qui résout alors le problème est l'ellipse, ces courbes sont composées d'un certain nombre d'arcs de cercle, de trois, cinq, sept.

Les deux arcs de cercle des naissances ont toujours leur centre sur la courbe qui soutient l'ouverture, ou le grand diamètre; l'arc de cercle du sommet a toujours son centre sur le prolongement du petit diamètre; cela résulte de ce que les tangentes aux naissances et au sommet doivent être : les unes verticales et l'autre horizontale.

Anse de panier à trois centres.

Une première méthode graphique pour construire une anse de panier à trois centres est indiquée par la figure 2; on porte de C en E une longueur égale à la différence des rayons A C — C D; sur C E, on construit un triangle équilatéral G E F; on abaisse la perpendiculaire F G; on reporte par un arc de cercle ayant son centre en G le point F en H, qui est le centre du petit arc. Pour avoir celui de l'arc au sommet, on construit encore un triangle équilatéral sur IH, et le point K est le centre cherché. Cette construction conduit à une courbe dont les trois arcs mesurent chacun 60 degrés. Les centres H et I sont déterminés d'après cette condition.

Si l'on veut calculer à quelle distance du point C se trouvent les centres I et H, on peut se servir de cette formule :

$$CH = 1,366\,(\overline{AC} - \overline{CD}).$$

Des anses de panier à cinq centres.

Pour décrire une anse de panier à cinq centres, on fixe arbitrairement les rayons des arcs des naissances et du sommet (*fig.* 3) AI et DF, puis on cherche une moyenne proportionnelle entre les deux rayons r et R, de sorte que $R' = \sqrt{Rr}$; du point I, avec un rayon égal à $R' - r$, on décrit un arc de cercle ; du point F, avec un rayon $R - R'$, on décrit aussi un arc de cercle ; leur point d'intersection donne le troisième centre.

Il est très-rare que l'arche soit surbaissée au point d'employer plus de cinq arcs de cercle dans la composition de l'anse de panier ; il est donc inutile de pousser plus loin.

De l'Épaisseur des voûtes de ponts.

La moindre épaisseur d'une voûte de pont étant celle de la clef, on se contente de rechercher la plus petite valeur qu'elle puisse avoir. Perronet dit qu'on doit donner aux voussoirs de la clef une épaisseur égale au vingt-quatrième de l'ouverture, auquel on ajoute 325 millimètres, et dont on retranche la cent-quarante-quatrième partie de cette ouverture. En appelant E l'épaisseur cherchée, D l'ouverture, on aurait :

$$E = \frac{1}{24} D + 0^{m},325 - \frac{1}{144} D;$$

Ou ce qui revient au même :

$$E = \frac{5}{144} D + 0^{m},325.$$

Quand la voûte est surbaissée, on peut encore employer la même formule ; mais D, au lieu de représenter l'ouverture, doit alors représenter le diamètre de l'arc de cercle du sommet.

L'épaisseur des culées étant une chose très-difficile à obtenir pour les formules, nous ne les transcrirons pas ici. On trouvera seulement à la fin de l'article des ponts, une table donnant l'épaisseur des culées pour certaines dimensions des voûtes ; il en sera de même pour l'épaisseur des piles. Quant à ce qui concerne les avant-bras, on peut les construire en angle et carrément. Nous croyons pourtant qu'il serait plus convenable d'employer le premier système, car il n'offre pas de résistance au courant de l'eau. Celle-ci glisse, en effet, et n'a point prise sur les piles.

Nous allons maintenant donner les tables dont nous avons parlé. On y trouvera tous les calculs nécessaires pour les ponts dont l'ouverture varie jusqu'à 50 mètres.

Table *donnant l'épaisseur des voûtes à la clef et des piles et culées dans les ponts et ponceaux en plein cintre.*

Diamètre des arches.	Epaisseur à la clef.	Epaisseur des piles et culées, la hauteur des pieds-droits étant						
		0m	1m	2m	3m	4m	6m	8m
1	0,36	0,40	0,50	0,60	0,65	0,70	0,75	0,80
2	0,40	0,45	0,70	0,80	0,85	0,95	1,00	1,10
3	0,43	0,50	0,80	0,95	1,05	1,15	1,25	1,35
4	0,46	0,60	0,90	1,10	1,20	1,30	1,40	1,50
5	0,50	0,65	1,00	1,20	1,30	1,45	1,55	1,70
6	0,53	0,75	1,10	1,30	1,45	1,60	1,75	1,90
7	0,56	0,85	1,20	1,40	1,60	1,75	1,90	2,10
8	0,60	0,95	1,30	1,50	1,70	1,85	2,10	2,25
9	0,63	1,05	1,40	1,60	1,85	2,00	2,25	2,40
10	0,67	1,20	1,50	1,75	2,00	2,15	2,40	2,60
12	0,74	1,40	1,75	2,00	2,20	2,40	2,65	2,90
15	0,84	1,75	2,10	2,30	2,60	2,81	3,15	3,40
20	1,04	2,30	2,65	2,80	3,10	3,35	3,65	4,00
30	1,35	3,25	3,55	3,80	4,10	4,40	4,80	5,20
40	1,69	4,20	4,50	4,80	5,10	5,40	5,80	6,20
50	2,06	5,15	5,40	5,80	6,10	4,50	6,80	7,20

Table *donnant l'épaisseur des voûtes à la clef et des piles et culées dans les ponts et ponceaux en anse de panier surbaissés en tiers.*

Largeur de l'arche	Epaisseur à la clef.	Epaisseur des culées, la hauteur des pieds-droits étant						
		1m	2m	3m	4m	5m	6m	8m
1	0,38	0,65	0,75	0,80	0,85	0,90	0,95	1,00
2	0,43	0,90	1,05	1,10	1,15	1,20	1,25	1,35
3	0,50	1,10	1,35	1,45	1,50	1,60	1,65	1,70
4	0,56	1,35	1,65	1,80	1,90	1,95	2,00	2,10
5	0,61	1,55	1,85	2,00	2,10	2,20	2,30	2,40
6	0,66	1,65	1,95	2,15	2,30	2,45	2,55	2,70
7	0,70	1,75	2,05	2,35	2,50	2,65	2,75	3,00
8	0,74	1,85	2,25	2,50	2,70	2,85	3,00	3,30
9	0,79	1,95	2,40	2,70	2,90	3,13	3,25	3,50
10	0,84	2,10	2,50	2,80	3,05	3,20	3,40	3,70
12	0,95	2,30	2,80	3,15	3,40	3,65	3,80	4,00
15	1,10	2,60	3,15	3,50	3,90	4,10	4,30	4,60
20	1,35	3,20	3,80	4,20	4,50	4,80	5,00	5,30
30	1,85	4,40	5,00	5,40	5,70	6,10	6,40	6,70
40	2,35	5,50	6,20	6,60	6,90	7,50	7,80	8,10
50	2,85	6,70	7,40	7,80	8,20	8,80	9,20	9,60

TERRASSES.

§ Ier.

DES CHEMINS. — LEURS DÉPENDANCES.

Le bon état de la viabilité dans un pays a toujours été considéré avec raison comme une marque de prospérité et de civilisation. Dans l'état sauvage, en effet, en l'absence de la propriété privée, il n'y a pas de chemins proprement dits ; on passe partout, sans s'inquiéter des dégâts que l'on peut commettre. Mais, à mesure que la civilisation se perfectionne, les hommes comprennent la nécessité d'établir, pour leurs communications et leurs échanges, des voies régulières, d'un parcours facile, et qui, au lieu de porter atteinte aux propriétés, servent à les limiter et à en faciliter l'accès. La création, le perfectionnement et l'entretien des chemins, est un des principaux objets sur lesquels un gouvernement doit porter son attention. Aussi, voyons-nous par l'histoire et par les vestiges dont le sol porte encore l'empreinte, quelle importance y attachaient les Romains, le plus grand peuple de l'antiquité connue. En France, depuis l'époque de la domination romaine, les chemins n'ont jamais manqué de se ressentir des vicissitudes politiques du pays. Après être passée par mille entraves, la direction des chemins a fini par être confiée à des ingénieurs réunis en un seul corps et formant l'administration des ponts-et-chaussées. Cependant deux classes de chemins échappent à l'action de ce corps et sont régies à part ; ce sont les chemins vicinaux et les chemins ruraux.

Les chemins vicinaux sont placés sous l'action directe des administrations départementales et municipales, et confiés à des agents nommés par ces administrations.

On appelle *chemins ruraux*, ceux qui ne sont pas d'un intérêt général et qui appartiennent à un ou plusieurs particuliers.

Les chemins dont la construction, la police et l'entretien sont dévolus à l'administration des ponts-et-chaussées, sont les routes nationales et départementales et les chemins de fer.

Nous allons donner les différentes manières de construire les chemins, selon la nature des lieux où ils passent.

CHEMINS DANS LA PLAINE.

La position, la longueur et la largeur du chemin étant déterminées, on trace dans cet espace des fossés propres à recevoir la fondation des murs qui doivent soutenir le terrain, si l'on juge nécessaire d'établir ces constructions pour la plus grande solidité du chemin ; et, au delà des murs, on dispose un espace propre à faire un fossé, afin de servir à l'écoulement des eaux de pluie et de tenir la chaussée desséchée. M. Trèsaguet, dans son *Mémoire sur les chemins*, propose la suppression des fossés en mettant le chemin au-dessus du sol de la plaine, de 18 ou 20 pouces ($0^m,49$ ou $0^m,54$) de hauteur, et en formant une levée de la largeur prescrite et uniforme. « Dans tous les cas de remblais et de déblais, dit-il, les eaux ne séjourneront pas davantage sur le chemin, puisqu'elles auront également une partie plus basse pour s'écouler. (*fig.* 1.) Par cette disposition les chemins seront de même largeur, et les arbres s'aligneront toujours, restant à même distance de l'arête de l'accotement, et à même hauteur au-dessous du niveau du dessus du chemin. » Je ne puis être de l'avis de cet ingénieur. Je regarde les fossés comme absolument nécessaires à la conservation des routes, surtout lorsqu'on ménage une pente insensible à l'écoulement des eaux, et des petits fossés de dérivation pour diriger les eaux dans les terres.

La terre que l'on tire du fossé et celle qui fait place à la fondation des murs, doivent être jetées dans le milieu du chemin entre les deux murs, en sorte qu'elles fassent une pente fort douce de chaque côté : c'est le bombement du chemin. Cette pente doit être réglée par un piquet planté dans le milieu de la chaussée. Après avoir déterminé la hauteur des murs de soutenement par d'autres piquets plantés au-dessus du rez-de-chaussée de la plaine, on aligne la hauteur des pentes qui doivent terminer l'aire du chemin.

Les Romains, dans leurs grands chemins, qui pour la plupart avaient 60 pieds de large, donnaient 20 pieds au pavé du milieu. En France, nous n'en donnons que 18, ce qui n'est pas suffisant; car lorsque deux voitures, surtout les diligences, se rencontrent, il faut presque toujours que l'une de ces deux voitures et souvent toutes les deux, mettent une roue sur l'accotement ; dans les chemins pavés, il se pratique un ressaut entre la bordure et l'accotement, ressaut qui fait très-souvent verser les voitures, surtout lorsqu'elles sont sur des roues élevées.

La maçonnerie des murs de soutenement doit être fondée quelques pouces plus bas que le fond du fossé qu'on doit faire, afin d'éviter que les fondations soient dégravoyées par le courant des eaux du fossé. Dans l'emploi des matériaux, on observera de conserver les plus grosses pierres et les plates pour le fondement des murs, assises seulement sur le terrain sans mortier, et sur cette assise on posera le mortier pour y ranger la seconde assise. Le mur de soutenement doit être couronné de pierres plates, couchées de champ.

Sur cet intervalle de 60 pieds (19^m, 490), on prend pour la chaussée 18 pieds (5^m, 85), pour les accotements de part et d'autre, 24 pieds (7^m,796), et le surplus sert pour les fossés et les berges. Lorsque l'espace déterminé pour la chaussée est préparé, on pose le couchis, qui est le sable ou le terrain graveleux.

M. Trèsaguet parle, dans son Mémoire, de quelques parties de chemin de niveau, situées en pays de montagnes, sur les sommets ou dans les vallons, dont le fond a quelque largeur. Ces chemins, suivant les règlements et l'usage, sont accompagnés de fossés pour l'égoût des eaux, comme dans la *figure* 2.

CHAUSSÉES PAVÉES.

On se sert en France de trois sortes de pavés : la

première espèce et la plus belle est celle de grès, ce sont des pierres taillées à éclats avec le marteau, de 7 (0m,189) à 8 pouces (0m,217) en tous sens, qui forment comme autant de dés dont on pave en plusieurs endroits les chaussées, et particulièrement du côté de Paris.

La deuxième espèce est celle des cailloux de rivière ;

La troisième, celle des pavés à pierre de rencontre.

Tous ces pavés se posent sur la forme de la chaussée, préparée et alignée sur un couchis de sable de 7 à 8 pouces d'épaisseur. Le sable de rivière est préférable à celui de mine.

On doit battre auparavant l'aire de la forme sur laquelle le pavé doit être assis, et le bombement de cette forme doit être celui que l'on doit donner à la chaussée en pavé ; ce bombement est ordinairement de 6 pouces (0m,162) dans la plaine, pour les chaussées de 6 mètres de largeur.

Lorsque la forme est bien dressée, on pose les pavés. A mesure qu'on les pose, le paveur en marque la place avec la paume de son marteau, pour les ranger les uns suivant la disposition des autres, et être ensuite battus avec la hie, après en avoir garni les joints avec du sable ; ce qui leur donne enfin une consistance qui les rend capables de supporter le rouage des plus pesantes voitures.

Les bordures du pavé doivent être posées en carreaux et boutisses alternativement chacune de 15 (0m,406) à 18 pouces (0m,507) de long, de 12 (0m,325) à 15 pouces (0m,406) de large, et d'un pied

(0^{m},325) de hauteur environ. On doit assurer l'aire du pavé par des traverses en pavés de même échantillon que les bordures ; ces traverses parcourent le chemin, tantôt en écharpes, tantôt carrément sur sa largeur, suivant la disposition des lieux. Contre ces traverses on plante les pavés ou cailloux, et quand par l'usage les pavés se désunissent, la suite de la désunion ne peut pas se faire sentir au delà des traverses, qui doivent être espacées de 2 toises (3^{m},898) au plus.

Les six profils de la première partie de la *fig.* 3 indiquent différents modèles de chaussées à construire en pays de plaine. Leur titre désigne particulièrement les localités où on peut les employer. Le deuxième nous paraît devoir être rejeté, parce qu'il est susceptible de procurer un chemin toujours humide et peu viable. Les troisième quatrième et cinquième profils de la seconde partie de la même figure présentent d'autres modèles pour d'autres situations. On doit rejeter le quatrième, et n'employer le troisième que dans des cas où l'on ne peut faire autrement, comme sur des cols de forte côte, ou pour franchir quelques seuils de peu de longueur. Ces profils présentent une coupure désagréable à l'œil du voyageur et qui a l'inconvénient de s'encombrer facilement de neige pendant l'hiver.

CHAUSSÉES D'EMPIERREMENT.

Lorsqu'on n'a point de pavés, les chemins se construisent en empierrement, et c'est, nous le croyons, la meilleure construction, quand elle est suivie avec soin.

La largeur de la route doit être préparée, ainsi que nous l'avons indiqué plus haut, en laissant 12 pieds (3m, 896) d'accotement de chaque côté de la chaussée, en creusant le lit d'empierrement de 12 pouces (0m, 32), bombé de 6 pouces (0m, 162). Cette même pente ayant été prolongée dans les accotements pour faciliter l'écoulement des eaux, on établira de chaque côté de la chaussée un rang de fortes bordures suivant les pentes; les pierres auront au moins 10 à 12 pouces de largeur sur 8 (0m, 217) à 9 pouces (0m, 244) d'épaisseur. Elles seront posées de droit alignement en dehors, et inclinées à 45 degrés du côté de l'encaissement. Cette méthode d'incliner les bordures vers l'intérieur n'est pas suivie par les ouvriers qui, au contraire, les inclinent en dehors. C'est cependant de cette inclinaison que dépendent la bonne tenue des bordures et la solidité de la chaussée. Ces bordures sont ensuite recouvertes par le cailloutis de la seconde couche, de manière qu'il n'y ait que leurs arêtes extérieures d'apparentes, et qu'elles s'accordent parfaitement avec le dessus de la deuxième couche. On observera de laisser de 9 pieds (2m, 924) en 9 pieds une de ces bordures qui ait au moins 9 pouces (0m, 244) en dehors de l'encaissement pour repousser les roues des voitures, et pour les empêcher de faire des rouages le long des bordures.

On posera ensuite la première couche dans le fond de l'encaissement, en arrangeant les pierres à la main, de champ, en liaison, sans vide, et de manière que leurs surfaces les plus planes soient en bas et leurs pointes en haut; ensuite on remplira successivement les interstices jusqu'à l'épaisseur prescrite pour la première couche, qui doit être au moins de vingt-cinq à trente centimètres, et l'on battra le tout à la masse, de façon que les pierres de la surface n'excèdent pas la grosseur de 3 pouces cubes et que la première couche conserve toujours son épaisseur de 9 pouces (0m,244) au moins après le *battage*.

La seconde couche sera faite avec la pierre la plus dure que l'on pourra trouver dans les carrières; elle sera cassée à la grosseur d'un pouce cube, sur une pierre servant d'enclume, et régalée ensuite sur la première couche avec la pelle, pour former régulièrement le bombement prescrit, de manière que la plus haute épaisseur au milieu soit de 18 pouces (0m,507), y compris le bombement; 12 pouces (0m,32) aux bordures, ce qui produit 21 pouces (0m,57) d'épaisseur réduite (*fig.* 4). L'ingénieur Trèsaguet a prétendu que cette épaisseur des chaussées pouvait être réduite à moitié de dépense, en faisant les chaussées d'une même épaisseur d'une bordure à l'autre, et qu'avec un entretien suivi, elles résisteraient longtemps. On ne peut pas sans cesse et chaque année réparer entièrement les routes, et l'événement a prouvé que cette construction, faite avec une économie toujours funeste et dont il ne devrait jamais être question pour ces sortes de travaux, ne valait rien, puisque quelques années de la révolution ont entièrement détruit les routes, tandis que les siècles n'ont pu anéantir celles des Romains.

Les chaussées en empierrement, lorsqu'elles sont construites avec soin, sont très-solides et n'ont point de ces ressauts qui brisent les voitures et tourmentent les voyageurs. On s'est bien trouvé aussi de faire répandre, sur cette dernière couche dont je viens de parler, du sable ou du détriment des pierres de carrières, lorsqu'il s'en trouvait à la portée. Ce sable se mêle dans les interstices, qu'il achève de remplir, et forme une espèce de croûte imperméable à l'eau.

Lorsque l'on rencontre dans la projection des routes des terrains aquatiques, comme étangs, lacs, etc., on ne peut trop prendre de précaution.

Il faut : 1° commencer par tracer la route par des pieux plantés dans l'eau et espacés de 2 (3m,898) à 3 toises (5m,847) ; 2° faire un profil de la profondeur de l'eau sur la longueur de la route, pour marquer et supputer la dépense qu'entraîneront les fondations dans ces lieux de mauvaise consistance, jusqu'à la superficie des plus hautes eaux ; 3° reconnaître, par le secours des sondes, les lieux qui ont le plus de consistance, pour les fonder avec moins de dépense, sans cependant rien sacrifier sur la solidité et sur la vraie direction.

On doit commencer ces sortes de travaux dans le temps où les eaux sont le plus basses.

On borde la chaussée d'un rang de palplanches à rainures, battues à refus du mouton et leurs têtes assurées par deux longrines, arrêtées de distance en distance par des liens ou étriers qui prendront dans le dessous du chemin. Le derrière des palplanches doit être garni, sur toute l'aire du chemin, de fascines, sur lesquelles on poussera une hauteur de remblai, bordée derrière les palplanches aussi d'un parement de fascines.

Le terrain, dans cet endroit, peut se trouver d'une si mauvaise consistance, que les fascines seules dans le fondement ne suffiraient pas pour soutenir l'effort des terres et des décombres qu'on mettrait au-dessus. Pour lors, sur le travers du chemin, on peut ranger de longs saucissons, au-dessus desquels on placera, sur la hauteur de 5 (0m,135) à 6 pouces (0m,162) un lit de gravier ou de bonne terre qui assurera très-parfaitement l'aire de la voie.

L'usage de la route exige quelquefois qu'on y établisse des bords qui soient de plus de durée que ceux faits avec des fascines. Alors on place sur les étriers qui couvrent les palplanches, un à deux rangs de madriers de 3 (0m,81) à 4 pouces (0m,108) sur 2 (0m,650) à 3 pieds (0m,975) de large. On peut les placer dessus un mur dont le parement sera construit selon la durée que l'on voudra donner au chemin.

Quand le terrain est profond et de mauvaise consistance, on établit la chaussée sur un grillage qui tantôt est piloté et tantôt garni, seulement sur le devant des pilots, de bordages ou de palplanches.

Après avoir établi cette base, on garnit les vides ou chambres, de grillages, tantôt de pierres et tantôt de fascines, suivant les circonstances et selon la facilité de se procurer des matériaux. Cela se fait jusqu'à la hauteur des eaux de l'étang ou du lac, afin d'établir dessus les bordures telles qu'elles doivent être pour soutenir fortement les terres qu'on portera sur la voie.

CHEMINS EN PAYS DE MONTAGNE ET A MI-CÔTE.

Lorsque vous sortez de la plaine pour traverser une ou plusieurs montagnes, les rampes ne peuvent pas toujours être en droite ligne ; et si l'ingénieur a pour objet de conduire sa route au sommet, il doit profiter de tous les moyens que les sites lui permettent pour adoucir les rampes, et sauver aux voyageurs, non-seulement les dangers réels, mais même les simples apparences du danger.

Le chemin dans ces lieux est bordé pour l'ordinaire, du côté du bas de la rampe, par un mur de soutenement. Tantôt, suivant la disposition du terrain, on se contente de faire toute la tranchée dans le solide de la montagne ; tantôt, traversant les rochers, on établit de l'un à l'autre des décharges et des cintres surbaissés pour supporter les murs de soutenement. Si on ne peut y établir une route, ni par un mur de soutenement, ni par une charpente, on perce le rocher qu'on rencontre, et cette méthode est la plus certaine.

Les murs de soutenement pratiqués pour supporter le chemin sur la rampe d'une montagne, sont faits quelquefois à pierre sèche. Ceux qui sont faits à chaux et à sable ne sont pas toujours les meilleurs, parce que le mortier, qui ferme le joint des pierres, empêche les eaux de filtrer au travers des terres, qui les retiennent comme une éponge.

Les eaux, dans le temps des pluies, qui descendent de la rampe de la montagne, s'imbibent dans le terrain, remplissent le fondement des murs, désunissent le mortier, sourcillent enfin entre les joints, et entraînent par là les murs par l'effort des terres qu'ils soutiennent.

Quelque précaution que l'on prenne pour pratiquer des barbacanes ou chanteplures pour l'écoulement des eaux, s'il se rencontre des sources dans cet endroit de la montagne, toutes ces précautions ne donneront pas à la route une parfaite solidité.

Un mur de soutenement fait en pierre sèche, sans aucune liaison entre les joints, est donc à préférer à une bonne maçonnerie en ce que les eaux s'échappent entre les pierres et que la route est plutôt desséchée.

Les murs de soutenement en pierre sèche doivent être assis en bon fonds. Il faut leur donner une pente de quelques pouces du côté du haut de la montagne, afin qu'ils soient parfaitement bien assis dans le sol; ensuite on les élèvera aplomb du côté des terres ou du remblais, et en dehors on leur donnera un talus du cinquième de la hauteur. La largeur par le haut doit être pour le moins de 2 pieds ($0^m,630$), élevée et couronnée de pierres plates couchées de champ, sur environ les deux tiers de la largeur du mur. L'arrangement des pierres doit être tel, que les plus grosses et les plates soient établies dans son fondement, les longues à son parement, ce qui formera une espèce de boutisse, et les plus petites dans le corps du mur; le derrière des murs doit être garni des moyennes.

Les terres seront ensuite rangées derrière avec la pelle; on les fera descendre du haut de la montagne, et les pierres qu'on trouvera parmi les déblais seront couchées derrière les murs.

Le remblai des terres doit se faire jusqu'à la hauteur des murs de soutenement.

Il n'est pas toujours nécessaire de soutenir le chemin sur la rampe d'une montagne par des murs. Quelquefois le terrain de la montagne est tel, qu'il suffit de faire la voie plus large, afin que si les pluies causent des éboulements, la route ait encore sa largeur ; alors il faut soutenir, autant qu'il est possible, les terres par des haies vives et des arbres dont les racines remplaceraient, par la suite, le mur de soutenement.

S'il se rencontrait, comme cela arrive quelquefois, des escarpements de rochers laissant un ravin à franchir, il faut, si la distance le permet, établir des décharges ou cintres qui, partant d'un roc à l'autre, donnent le moyen d'y établir un mur de soutenement ; mais il est très-difficile de prescrire les travaux qui doivent vaincre les obstacles que l'on rencontre à chaque instant dans les pays de montagnes ; c'est au génie de l'ingénieur à créer les moyens et à aplanir les difficultés.

Il faut en revenir aux chemins ordinaires à mi-côte. Je vais citer une partie du Mémoire de M. Trèsaguet, qui était très-habile dans les travaux de ce genre, quoique souvent on ne puisse pas être de son avis :

« On s'est attaché particulièrement à tourner les montagnes pour réduire les plus fortes pentes à 5 pouces (0^{m}, 16) par toise, et l'on ne se détermine à donner cette pente que lorsqu'il est impossible de la faire moindre, sans tomber dans des remblais ou déblais trop considérables, ou sans être obligé de donner de trop grands développements, dont l'extrême longueur ne serait pas compensée par une pente plus douce. Les pentes les plus ordinaires doivent être de 2 (0m, 05), 3 (0m, 08) et 4 pouces (0m, 11). On s'est assujetti, dans les montagnes dont le développement allonge nécessairement le chemin, à diviser la hauteur totale en un certain nombre de pentes, disposées de façon que les pentes les plus fortes soient au commencement de la montée et qu'elles diminuent à mesure qu'on approche du sommet. Par exemple, une côte de 600 toises de développement et de 100 pieds (48m, 626) de hauteur totale peut être montée sur une pente uniforme de 3 pouces (0m, 08) par toise; mais, quoique cette pente soit facile sur une petite longueur, elle devient fatigante à mesure qu'elle s'allonge, et on doit préférer de diviser cette montée en cinq pentes, savoir : la première, de 100 toises (194m, 904), sur 4 pouces (0m, 11) de pente; la seconde, de 100 toises (194m, 904), sur 3 pouces 5 lignes (0m, 10); la troisième, de 110 toises (214m, 394) de longueur sur 3 pouces 3 lignes (0m, 09); la quatrième, de 140 toises (272m, 065) de longueur, sur 2 pouces 8 lignes (0m, 07); la cinquième et dernière, de 150 toises (292m, 356), sur 2 pouces (0m, 05), afin que la résistance diminue en raison de la diminution des forces du cheval affaibli par un long tirage : au lieu que si la pente eût été de 3 pouces (0m, 08) uniformément sur toute la longueur, la résistance aurait été égale à la fin comme au commencement, et les forces du cheval beaucoup moindres. On doit observer de faire des repos de 20 toises (38m, 981) de longueur ou environ, à tous les changements de pente, que l'on doit placer, autant qu'il est possible, aux tournants des angles saillants ou rentrants dans la montagne, ce qui fait que leur longueur ne peut être assujettie à aucune proportion entre elles et les hauteurs. Les chemins à mi-côte doivent être coupés au penchant de la montagne sur 42 pieds 13m, 643) de largeur, avec banquettes de 3 pieds (0m, 975) au sommet, et plantés d'arbres seulement du côté du vallon.

« M. Trèsaguet préfère, d'après l'expérience qu'il dit en avoir faite, les chaussées creuses, comme celles des *fig.* 5 et 6 aux chaussées bombées (*fig.* 7 et 8, et profil N° 1. *fig.* 3) et aux chemins inclinés sur toute leur largeur (*fig.* 9 et profil N° 2. *fig.* 3), pour éviter les fossés pratiqués au pied du talus des déblais servant à l'écoulement des eaux ; les eaux rassemblées et resserrées dans ces rigoles ou fossés, s'écoulent avec la plus grande vitesse sur des pentes de 3 (0m,081) et 4 pouces (0m,108), entraînent nécessairement les terres, et forment des ravins qui rendent bientôt les chemins impraticables ; quelque soin que l'on puisse prendre de leur entretien, les réparations peuvent être détruites par le premier orage.

« Le seul moyen d'arrêter ces désastres est de revêtir les fossés ou rigoles de perrés sur les côtés et de paver le fond ; mais cet excédant de dépense ne remédie pas assez à l'écoulement des eaux au côté opposé. Les eaux entraînent les empâtements des remblais, de façon qu'en très-peu de temps il ne reste, pour ainsi dire, que la chaussée isolée, les accotements étant ravinés et impraticables pour les voitures.

« La chaussée creuse (*fig.* 5 et 6 et profil N° 3) remédie à tous ces inconvénients, en réunissant les eaux dans son milieu; elle est plus économique, en ce qu'elle supprime la dépense de la fouille et du revêtement du fossé, ainsi que du déblais de sa largeur sur toute la hauteur du talus; elle est, en outre, la plus sûre pour les voyageurs par sa forme et surtout par la banquette du côté du précipice. On ne peut pas employer cette banquette pour les chaussées bombées, parce qu'alors il faudrait un second fossé au pied du talus de la banquette revêtue comme l'autre, sans quoi, les eaux, roulant sur la longueur de l'accotement, l'auraient bientôt détruit. La *fig.* 9 a le même inconvénient que le fossé. Outre que sa forme est désagréable à la vue, elle est on ne peut plus incommode aux voitures toujours penchées sur un plan incliné de 5 à 6 pouces (0^m, 162) par toise, parce qu'il faut que la pente sur la largeur soit toujours plus forte que sur la longueur pour déterminer les eaux à s'écouler dans les fossés, sans quoi elles suivraient la pente la plus rapide de la longueur, les fossés deviendraient inutiles, et les chemins seraient ravinés et emportés.

« Pour prévenir les dégradations que pourrait faire l'écoulement des eaux dans les chaussées creuses et les ravins sur les accotements de ces chaussées et sur celles bombées, on forme des écharpes de distance en distance, déterminées aussi par la roideur des pentes;

savoir : de 10 toises en 10 toises (19^{m},490) sur les pentes de 4 (0^{m},108) à 5 pouces (0^{m},135), de 15 toises (29^{m},236) sur celles au-dessous de 3 pouces (0^{m},081). Les écharpes, disposées suivant les figures 10 et 11, forment un angle de 45 degrés avec la ligne du chemin, et sont composées de libages en grosses bordures posées en carreaux et boutisses, et de champ, de façon qu'elles soient au moins de 12 pouces (0^{m},325), encastrées dans une tranchée faite pour les recevoir. Par cette disposition, leur surface n'excèdera pas celle de la chaussée et des accotements, et ne causera aucun choc aux voitures. On pose aussi, de 12 en 12 pieds (3^{m},898), des bordures saillantes pour empêcher les rouliers de conduire l'une des roues le long de la chaussée, ce qu'ils feraient, sans cette précaution, dans les descentes, pour retenir les voitures. Cette pratique, usitée par tous les voituriers, dégrade la chaussée par l'ornière qui se forme, et met les bordures en l'air et sans soutien.

« Ces écharpes suffisent dans les chaussées creuses, pour arrêter les dégradations que pourrait faire l'écoulement des eaux lorsque la pierre cassée est très-dure ; mais lorsqu'au contraire elle est tendre et se réduit en sable, les eaux l'entraînent facilement et déchirent la chaussée. Dans ce cas, on y remédie par un pavé de 6 pieds (1^{m},949) de largeur dans le milieu de la chaussée, suivant la même courbure de l'empierrement. On a soin de faire déborder alternativement une bordure de ce pavé, comme des pierres d'attente pour former liaison avec l'empierrement ou le cailloutis.

« Lorsque les pentes sont longues et qu'il se rassemble une trop grande quantité d'eau dans ces fossés, on les en dégage par des cassis qui traversent l'accotement, et conduisent les eaux hors le chemin.

« Ces cassis sont construits, comme les chaussées creuses, sur une cerce de 4 ($0^m,11$) à 5 pouces ($0^m,14$) de flèche ; ils ont 6 ($1^m,949$) à 9 pieds ($2^m,923$) de largeur, proportionnée à la quantité d'eau qu'ils doivent recevoir, et aussi pour que les voitures ne souffrent pas du choc en les traversant. Lorsque ces cassis se déchargent sur l'empâtement des remblais, ils sont prolongés sur cet empâtement jusqu'à la rencontre du terrain ferme, sans quoi les eaux ravineraient et entraîneraient les terres rapportées. On a d'ailleurs le plus grand soin de détourner les eaux étrangères qui pourraient y aboutir, par des fossés de décharge, petites digues, etc., de façon qu'il ne doit y couler d'eau que celle de la pluie qui tombe sur la surface, et non celle qui pourrait provenir de l'égout des terres ou autres chemins de traverse. »

C'est le moment de placer ici quelques réflexions tirées d'un Mémoire de M. Cunnings, sur la forme de chemins la plus avantageuse, sous le rapport seulement de l'effet des voitures sur leur surface.

« On a généralement préféré les routes convexes ou bombées. D'abord, on suppose qu'elles sont plus sèches que les chemins plats, à cause de la pente de leurs côtés, qui donne à l'eau un courant plus fort que celui qu'on obtiendrait en le prolongeant dans la direction de la route. En second lieu, la forme extérieure des routes représentant une arche, on a imaginé qu'elles jouiraient aussi de la propriété de soutenir des fardeaux plus pesants que n'en supporteraient des chemins de toute autre forme. Mais il ne faut pas oublier que si les culées, qui soutiennent tout l'effort de la pression latérale et empêchent l'arche la mieux construite de s'affaisser, venaient à fléchir, elles ne pourraient même soutenir son propre poids. Si donc la route convexe n'est pas calculée pour résister à la pression latérale, et empêcher l'éboulement ou le débordement des matières constitutrices du chemin, elle n'a rien à gagner à sa ressemblance avec l'arche d'un pont. Quant à l'avantage de faire couler les eaux pluviales vers les côtés, on n'en jouit que quand les routes viennent d'être achevées, et tant qu'elles conservent cette surface égale qu'on leur suppose dans la théorie; mais dès qu'il y a quelques ornières de formées, elles arrêtent l'eau qui s'écoulait vers les côtés, et l'étendent dans le sens de la longueur de la route. Comme on n'a pas construit les routes de manière à ce que l'eau pût s'écouler de ces ornières, elle y reste, et pénètre chaque jour davantage les substances qui forment les chemins, jusqu'à ce qu'enfin, la croûte du chemin étant usée, les roues pénètrent les substances tendres, et forment des ornières qui s'élargissent à la longue et deviennent des fossés dangereux. Tous ces inconvénients proviennent cependant de la forme convexe qui force les voitures à tenir toujours le haut du chemin. Ainsi, les avantages imaginaires de la convexité des routes s'évanouissent dans la pratique, et font place à des maux réels.

« Quand le haut d'une route convexe est occupé par une ou plusieurs voitures, si d'autres voitures veulent passer en même temps, il faut qu'elles passent sur le penchant de la route d'un côté ou de l'autre. Alors leur poids et les ébranlements qu'elles donnent au pavé, forcent les substances les plus dures à déborder sur les côtés et à quitter insensiblement le milieu du chemin vers les extrémités où elles ne peuvent être d'aucun service.

« Les chemins plats, qui ont un même niveau depuis un bord jusqu'à l'autre, sont bien meilleurs pour voyager que les routes convexes; chaque portion de leur largeur entière étant également commode, est également fréquentée et usée également. Comme il n'y a point là de pente latérale, ainsi que dans les routes convexes, les substances dont la route est formée ne tendent pas à s'éloigner progressivement de leur place; il ne s'y forme pas d'ornières profondes, parce que la route est également fréquentée sur toute sa largeur, et que les voitures qui la parcourent étant répandues également et volontairement sur toute sa surface, l'empreinte de chaque roue, quoiqu'à peine sensible, devient une petite rigole pour conduire les eaux pluviales le long de la route, et c'est ce qui peut arriver de plus heureux, lorsqu'on a eu soin de donner au chemin une pente convenable et de pratiquer d'espace en espace, à travers la route, de petites rigoles propres à décharger les eaux.

« Il faut remarquer que chaque voiture prenan un chemin différent sur la même route, chaque roue forme une nouvelle petite rigole presque insensible pour faire écouler les eaux dans le sens de la longueur d'une route plate, et qu'ainsi le chemin est d'autant plus sec qu'il y passe plus de voitures. Donc, le nombre de voitures qui roulent sur un chemin plat, dans des temps pluvieux, tend à le sécher et à l'améliorer, au lieu que, sur une route convexe, le passage fréquent des voitures tend à sa destruction immédiate.

« En effet, quiconque prend le soin d'observer que les eaux coulent presque toujours longitudinalement dans les ornières des routes convexes, quoique la pente soit incomparablement plus forte du milieu vers les bords, sentira bientôt la nécessité de construire des routes de manière à ce que les eaux coulent dans le sens de leur longueur, au lieu de se donner tant de mal et à si pure perte pour tâcher de les faire couler du milieu vers les côtés. Ainsi, les chemins plats ont une supériorité marquée sur les routes bombées.

« Examinons maintenant les routes concaves. Supposons une grande auge de bois ou de pierre d'une largeur uniforme et remplie dans toute sa longueur qui, est indéfinie, à une profondeur quelconque, de substances propres à former une route et assez moites pour pouvoir se rapprocher et prendre de la cohérence ; supposons ensuite qu'un cylindre pesant, aussi large que l'auge, y roule à plusieurs reprises, on sent que les substances renfermées dans l'auge ne peuvent pas s'échapper par les côtés, à cause de l'obstacle qui les maintient ; toute la force du cylindre s'appliquera à les comprimer perpendiculairement, par conséquent à les consolider, à les rapprocher, et à donner à leur attraction réciproque la plus grande énergie. Comme, dans ce cas, le mouvement latéral ne peut plus avoir lieu dès que les substances ont été une fois comprimées, et que rien ne peut plus changer leurs positions relatives, elles deviendront si dures, si compactes, si incompressibles, si unies, que les roues pourront rouler dessus avec autant de facilité que sur du fer ou de la pierre; et si elles restent sèches, elles formeront le meilleur chemin possible pour les voitures ; mais si l'on vient à enlever l'obstacle qui s'opposait à la pression latérale, ces mêmes substances se porteront insensiblement vers les bords, chaque fois qu'une roue passera dessus ; elles ne seront plus ni si compactes ni si fermes que quand toute la pression était appliquée perpendiculairement, et que rien ne pouvait changer leurs positions respectives ou rompre leur attraction.

« Tout ceci ne sert qu'à faire sentir la nécessité d'assujettir les bords des routes par des murs, des culées ou toute autre manière de résister à l'effort de la pression latérale. » (*Voir les diverses figures qui précèdent pour les profils.*)

On terminera cet article en rapportant quelques observations adressées en 1802 à l'administration des ponts-et-chaussées, qui peuvent provoquer d'autres réflexions utiles.

On insère dans les devis, le plus souvent à tort, des

conditions trop onéreuses pour les entrepreneurs de travaux publics ; car il est à craindre que dans le cas où ils éprouveront trop de perte, on ne puisse les faire marcher et remplir leurs obligations.

Il ne faut pas exiger trop d'économie, surtout quand elle conduit à un défaut de solidité, puisqu'on travaille non-seulement pour le présent, mais encore pour l'avenir.

Plus de vingt siècles se sont écoulés, et les chemins des Romains existent encore, dans certaines parties, presque dans leur entier ; tandis que quelques années de révolution ont anéanti nos routes. Nos chemins ont tout au plus un pied d'épaisseur ; ceux des Romains en avaient trois ou quatre ; leurs chars étaient à deux roues ou à quatre ; ceux à deux roues étaient seulement attelés de deux ou trois chevaux, et ne pouvaient charger que deux ou trois cents ; les chars à quatre roues pouvaient être attelés de huit chevaux, et ne pouvaient porter plus d'un millier pesant. En France, les chariots de roulage portent dix fois davantage. On a fait, il est vrai, des lois répressives, mais elles sont restées sans exécution. Ainsi, les chaussées romaines avaient un massif solide d'au moins trois pieds d'épaisseur et n'avaient à supporter qu'un roulage d'un millier pesant au plus ; les chaussées françaises n'ont pas un pied d'épaisseur réduite ; elles sont d'ailleurs d'une construction peu solide, et elles ont à supporter un roulage sept à huit fois plus considérable.

Les formes de nos routes sont vicieuses, la chaussée est trop étroite, les accotements trop larges.

Le passage de la chaussée aux accotements est dangereux, surtout sur les chaussées pavées où l'accotement se trouve toujours plus bas de quelques centimètres que la bordure en pavé, et si deux voitures se rencontrent, l'une d'elles ou quelquefois toutes les deux se trouvent forcées de mettre une roue sur l'accotement ; le changement subit produit un ressaut qui fait renverser la voiture.

Les accotements, dans les temps pluvieux, sont des plaines de boue où les piétons ne peuvent marcher. S'ils prennent le pavé, bientôt deux voitures de front ne leur laissent que la ressource de s'abîmer dans une terre fangeuse ; s'ils prennent un des bords extérieurs du fossé, ils divaguent sur les terres des propriétaires riverains et nuisent aux récoltes.

On désirerait qu'on réduisît sur les routes de 60 pieds les accotements à 6 pieds, la chaussée à 24 pieds, les fossés à 4 pieds ; sur le côté extérieur du fossé, on établirait une banquette de 5 pieds dans sa base et qui aurait au moins 2 pieds d'élévation au-dessus du niveau du terrain ; il resterait ensuite 3 pieds qui serviraient à la plantation des arbres.

Dans cette position, les arbres seraient moins nuisibles à la chaussée, ils serviraient d'ombrage aux piétons ; ils seraient à l'abri du pillage des passants et plus faciles à conserver. (*Voir les figures* 12 *et* 13.)

Quand les accotements s'affaissent faute d'être soutenus, les bordures de la chaussée se déchaussent, la chaussée cède et s'enfonce. Cet état des routes demande un entretien continuel, et cet entretien très-dispendieux ne les rend pas meilleures. Il serait convenable par ce motif de soutenir, dans plusieurs localités, les accotements par de petits murs de soutenement. La construction des murs de soutenement serait sans doute coûteuse ; mais l'avantage l'emporterait peut-être sur la dépense.

Pour l'entretien journalier des routes, on emploie des cantonniers, et l'on doit regarder ce moyen conservateur comme indispensable ; mais je crois que cette dépense pourrait devenir un sujet d'économie et de libéralité.

Dans le grand nombre de militaires qui ont si bien mérité du gouvernement et auxquels il doit et donne des retraites, on pourrait choisir pour cantonniers ceux à qui il reste assez de force pour travailler.

On pourrait construire de distance en distance une maisonnette en pisé, à laquelle on joindrait un carré de terrain pour le jardinage ; ces maisonnettes pourraient être bâties uniformément avec des pérystiles soutenus par quatre troncs d'arbre en forme de colonnes. Ces pérystiles serviraient à mettre les voyageurs à l'abri, en cas de mauvais temps, et ces habitations, ainsi multipliées, contribueraient à la sûreté et à l'agrément des routes.

On donnerait à ces cantonniers militaires un traitement annuel, et ce traitement ne pourrait jamais atteindre les sommes des dépenses réunies des cantonniers et des militaires à qui on donne des retraites. Ce serait donc une économie pour le gouvernement.

Les communes sur lesquelles se trouveraient placés les cantonnements, pourraient être tenues de fournir le terrain et peut-être de faire les premières dépenses des maisonnettes.

Nous croyons devoir donner quelques notions sur les chemins de fer. On ne s'arrêtera point à discuter leur avantage ; on n'examinera pas s'il y a des circonstances où l'on ne devrait pas, en France, leur donner la préférence sur la petite navigation, si l'on n'obtiendrait pas par eux plus de promptitude dans les transports et s'il n'y a pas enfin des lieux, des circonstances qui commanderaient ces sortes de chemins pour étendre la bienfaisante influence des canaux jusqu'à plusieurs lieues dans les terres, surtout dans les pays montueux où se trouve ordinairement le siége des richesses minérales.

On va seulement examiner leur construction, leurs divers avantages et l'usage qu'en font les Anglais, qui en sont les inventeurs.

Les principes pour la construction des chemins de fer sont de placer les barres dont ils sont composés dans un parallélisme exact, reposant et scellées dans des soubassements de pierre ou des traverses de bois, mais la pierre est préférable. Il faut aussi que les barres parallèles aient une pente égale, et que le chemin soit rendu sec de chaque côté par des saignées, pour éviter les dégradations par le séjour des eaux pluviales. Des carrés de pierre placés de niveau, et à chaque côté des pierres un massif de graviers ou de pierres pilées, fortement battues avec un mouton ou une demoiselle ; la voie du cheval bien ferrée ; une rigole pratiquée pour le prompt écoulement des eaux pluviales ; des barres pesant environ trente-trois livres, avec un talon à chaque extrémité, pour être scellées dans la pierre, et ce scellement fait avec du soufre : tels sont les éléments de ce genre de chemin.

Mais pour mieux juger de leur construction, j'en vais donner une explication extraite du volume 14 des *Annales des arts et manufactures*, par M. O'Reilly.

La largeur d'un chemin de fer à deux voies est composée, savoir :

D'un fossé de chaque côté ayant un mètre de largeur..................................	2m,00
De trois entre-deux ayant ensemble......	2 00
De deux voies ayant ensemble..........	3 00
TOTAL.......	7m,00

Le poids de la fonte pour une simple voie serait de 54 kilogrammes par mètre courant, et par conséquent de 108 pour deux voies.

On suppose que la formation du chemin, pour ce qui concerne les terrassements, exigerait 7 mètres cubes par mètre courant, c'est-à-dire autant de mètres qu'il y en a dans la largeur du canal. Il entrera pour la double voie trois dés par mètre courant, ayant 0m,30 sur 0m,30 et sur 0m,35.

Dans le Northumberland, le prix des matérieux d'un pareil chemin simple, fonte, fer et pieux compris, est de 900 à 1,000 livres sterlings par mille, plus 400 livres sterlings pour travaux d'art et pour le posage répété deux fois. Il faut ajouter le prix du terrain. On ménage trois croisements ou trois chambres par mille.

Un cheval, traînant sur un plan horizontal, conduira 8,000 kilogrammes. A Newcaste, le poids était réparti sur sept chariots. On peut avoir un homme pour trois chevaux. Le prix d'un chariot est d'environ 600 fr., et il contient 1250 kilogrammes de matière transportée.

La coulisse ou longrine de fer, le plus généralement employée pour les chemins de fer, a six pieds de longueur; la largeur de la surface sur laquelle roulent les roues des chariots, est de trois pouces et l'épaisseur d'un demi-pouce. Le rebord s'élève de deux pouces au-dessus de la surface qu'on appelle *la charrière*. Le rebord a un demi-pouce d'épaisseur à sa jonction avec la charrière; on le diminue environ d'une ligne vers le sommet pour la dépouiller, en moulant les pièces. Les trous pour les clous, lorsqu'on les pratique dans la charrière, doivent être fraisés dans le modèle du fondeur, afin de recevoir les têtes. On pratique ces trous à un pouce de distance de chaque bout; dans quelques longrines, on met des oreilles derrière le rebord, à chaque extrémité, pour recevoir les clous. Chaque longrine pèse environ 47 à 50 livres. Le menuisier doit avoir grand soin, en faisant le modèle en bois, de laisser 4 pouces 5 huitièmes de largeur aux deux extrémités. Négliger ce point, c'est se préparer beaucoup de peine et de difficultés lorsqu'on vient à poser les chemins.

Les dimensions précitées conviennent pour les chemins des environs des forges et des houillères, ainsi que dans les galeries des mines. Lorsqu'il s'agit de transporter des fardeaux plus considérables que ceux usités dans ces endroits, on doit raccourcir les longrines à quatre pieds ou quatre pieds et demi, élever les rebords d'un demi-pouce de plus vers le milieu et augmenter l'épaisseur d'un huitième de pouce. Lorsqu'on aura des poids légers à transporter, on diminuera l'épaisseur dans la même proportion.

On emploie des sommiers de bois sur lesquels on pose les longrines de fer. Dans plusieurs endroits, on fixe les extrémités sur des morceaux de bois de tout échantillon, sans entailler leurs surfaces, pour recevoir les longrines. Dans les chemins soignés, les sommiers ont trois pieds quatre pouces de largeur ; on les débite en bois de chêne de quatre à cinq pouces de largeur, sur trois pouces et demi d'épaisseur. La coulisse ou longrine est entaillée dans le sommier, de manière à laisser quatorze pouces dans œuvre, de rebord en rebord, ce qui forme la voie des chariots à trois quarts de pouce près, pour le jeu des roues dans les chemins en ligne droite ; mais lorsque le chemin tourne rapidement, il faut un pouce et demi de jeu. Lorsque les longrines se réunissent à des coulisses courbées, on fait l'extrémité qui se joint à la coulisse plus large d'un pouce que l'autre bout qui se réunit aux longrines du chemin droit.

On se sert des coulisses courbes pour tourner un chemin à angle droit. Ces coulisses exigent trois sommiers entre les extrémités ; leur charrière a quatre pouces de large, et, à cause des tournants, la voie est espacée d'un pouce et demi de moins que le chemin droit ; l'épure de la coulisse intérieure est tracée par un rayon de 3 pieds 2 pouces, et se fait de quatre pièces;

la coulisse extérieure se trace par un rayon de 4 pieds 6 lignes et se forme d'autant de pièces.

On observe des dispositions particulières pour faire passer les chariots l'un à côté de l'autre, dans les endroits où l'économie ne permet point d'établir des chemins doubles.

Les sommiers sur lesquels reposent les longrines du chemin double ont quatre boulons de demi-pouce de diamètre, qui entrent dans les rebords et qui maintiennent les longrines à des distances convenables.

Les chemins de fer se réunissent en plusieurs endroits avec les plates-formes des magasins, etc., d'où les chariots partent chargés de marchandises pour commencer leur route. Comme ces planchers sont un peu plus élevés que le niveau du chemin, les longrines sont munies de deux portions circulaires, qui se relèvent vers l'extrémité pour se poser sur la plate-forme où la charrière est entaillée dans les madriers.

Les charriots employés sur les chemins de fer sont tous de différentes dimensions, suivant la nature des marchandises ou des matériaux dont on les charge. La seule chose indispensable dans leur confection, c'est que leurs roues de fonte n'aient jamais plus d'un pouce et demi à deux pouces de large, afin de s'accommoder à la largeur des charrières ; la hauteur est, en général, de 14 à 18 pouces.

Je ne passerai pas en revue les différents changements qu'on fait subir aux chemins de fer, puisque ces changements sont souvent déterminés par la nature des localités et la manière de voir de l'ingénieur.

On a établi en France un chemin de fer aux mines de charbon du Mont-Cenis, pour conduire les charbons aux fonderies du Creusot; mais ce chemin a été fabriqué à trop grands frais, ce qui a empêché de l'imiter ailleurs, et cependant il y a des endroits où cette construction de chemin aurait produit un avantage très-considérable. Par exemple, depuis les mines de Fim et Noyant, département de l'Allier, jusqu'à Moulins, la rivière de Quesne ne pourrait être rendue navigable qu'avec beaucoup de dépenses : la pente est considérable depuis Cressanges, et le nombre d'écluses, qui seraient indispensables, rendrait nuls les avantages de cette navigation; cependant ces houillères sont de première qualité et d'une richesse inépuisable.

Il existe en Angleterre beaucoup de chemins de fer qui facilitent considérablement le transport des charbons aux canaux de navigation; mais avant d'en établir on a cherché à s'assurer de l'avantage que ces chemins pourraient avoir sur une petite navigation. Je vais rapporter les expériences qui ont été faites pour s'en assurer.

Un cheval estimé la valeur de vingt louis traîna facilement, sur un chemin de fer dont la pente était de cinq huitièmes de pouce par toise, vingt-et-un petits charriots accrochés l'un à la suite de l'autre et chargés de houille, de bois et d'autres matières, pesant en tout soixante-dix milliers. Ce poids, qui paraît incroyable, a été tiré à plusieurs reprises par le même cheval, en présence des commissaires nommés pour constater l'expérience.

Le même cheval, sans s'être sensiblement fatigué, fit remonter ces mêmes chariots vides, pesant environ dix milliers. Dans une autre partie du chemin où la montée était de trois pouces et demi par toise, le cheval n'a pu tirer que six milliers ; en descendant à ce même endroit, on a été obligé d'enrayer les roues pour empêcher que le poids ne foulât trop fortement les reins du cheval.

Les chariots employés sur ce chemin étaient en forme de camions ou de pyramides tronquées, élevés sur quatre roues de fonte évasées, et portant dans leur rainure sur la barre de la fonte qui forme le conduit ou le chemin de fer.

Les mêmes personnes ont fait une seconde expérience à une autre houillère sur un chemin d'une construction semblable, dont la pente était de deux tiers de pouce (0^{m}, 18) par toise. Le cheval employé était très-robuste; on attela derrière lui vingt-et-un de ces camions pesant chacun cinq quintaux, et ensemble avec leur chargement de houille quatre-vingt-six milliers huit quintaux. Ce cheval les traîna jusqu'au bas de la descente avec la plus grande facilité. Le même cheval remonta avec un poids de quatorze milliers. Il est bon de remarquer que, quoique ces poids soient anglais, le quintal employé était celui du commerce ou de cent vingt livres, ce qui rend le calcul encore plus extraordinaire. Ce chemin a été formé de barres ou gueuses de fonte de trois pieds de long et du poids de trente-trois livres chacune. On les a placées et scellées, en laissant entre les bandes parallèles une voie de quatre pieds deux pouces de large ; elles étaient fixées sur des barres de pierre ou sur des poutres en chêne, et la chaussée sur laquelle on avait établi la plate-forme était remplie de gravis ou de sable battu, à défaut de ciment et de maçonnerie, qui seraient revenus à un prix trop élevé et dont l'usage était inutile.

La dépense par mille anglais (826 toises ou 1609 m.), y compris les matériaux employés à la construction de cette route, sur le point le plus dispendieux, était d'un milier de louis; dans cette dépense on ne compte pas les exhaussements extraordinaires pour traverser les ravins, etc. Les barres ne pèsent jamais moins de vingt livres, ni plus de quarante.

Il y a plusieurs circonstances où les chemins de fer l'emportent sur la petite navigation, dit M. O'Reilly. Partout où la pente est d'un pouce par toise, il faudrait nécessairement renoncer à l'usage des canaux, et on obtiendrait, par un chemin de fer, plus de promptitude dans le transport.

On a pratiqué de ces chemins avec des barres ou tringles de bois, pour éviter la dépense du fer ; mais, après plusieurs essais inutiles, on s'est vu forcé de les abandonner; l'humidité les tourmentait, ils se dégétaient et exigeaient des réparations fréquentes qui les rendirent impraticables.

Les partisans des canaux soutiennent que le transport par eau a l'avantage, à cause de la quantité qu'on peut voiturer à la fois; mais ils ne font pas attention aux difficultés de remonter à tout moment un chargement complet. Sans doute, dans les eaux mortes, un cheval peut traîner plus de soixante milliers, tandis que sur le chemin de fer il ne peut tirer que seize à vingt mille; mais aussi quelle différence pour les frais! L'entretien de ce surcroît de chevaux, malgré le prix de la voiture, ne sera pas même la moitié du péage et du transport par un canal.

Aujourd'hui, en Angleterre, ces chemins rivalisent avec les canaux de navigation. Partout, dans le Southwales et dans tous les pays montueux, on les emploie. On se trompe, si l'on croit qu'ils ne sont consacrés qu'aux forges et aux houillères; il en existe pour des communications encore plus importantes, et il y en a un entre autres, destiné à former la communication entre Portsmouth et Londres.

Par ordonnance du roi du 26 février 1823, on vient de concéder l'établissement d'un chemin de fer dans le département de la Loire, depuis le pont de l'Ane, près Saint-Etienne, jusqu'à la Loire, et on vient de demander d'établir un autre chemin de fer depuis les environs de Saint-Etienne jusqu'au Rhône, à Givors, en concurrence avec le canal de Givors, et moyennant le droit de percevoir à perpétuité, sur le chemin de fer, un péage de 0 fr. 0186 par mille mètres de distance et par hectolitre de houille.

La première concession a été accordée avec la condition que la compagnie ne pourra réclamer aucune indemnité dans le cas où le gouvernement autoriserait, par la suite, la construction de canaux ou de chemins de fer propres au transport de la houille ou autres marchandises, soit de la Loire au Rhône, soit sur d'autres points.

§ II.

DRAGUES. — DRAGAGES AU BRAS, A LA ROUE, A LA VAPEUR.

La drague est un instrument qui sert à tirer, des rivières ou des lieux couverts d'eau, les terrains qui se laissent facilement fouiller, tels que la vase, la terre franche, les sables et les graviers. La drague est formée d'une espèce de poche ou auget quadrangulaire en forte tôle; la face antérieure de cet auget est enlevée, et la face postérieure est armée d'une douille qui reçoit un manche en bois fort long; la direction de ce manche forme avec le fond de la drague un angle assez aigu, de manière que l'ouvrier, placé dans un bateau et le tirant à lui, puisse facilement la faire entrer dans le sol et la ramener chargée. Ceci est la meilleure manière de draguer pour les canaux. En effet, représentons-nous six hommes jetant leurs grapins du côté Nord et six autres du côté Sud; par l'écartement qui existe entre ces six hommes, la largeur du canal est remplie, et ce que ceux de devant manquent de monter, ceux de derrière doivent infailliblement le pêcher, à mesure que l'on avance. De cette manière la cuvette du canal se nettoie d'une manière régulière.

Dans les travaux considérables, on se sert, comme machine à draguer, d'une espèce de chapelet armé, de distance en distance, de dragues semblables à celle que nous venons de décrire. Ce chapelet est mû par des hommes qui montent continuellement dans une roue. Autour de l'axe de cette roue se roule un câble qui, à mesure qu'il s'enchaîne, fait aller le chapelet.

Il existe encore une autre manière de draguer, c'est-à-dire à la vapeur. Ces machines sont établies comme celles d'un bateau à vapeur. Elles ont leurs chaudières, leurs pistons et leur axe qui, au lieu de mettre en mouvement les roues à aubes, font marcher le chapelet. L'avantage de ces machines à draguer c'est que, par l'effet de la vapeur, la barque marche progressivement sans que l'on s'en aperçoive. On les emploie fréquemment pour le curage des rivières et des ports.

FIN DU LIVRE TROISIÈME

LIVRE QUATRIÈME.

ARCHITECTURE.

L'architecture est l'art de composer et d'élever des constructions si magnifiques ou si simples qu'elles soient, ainsi l'architecte habile sait édifier aussi bien une église, un palais ou tout autre monument qu'une maison d'habitation ou une ferme.

L'architecte conçoit et dessine le plan de l'édifice, et il en surveille l'exécution, qui se trouve confiée à divers ouvriers.

On doit d'abord considérer dans l'érection de tout bâtiment : 1° l'*emplacement*, c'est le choix du lieu le plus propre à la construction ; 2° la *distribution* des différentes parties dont doit être composé l'édifice et l'accord qui doit régner entre elles ; 3° la *décoration*, qui comprend les ornements intérieurs et extérieurs ; 4° enfin, le *mode de construction ;* il est réglé par les ressources du pays et l'importance de l'édifice.

Nous ne pouvons rien dire ici des deux premiers objets dont doit s'occuper l'architecte, car les lieux où l'on doit bâtir et les convenances de distribution varient à l'infini ; seulement nous parlerons, à la fin du *Petit traité d'Architecture,* des parties qui composent ordinairement les bâtiments d'habitation et de la manière dont on les distribue le plus communément.

Quant à la décoration et au mode de construction, nous allons en traiter avec quelques détails.

§ Ier.

DÉCORATION.

On a remarqué dans les édifices anciens quatre manières différentes de les décorer et de proportionner leurs parties ; c'est ce qu'on nomme les quatre ordres d'architecture, savoir : l'ordre *toscan*, le *dorique*, l'*ionique* et le *corinthien*. Les Modernes ont depuis le temps de Louis XIV adopté les ornements qu'avaient inventés les Grecs et les Romains, et c'est par la réunion des divers ordres ci-dessus énoncés qu'on a fait le *composite*.

L'ordre toscan est le plus simple, les autres sont de plus en plus riches. La partie distinctive de chaque ordre est la *colonne*, qui est l'ornement principal avec lequel les autres se trouvent en rapport ; néanmoins il serait possible que l'on construisît un édifice dans tel ou tel ordre sans y faire entrer de colonnes, le genre serait suffisamment indiqué par les autres ornements et les proportions.

La colonne est sur un *piédestal* et supporte l'*entablement;* le piédestal comprend trois parties : la base, qui pose à terre ; le dais, qui est placé sur la base ; et la corniche, qui est au-dessus. La colonne se divise de même en trois parties: le fût, qui se trouve placé sur une base et qui est surmonté d'un chapiteau.

Enfin, l'entablement comprend aussi trois parties superposées dans l'ordre suivant: l'architrave, la frise, la corniche.

La colonne toscane, en y comprenant sa base et son chapiteau, a pour hauteur sept fois son diamètre ou quatorze demi-diamètres, qu'en architectnre on nomme *modules;* la colonne dorique a seize modules, l'ionique dix-huit et le corinthien vingt.

Dans tous les ordres le piédestal et l'entablement ont, l'un le quart, l'autre le tiers de la hauteur de la colonne; on les mesure par modules, ainsi que l'*entrecolonnement* ou intervalle qui existe entre la surface d'une colonne et la surface de celles qui sont voisines.

La plupart des diverses parties dont nous venons de parler se composent elles-mêmes de *moulures;* on nomme ainsi la *couronne*, le *gros-carré;* la *plinthe*, le *réglet*, sont des moulures carrées; le *tore*, l'*astragale*, le *quart de rond*, id. *renversé*, sont des moulures convexes; les *cannelures*, le *demi-creux*, id. *renversé* sont des moulures concaves. Il y a aussi des moulures sinueuses et d'autres composées par la réunion de différentes courbes et lignes droites.

Ces formes, sagement combinées, donnent à l'architecture une grande partie de son élégance et de sa grâce. L'architecte se gardera de les entasser capricieusement, il doit au contraire en former des groupes où contrastent les formes et que l'on puisse aisément saisir; il doit les séparer les uns des autres par de grands espaces tout unis.

Les *arcades* sont des ornements employés dans presque tous les édifices ; l'ordre toscan leur donne en hauteur deux fois leur largeur ; l'ordre dorique, deux fois et un sixième ; l'ordre ionique, deux fois et un tiers, et l'ordre corinthien, deux fois et demie. Quand l'arcade forme par le haut un demi-cercle parfait, elle est en plein cintre ; quand elle ne forme qu'une portion moindre du cercle, c'est une arcade surbaissée.

Les portes et croisées qui ne sont pas cintrées doivent avoir en hauteur deux fois la largeur moins un douzième dans l'ordre toscan ; le dorique admet un douzième de plus, l'ionique deux et le corinthien trois.

Pour rompre la monotonie des façades, on peut faire saillir une ou plusieurs parties de l'édifice ; ces saillies s'appellent *avant-corps*. Ce genre d'ornement donne de la noblesse. L'on obtient le même effet des *frontons* : ce sont des corniches inclinées qui couronnent les entrées et présentent l'apparence d'un triangle ; la hauteur la plus convenable à leur donner est le cinquième de la largeur de la base pour l'ordre toscan ; on augmentera un peu pour le dorique, un peu plus pour l'ionique, un peu plus encore pour le corinthien, qui toutefois n'aura pas plus que le sixième de la base.

Les *attiques* sont de petits étages dont on couronne les bâtiments. Les *acrotères* sont beaucoup plus petits que les attiques ; ils se placent de même, mais ne servent que d'ornement.

On appelle *pilastres* des colonnes carrées, qui d'ailleurs ont les dimensions des colonnes ordinaires.

Chaque degré des ordres dont nous avons parlé

consiste dans le plus ou moins d'élégance que l'on y met. Avant que ces divers ordres d'architecture fussent usités en France et dans d'autres contrées de l'Europe, nos ancêtres avaient poussé à un point de perfection très-élevé l'art de construire; ils avaient des ornements bien différents de ceux de l'architecture classique : l'ensemble de leur système de décoration prend le nom d'*ordre gothique*. Il était d'une grande magnificence, d'une hardiesse et d'une légèreté prodigieuse; les plus belles églises de France et divers palais sont dans ce système d'architecture. L'ordre gothique admet comme ornements les obélisques, les clochers sveltes, déliés, percés à jour, et élevés à perte de vue; des rosaces découpées comme de la dentelle, des pendentifs, ornements qui semblent suspendus aux plafonds; enfin, les voûtes les plus hautes, les vaisseaux les plus vastes, et en général toutes les difficultés de l'art de construire, semblent recherchées par l'architecture gothique. Les ouvertures ne sont ni rondes ni carrées, mais en *ogives*, c'est-à-dire que le haut est formé par un angle, formé lui-même de deux parties courbes qui se joignent partout; dans les monuments gothiques, il y a profusion de sculpture; de bas-reliefs, de figures d'hommes, d'animaux, de plantes; tout cet ensemble de richesses compose des monuments superbes et singulièrement bien appropriés au culte catholique.

Dans notre opinion, l'architecture classique ne peut être comparée à l'architecture gothique; et lorsque l'on emprunta les formes grecque et romaine, bien loin d'améliorer l'art, on le fit déchoir. Un moment, sous

François Ier et Henri II, temps appelé la *renaissance*, on s'était contenté de mélanger les deux architectures rivales, ce qui avait produit un style plein de grâce et d'élégance; c'est ce que l'on nomme le *style de la renaissance*.

Un architecte doit connaître tous ces différents ordres; il doit aussi connaître les architectures égyptienne, moresque, arabe, allemande, etc., etc.

§ II.

MODE DE CONSTRUCTION.

La construction proprement dite est l'art d'assembler convenablement les divers matériaux. Elle se divise en *maçonnerie*, *charpente*, *menuiserie* et *serrurerie*.

On conçoit quelles sont les parties qui se rattachent à chacune de ces sections. La maçonnerie embrasse les murs, les planchers, les voûtes, les combles; elle emploie les pierres, les moellons, les cailloux, les briques, le ciment. Elle place la couverture des maisons, qui peut être en paille, ardoises, tuiles, bardeau ou planches, en plomb et en zinc. La charpente n'emploie que le bois; elle consiste à établir les planchers, les faîtes, les lambourdes pour soutenir les toitures.

La menuiserie a beaucoup plus de travail dans les constructions d'un édifice. Les portes, croisées, portes intérieures, armoires; tous ces objets sont dans ses attributions.

La serrurerie, enfin, n'emploie que le fer convenable pour les fermetures et serrures des portes.

§ III.

DISTRIBUTION.

Nous avons promis de donner, en terminant ce livre, quelques indications sur la manière de distribuer les maisons d'habitation ; nous exécutons cette promesse. A la ville, les maisons sont placées ordinairement sur la rue ; le bas est occupé par des boutiques sur le devant, et, dans la cour, par des écuries ou remises. Chaque étage contient au moins un appartement.

S'il y a une *antichambre*, l'on n'y mettra aucun ornement, ni meubles, ni glaces, tout au plus une banquette.

La *salle à manger* y communique, ou même quelquefois la remplace ; elle doit être carrelée et non parquetée ; les murs sont revêtus de stuc ou tendus de papier imitant le marbre ou plus généralement le bois. Les seuls meubles qu'on doive y trouver sont ceux indispensables pour les repas. Les buffets sont remplacés aujourd'hui par des étagères, meubles contenant quelques rayons ; la pièce est chauffée par un poêle.

Le *salon* doit communiquer à la salle à manger ; c'est la pièce d'apparat ; celle ou chacun déploie le luxe qu'il peut se permettre.

La *chambre à coucher* doit être simple et commode ; il en est de même *du cabinet de travail*, on ne doit y admettre que des meubles utiles.

Il faut autant que possible que ces pièces communiquent directement à la salle à manger, au moins ne faut-il pas être obligé de traverser l'une pour aller dans l'autre. Si cependant cet inconvénient est inévitable, c'est le salon qu'on doit sacrifier aux besoins de tous les jours, et on l'emploiera habituellement comme communication pour la chambre à coucher ou le cabinet.

La *cuisine* doit être hors de l'appartement, afin d'éviter les mauvaises odeurs et le bruit. Il est bon, dans l'intérêt de la santé du domestique et de la propreté, de construire les fourneaux sous le manteau de la cheminée.

Pour les habitations de campagne et celle d'exploitation, où l'on se contente du strict nécessaire, l'on doit avoir soin que la chambre principale, celle où habite la famille, soit vaste et bien aérée; pour qu'elle ne soit pas de plain-pied, on l'élèvera de vingt à trente pouces au-dessus du sol de la cour; elle devra avoir au moins dix pieds de hauteur. Les bergeries, les écuries ne doivent pas être contiguës à l'habitation, qui, autant que possible, doit être isolée. L'on peut, tout en conservant une grande simplicité à l'extérieur, disposer l'édifice avec goût, placer les bâtiments de service de manière qu'ils forment avec le corps de logis un tout agréable à l'œil.

Rappelons, en terminant, que l'exposition la plus saine et la plus agréable est celle du levant, et que l'exposition du nord est la pire de toutes.

FIN DU LIVRE QUATRIÈME.

LIVRE CINQUIÈME.

CONNAISSANCES DIVERSES.

§ Ier.

ASTRONOMIE.

L'univers est l'ensemble de tout ce qui existe. C'est un espace infini dans lequel sont disséminés des corps innombrables que l'on divise en deux classes : 1° les globes qui forment notre système solaire ; 2° les étoiles fixes.

SYSTÈME SOLAIRE.

Il se compose d'abord du *Soleil*, globe lumineux qui en forme le centre, puis des planètes, autres corps sphériques qui se meuvent autour de lui sous la direction de deux forces différentes : la force d'*attraction*, de *gravitation* ou *centripète*, par laquelle ils sont attirés vers le Soleil, et la force de *projection* ou *centrifuge* qui tend à les en éloigner. Ces deux forces contraires obligent les planètes à se mouvoir dans une orbite qui n'est pas tout à fait un cercle, mais une ellipse (espèce d'ovale). Le Soleil n'est pas placé au milieu de cette orbite ou route des planètes, mais un peu plus près de l'une des extrémités. Il en résulte que les planètes ne sont pas toujours à la même distance du Soleil ; le point où elles en sont le plus rapprochées se nomme *perihélie*, celui où elles en sont le plus éloignées se nomme *aphélie*. En suivant leur route, les astres ont deux mouvements distincts, l'un dit de *translation* autour du Soleil et l'autre de *rotation* sur eux-mêmes ; tous s'avancent et tournent dans le même sens, d'*occident* en *orient*

PLANÈTES.

Il y a onze planètes qui font leur révolution autour du soleil ; en voici les noms dans l'ordre de leur position, avec leur distance du soleil, la durée de leur révolution, leur diamètre et la durée de leur rotation sur elles-mêmes.

NOMS des PLANÈTES.	DISTANCE en lieues communes.	DURÉE de leur révolution.		DIAMÈTRE en lieues communes.	DURÉE de leur rotation.
		ans.	mois.		heures.
☿ Mercure.	13,456,246	»	3	1,180	24
♀ Vénus...	25,144,166	»	7 1/2	2,784	23
♁ La Terre.	34,761,680	1	»	2,865	24
♂ Mars....	52,966,024	1	10 1/2	1,921	24 1/2
Vesta...	81,904,000	3	8	20	inconnu.
Junon...	92,057,000	4	4	24	*Id.*
Cérès...	95,517,000	4	7	25	*Id.*
Pallas...	95,523,000	4	7	708	*Id.*
♃ Jupiter..	180,794,802	11	10	32,644	10
♄ Saturne.	331,628,860	29	03	28,936	10
♅ Uranus..	663,315,425	83	10	12,892	inconnu.

Vesta, Junon, Cérès et Pallas ne peuvent être aperçues qu'avec le secours des télescopes, aussi ne sont-elles connues que depuis le commencement du siècle ; on suppose que ce sont les fragments d'une planète qu'une cause quelconque aura brisée.

Les planètes qui sont plus près du Soleil que la Terre sont dites *inférieures;* celles qui en sont plus loin, *supérieures.*

SATELLITES.

Il y a de petites planètes secondaires qui se meuvent autour de certaines planètes principales : *la Lune,* autour de la terre ; autour de Jupiter, quatre petites lunes ; autour d'Uranus, deux au moins et probablement six ; autour de Saturne, sept. Cette dernière planète a, en outre, un anneau qui la ceint et en est détaché par un espace d'environ dix mille lieues. Les petites planètes se nomment aussi *satellites.*

COMÈTES.

Enfin, il y a encore d'autres astres dépendant du système solaire, ce sont les *comètes,* qui tirent leur nom (comète signifie *chevelure*) d'une espèce de queue ou chevelure flamboyante dont elles sont accompagnées. Il y a sans doute de nombreuses comètes, mais l'on n'a pu en étudier que quelques-unes ; elles décrivent des orbites très-irrégulières et extrêmement allongées.

Tous ces astres différents brillent d'un éclat plus ou moins vif qui n'est autre chose que le reflet de la lumière du Soleil.

SOLEIL.

L'on a vu que la distance du Soleil à la Terre était d'environ *trente-cinq millions de lieues;* cet astre éclatant est à peu près *quatorze cent mille fois* plus gros que notre planète, et son diamètre est de *trois cent quinze mille lieues;* il tourne sur lui-même en vingt-cinq jours et quatorze heures, et il a, en outre, un léger mouvement de translation dans lequel il entraîne la totalité du système. Le disque du soleil est parsemé de taches et de points brillants ou *facules* qui changent parfois d'intensité ou même disparaissent tout à fait. A nos yeux le Soleil semble chaque jour parcourir l'hémisphère que nous apercevons; ce n'est qu'une illusion occasionnée par la rotation de la Terre. La translation cause une seconde illusion : on dirait que chaque jour le Soleil se déplace relativement aux étoiles, et que, dans sa course de chaque année, il passe successivement devant tous les signes du zodiaque. L'on croit généralement que le Soleil est un corps solide, opaque; que sa lumière et sa chaleur sont dues soit à sa combustion continue, soit à une atmosphère de nuages éclatants, dont la matière serait dans un mouvement perpétuel.

LA TERRE.

Le globe que nous habitons est la troisième des planètes; elle reçoit du Soleil la chaleur et la lumière; elle tourne sur elle-même dans l'espace de vingt-quatre heures, et parcourt la totalité de son orbite en trois-cent soixante-cinq jours cinq heures et quarante-neuf minutes. On appelle *axe* de la terre une ligne imaginaire autour de laquelle s'opère le mouvement de rotation ; les deux extrémités où aboutit cet axe se nomment *pôles*. La terre est de forme ronde ; les montagnes les plus hautes et les mers les plus profondes sont inaperçues comparativement à son immense surface ; les deux pôles sont légèrement aplatis, ce qui généralement existe pour les autres planètes.

NOTIONS DE LA SPHÈRE.

Le *zénith*, c'est le point du ciel perpendiculairement au-dessus de nous ; le point opposé est le *nadir ;* l'on désigne sous le nom des *quatre points cardinaux* le *Nord* et le *Sud*, dans la direction des deux pôles, l'*Est* et l'*Ouest*, dans la direction des deux points où le Soleil paraît se lever et se coucher.

L'on a divisé la Terre en 360 parties ou *degrés*, le degré s'exprime ainsi (°) ; chaque degré équivaut à 25 lieues. La soixantième partie du degré se nomme *minute*, et s'exprime ainsi ('). La minute se subdivise en soixante secondes, que l'on écrit ainsi (").

Pour se rendre facilement compte du mouvement des astres, l'on a imaginé des cercles fictifs ; d'abord *l'équateur* ou *ligne équinoxiale*, dont on suppose tous les points également distants des deux pôles, divise la terre en deux portions ou hémisphères, celui du Nord et celui du Sud.

Le *méridien* passe, au contraire, par les deux pôles, coupe perpendiculairement l'équateur, et divise aussi la Terre en deux parties égales, l'une orientale et l'autre occidentale.

Nous parlerons plus tard de l'*écliptique* et du *zodiaque*. Il y a encore d'autres cercles appelés *petits cercles;* ils sont moins utiles à connaître. L'ensemble des cercles compose la *sphère*.

L'on se sert très-utilement des deux cercles que nous venons de désigner les premiers pour faire connaître d'une manière positive la situation des points du globe que l'on veut indiquer. D'après un ancien usage, l'on appelle *latitude* la dimension de chaque hémisphère du Nord au Sud. L'équateur les divise l'un et l'autre en deux parties ayant chacune quatre-vingt-dix degrés, depuis ce grand cercle fictif jusqu'à chaque pôle. La dimension de l'Est à l'Ouest se nomme *longitude;* elle est divisée, par chaque méridien pris isolément, en partie orientale et partie occidentale.

L'on rapporte à l'équateur la distance des différents lieux ; ceux qui sont au nord de ce cercle ont une *latitude Nord ou septentrionale*, et ceux qui sont au sud ont une *latitude Sud ou méridionale ;* par exemple, Paris est placé à 48° 50′ 14″ de latitude Nord, ou, en d'autres termes, à cette même distance au nord de l'équateur ; ainsi, la latitude d'un lieu, c'est tout simplement sa distance à l'équateur.

L'on comprend que cette désignation est incomplète car le 48e degré de latitude va d'orient en occident. Pour la rendre exacte, on se sert d'un second moyen d'indication ; l'on a choisi arbitrairement un des nombreux méridiens qui coupent le globe du Nord au Sud et on l'a nommé le *premier méridien* (pour la France c'est le *méridien* de Paris et spécialement de l'Observatoire); l'on est convenu de dire que tous les points situés à l'est de ce cercle ont une *longitude orientale* et les autres une *longitude occidentale;* ainsi donc la longitude d'un lieu est la distance de ce lieu au premier méridien. Il est évident que, quand on a cette double indication, l'on obtient deux lignes qui se croisent, et que le lieu cherché est à leur point d'intersection.

Les degrés de longitude se comptent sur l'équateur ou sur les *parallèles;* ils vont en diminuant à mesure qu'ils approchent des pôles. Les degrés de latitude se comptent sur le méridien, ils sont égaux entre eux.

SAISONS, SOLSTICES ET ÉQUINOXES.

Le plan dans lequel la Terre tourne autour du Soleil est appelé l'*écliptique*, mais l'*axe* suivant lequel la terre roule sur elle-même n'est pas perpendiculaire à ce plan; toutefois il se meut dans l'espace en restant toujours parallèle à lui-même. Il suit de là que lorsque le pôle Nord est éclairé par le Soleil, l'autre pôle se trouve dans l'ombre, et que comme la Terre durant une année passe par tous les points de son orbite, six mois plus tard le pôle Sud sera éclairé et l'autre dans l'obscurité. Quand il sera dans la position intermédiaire, les pôles seront éclairés l'un et l'autre. Ces quatre époque de l'année répondent pour nous aux quatre *saisons;* ainsi, lorsque le pôle Nord reçoit les rayons du Soleil, l'hémisphère Nord que nous habitons en profite aussi. Cet astre plus perpendiculaire à notre égard nous donne plus de chaleur, nous sommes en *été;* six mois après, c'est le contraire, le soleil nous vient obliquement, nous avons moins de chaleur et de lumière, c'est l'*hiver;* le *printemps* et l'*automne* sont les époques intermédiaires; chacune de ces saisons dure trois mois ou un quart de l'année. La même cause fait que nous avons en été de longs jours et des nuits courtes et que le contraire a lieu en hiver. Le mouvement de la Terre étant continuel, les jours sembleraient devoir être sans cesse croissants ou décroissants; mais il arrive qu'à l'instant où les nuits sont le plus longues ou le plus courtes, c'est-à-dire où va commencer un mouvement contraire, ce mouvement cesse quelques jours. Le Soleil semble s'arrêter (*sol stat*), et, au lieu d'une seule nuit plus longue ou plus courte que toutes les autres, il y en a plusieurs. Ce temps se nomme le *solstice;* il arrive le 21 juin et le 21 décembre. L'on appelle *équinoxe* le temps où les jours et les nuits sont d'égale durée; il arrive le 21 mars et le 21 septembre.

LA LUNE.

Nous avons dit que la Lune était le satellite de la Terre; elle en est éloignée de 85,800 lieues, et décrit une ellipse autour d'elle; elle est quarante fois plus petite que la Terre, a de diamètre 782 lieues, et accomplit sa révolution en 29 jours 12 heures. La Lune n'a pas de mouvement de rotation; elle offre toujours le même côté à la Terre; ainsi nous en voyons toujours la même moitié, l'autre nous est complétement inconnue.

La lumière du Soleil l'éclairant successivement de tous côtés, tantôt elle nous paraît lumineuse, tantôt elle est tout à fait invisible, et tantôt nous offre des aspects partiels de sa partie éclairée. Ces variations se nomment *phases*.

ÉCLIPSES.

Quand la Terre est interposée entre le Soleil et la Lune, l'ombre de la Terre obscurcit celle-ci en tout ou en partie. C'est ce que l'on appelle une *éclipse de lune*.

Il y a éclipse de Soleil quand la lune se trouve interposée entre lui et la Terre, et produit ainsi un obscurcissement du Soleil à notre égard.

ÉTOILES FIXES.

Les étoiles fixes sont des astres lumineux par eux-mêmes qui semblent toujours conserver une position semblable. Les plus proches sont à une distance énorme, à une distance un million de fois plus considérable que celle de la Terre au Soleil.

Il y a des étoiles plus ou moins brillantes, et l'immense majorité échappe à la vue; à l'aide des lunettes astronomiques l'on en a aperçu environ 75 millions. On les classe d'après leur plus ou moins d'éclat. Elles sont actuellement divisées en quinze ordres. Il n'y en a guère que dix-huit dans le premier ordre. La plus brillante est *Sirius*.

Les astronomes se sont demandé qu'est-ce que c'était que les étoiles fixes; quel était leur emploi dans l'univers. Presque tous ont pensé que ces astres brillants étaient des soleils, centre de systèmes semblables au nôtre, éclairant des planètes peut-être habitées. Quelle idée devons-nous donc avoir de l'immensité de l'univers, s'il faut compter par millions des systèmes planétaires semblables à celui dont l'immensité effraie déjà l'imagination !

NÉBULEUSES ET VOIE LACTÉE.

Outre les étoiles, l'on a remarqué aussi des nébuleuses. Ce sont des espèces de nuages lumineux permanents : l'on en compte environ mille. Quelques astronomes les considèrent comme des étoiles qui se forment. La voie lactée est un amas considérable d'étoiles et de nébuleuses.

CONSTELLATIONS.

Il eût été impossible de donner un nom à chaque étoile ; aussi les a-t-on réunies par groupes, que l'on a nommés *constellations*, et que l'on a désignés arbitrairement par des noms d'hommes, d'animaux ou d'instruments : ainsi *Orion*, le *Lion*, la *Lyre*. Il y a aujourd'hui 108 constellations ; elles comprennent à peine la millième partie des étoiles aperçues. On les divise en *constellations australes* et *constellations boréales*. On ne les voit pas dans le même temps. En effet, pendant six mois de l'année, une moitié de la voûte céleste est visible pour nous la nuit et l'autre le jour ; six mois après, la Terre s'étant transportée de l'autre côté du Soleil, la première moitié n'est plus visible que de jour et la seconde que de nuit.

Les constellations boréales les plus remarquables

sont la *Petite-Ourse*, la *Grande-Ourse*, *Cephée*, le *Dragon*, le *Bouvier*, etc. Les principales constellations australes sont *Sirius*, la *Baleine*, *Orion*, la *Licorne*, l'*Autel*, etc.

SIGNES DU ZODIAQUE.

Entre ces deux ordres de constellations, sur le zodiaque (bande fictive qui ceint la sphère céleste, et dans laquelle semblent se mouvoir le Soleil, la lune et les planètes), se trouvent les constellations zodiacales, qui, dans l'origine de l'astronomie, ont donné leur nom aux douze signes ou parties de ce même zodiaque et aux mois.

A chaque époque de l'année, le mouvement de la Terre autour du Soleil fait que certaines étoiles nous sont cachées par cet astre. On avait divisé en douze constellations la bande des étoiles qui sont ainsi successivement éclipsées, et on avait désigné chacun des mois par le nom de la constellation qui s'éclipsait pendant sa durée. Ces douze constellations sont : le *Bélier* ♈ ; le *Taureau* ♉ ; les *Gémeaux* ♊ ; le *Cancer* ♋ ; le *Lion* ♌ ; la *Vierge* ♍ ; la *Balance* ♎ ; le *Scorpion* ♏ ; le *Sagittaire* ♐ ; le *Capricorne* ♑ ; le *Verseau* ♒ et les *Poissons* ♓.

On les appelait les douze signes parce qu'ils servaient à désigner les mois et les saisons. Ainsi, il y a deux mille ans, l'éclipse du Bélier marquait le commencement du printemps ; puis, pendant les deux autres mois, le Taureau, les Gémeaux, étaient éclipsés ; mais depuis, par suite du mouvement au moyen duquel l'axe de la terre tend sans cesse à se rapprocher d'une direction perpendiculaire sur le plan de l'écliptique, les mêmes constellations ne se trouvent plus éclipsées aux mêmes époques qu'autrefois ; il y a retard d'un mois environ ; cependant les astronomes et tous les observateurs n'ont pas changé leurs signes, c'est toujours le Bélier qui pour eux marque le premier mois du printemps, le Cancer qui indique l'été. Il en résulte qu'il faut distinguer maintenant les signes des constellations : les premiers désignent les diverses parties de la route suivie par le Soleil, suivant l'apparence, et réellement par la Terre ; et quant aux constellations, elles sont éclipsées sans aucune concordance avec les signes.

PRÉCESSION DES ÉQUINOXES.

Disons, en terminant, que le mouvement de redressement de l'axe de la terre cause la différence qui existe entre l'année sidérale et l'année équinoxiale.

L'année sidérale est de 365 jours 6 h. 9′ 14″ ; c'est le temps que la Terre emploie à revenir à un même point du ciel que marque une étoile.

L'année équinoxiale est de 365 jours 5 h. 48′ 50″ ; c'est le temps qui s'écoule entre deux *équinoxes*.

L'équinoxe, à cause du redressement de l'axe, arrive un peu plus tôt que la fin de la révolution de l'orbite, c'est ce qu'on appelle la *précession des équinoxes*.

Nous engageons nos lecteurs, s'ils veulent compléter leurs études d'astronomie, à se procurer le Cours de M. Arago.

§ II.

CHIMIE.

L'objet de la chimie est de découvrir la nature intime des corps et leur action les uns sur les autres, de les décomposer et de les composer.

ÉLÉMENTS.

Les corps sont simples ou composés. Des corps simples on ne peut tirer qu'une seule et même matière; on les appelle aussi *éléments*.

Les Anciens pensaient qu'il y avait quatre éléments : la terre, l'eau, l'air et le feu; mais les trois premiers sont des corps composés, le quatrième n'est pas un corps, mais un mode d'existence des corps pendant une combinaison.

La chimie moderne a reconnu cinquante-quatre corps simples, qui plus tard peut-être seront eux-mêmes décomposés. Jusqu'à ce jour on les considère comme des éléments. On les divise en deux séries : l'une est formée des corps simples qui ne participent pas de la nature métallique; l'autre, au contraire, renferme les corps métalliques.

La première série contient, non compris l'oxygène, douze corps, savoir : l'*hydrogène*, le *bore*, le *silicium*, le *carbone*, le *phosphore*, le *soufre*, le *selenium*, le *fluor*, le *chlore*, le *brome*, l'*iode*, l'*azote*. On les appelle *métalloïdes*.

La seconde série contient les quarante-et-un *métaux*,

savoir : *aluminium*, *antimoine*, *argent*, *arsenic*, *barium*, *bismuth*, *cadmium*, *calcium*, *cerium*, *chrôme*, *cobalt*, *colombium* ou *tantale*, *cuivre*, *étain*, *fer*, *glucynium*, *iridium*, *lithium*, *magnésium*, *manganèse*, *mercure*, *molybdène*, *nikel*, *or*, *osmium*, *palladium*, *platine*, *plomb*, *potassium*, *rhodium*, *sodium*, *strontium*, *tellure*, *thorinium*, *titane*, *tungstène*, *urane*, *vanadium*, *ytrium*, *zinc*, *zirconium*.

COHÉSION, AFFINITÉ. Dans la nature, ces corps ne se trouvent pas à l'état de pureté; ordinairement ils sont mélangés avec d'autres. La chimie s'occupe des moyens de les extraire des composés, comme aussi des moyens de reconstituer exactement ces composés. L'étude a fait reconnaître que les corps étaient tous formés de parties infiniment petites que l'on a appelées *molécules*. Il est évident que ces molécules ne restent jointes ensemble que par l'effet d'une force naturelle : on la nomme *cohésion;* mais en même temps les corps obéissent à une autre force qui tend à éloigner les parties l'une de l'autre, et que l'on nomme *force répulsive*. Ces deux forces contraires demeurent dans un certain équilibre, et, selon que l'une ou l'autre prédomine, les parties sont plus ou moins cohérentes ; c'est ce qui fait que les corps peuvent être des *solides*, des *liquides*, ou des *fluides aériformes*, que l'on nomme *gaz*. La lumière, le calorique, l'électricité, favorisent, dans certains cas, la force répulsive, et peuvent faire passer certains corps de l'état solide à l'état liquide, et de l'état de liquide à l'état de fluide aériforme, ou directement de l'état solide à l'état aériforme.

Quand on mélange ensemble deux corps, et que leurs molécules mêmes contiennent une certaine partie de l'un et l'autre, ces corps sont à l'état de *combinaison.* La force qui unit ainsi ces molécules et donne le corps combiné, s'appelle alors *affinité.*

COMBINAISON. Les éléments que nous venons d'indiquer ne s'unissent pas suivant les caprices de l'imagination, mais dans des rapports fixes et qui suivent certaines lois : ainsi l'on ne peut combiner l'hydrogène et l'oxygène que dans la proportion de 2 contre 1. Le rapport de tous les autres corps gazeux est de même dans des proportions exactes.

Nous allons jeter un coup d'œil sur les principaux corps simples.

OXYGÈNE. Ce corps joue un grand rôle dans la chimie et se combine avec tous les autres corps simples. Dans cette combinaison, et en général dans toute combinaison chimique, il se produit de la chaleur et souvent de la lumière, c'est ce qu'on appelle *combustion.* L'oxygène pur est un gaz qui n'a ni odeur ni saveur; il est invisible comme l'air et plus lourd d'un 10e; il entre dans sa composition pour un 5e environ; sur 100 parties d'air, il y en a 21 d'oxygène. Dans l'acte de la respiration, c'est l'oxygène qui est absorbé, et qui opère dans les poumons une véritable combustion, source presque unique de la chaleur animale.

L'on obtient ce gaz en chauffant jusqu'au rouge, dans une cornue, du *peroxyde de manganèse.* La chaleur fait qu'une portion de l'oxygène quitte le manganèse : on le reçoit dans une cloche pleine d'eau ou de tout autre liquide dont il prend la place. Le mot *oxygène* signifie *producteur de l'oxyde*, ce qui sera expliqué ci-après.

HYDROGÈNE. C'est aussi un gaz sans saveur, sans odeur et invisible; il pèse 14 fois moins que l'air; son nom signifie *générateur de l'eau.* En effet, combiné avec moitié de son volume d'oxygène, il produit l'eau; dans cette combinaison, il y a production de lumière et de chaleur; l'on a appliqué cette lumière à l'éclairage.

Pour obtenir le gaz hydrogène, on met dans un flacon de l'eau, de l'acide sulfurique et du zinc en grains; le zinc s'empare d'une partie de l'oxygène de l'eau, l'hydrogène se dégage et est reçu sous une cloche pleine d'eau.

CARBONE. Ce corps existe à l'état solide; le diamant est du carbone cristallisé; dans le charbon il est mélangé; par la combustion il se combine avec l'oxygène de l'air et forme le *gaz acide carbonique*, qui n'est pas respirable.

PHOSPHORE. C'est un corps solide qui à l'air libre est lumineux dans l'obscurité, par suite de la combinaison qui s'opère entre lui et l'oxygène, pour lequel il a beaucoup d'affinité. On doit le manier avec précaution, et lorsqu'on le tient à la main, le plonger de temps en temps dans l'eau, faute de quoi l'on pourrait se brûler; on l'extrait des os d'animaux.

SOUFRE. C'est un corps solide qui se trouve souvent dans la nature pur de tout mélange; il entre en fusion à 198° et à une chaleur plus élevée se volatilise en brûlant, c'est-à-dire en se combinant avec l'oxygène de l'air, et produit le gaz *acide sulfureux.*

CHLORE. Ce mot vient du grec et signifie *verdâtre.* C'est un corps gazeux d'une saveur, d'une odeur désagréables et d'un jaune verdâtre. L'eau dissout ce gaz ; dans cet état il sert à désinfecter.

AZOTE. C'est le gaz qui, joint à l'oxygène dans la proportion de quatre cinquièmes environ (79 p. 100), compose l'air que nous respirons ; seul, il n'est pas respirable.

MÉTAUX. Nous dirons peu de chose des métaux, les plus importants sont connus de tout le monde : le fer, le cuivre, le plomb, l'étain, l'or, l'argent, qui sont les métaux solides ; le mercure, que nous voyons toujours à l'état liquide, et même le zinc, qui est aujourd'hui d'un usage si fréquent.

Il est bon d'indiquer ici les dénominations dont on se sert pour désigner en général le résultat des combinaisons.

COMBINAISON MÉTALLIQUE.

La combinaison de deux métaux se nomme *alliage ;* quand le mercure y entre, l'alliage prend le nom d'*amalgame.*

ACIDES, OXYDES.

Le résultat de la combinaison de l'oxygène avec un *métal* ou un *métalloïde* s'appelle *acide*, lorsque cette combinaison a une saveur aigre et que, comme le vinaigre, elle colore en rouge la couleur bleue du tournesol; si le composé n'est pas aigre et qu'il ramène au bleu cette couleur enlevée par l'action d'un acide, on le nomme *oxyde*.

BASES SALIFIABLES ET SELS.

Quelles que soient les propriétés des acides et des oxydes, ils les perdent complétement lorsqu'on a pu les combiner ensemble. Presque tous les oxydes métalliques peuvent ainsi s'unir aux acides.

La combinaison d'un oxyde et d'un acide se nomme *sel*.

Tous les oxydes susceptibles de cette combinaison se désignent sous le nom de *bases salifiables*. Les oxydes de *potassium*, de *sodium*, de *lithium*, de *barium*, de *strontium* et de *calcium*, prennent aussi le nom d'*alcali*. Ils rougissent le jaune de curcuma; ce sont les bases le plus souvent employées.

On nomme *sel neutre* un sel parfait dans lequel ni l'un ni l'autre des constituants n'est en excès, qui ne rougit ni le bleu de tournesol ni le jaune de curcuma; ce sel ne conserve rien des propriétés, soit de la base salifiable, soit de l'acide employé.

On nomme *sel acide* celui dans lequel l'acide prédomine;

Et *sel basique* ou *sous-sel*, celui où domine l'oxyde employé.

NOMENCLATURE.

Pour pouvoir dénommer toutes les compositions faites et à faire avec les corps simples ou avec des composés, il fallait trouver un petit nombre de mots qui pussent eux-mêmes se combiner de manière à représenter à l'esprit les opérations chimiques, c'est ce que firent avec beaucoup de succès les chimistes du dernier siècle, ils inventèrent une nomenclature, qui jusqu'à ce jour s'est prêtée à tous les besoins de la science.

La voici telle qu'elle est usitée aujourd'hui.

L'*oxygène*, base de la théorie chimique de Lavoisier (inventeur de la chimie moderne) et d'ailleurs si important dans la nature, est regardé comme une substance à part; tous les autres corps *simples* sont désignés sous le titre de corps *oxygénables* ou *combustibles*.

On divise les corps combustibles en métalliques (métaux) ou non métalliques (métalloïdes). Les propriétés qui généralement distinguent ces derniers, c'est d'être plus mauvais conducteurs de la chaleur et de l'électricité que les métaux, et de ne pouvoir, comme eux, neutraliser les acides lorsqu'ils sont unis à l'oxygène. En outre, sous le rapport de l'électricité, les métalloïdes sont toujours *négatifs* par rapport aux métaux.

Pour indiquer la combinaison d'un métal et d'un métalloïde, on termine par *ure* le nom du métalloïde, et on le fait suivre du nom du métal; exemple : *sulfure de plomb, sulfure de fer*. Il en est de même de deux métalloïdes entre eux; exemple : *chlorure de soufre, chlorure de phosphore;* dans ce cas, on termine en *ure* celui des deux corps qui est négatif par rapport à l'autre, c'est-à-dire qui, soumis à l'action de la *pile de Volta*, dans l'état de combinaison, se portera vers le *fil* ou *pôle positif*.

Quand ce composé est gazeux, on le désigne par le nom du gaz qui entre dans sa composition, suivi du nom du deuxième corps auquel on donne la terminaison *é;* exemple : *hydrogène carboné, hydrogène phosphoré.*

Nous avons dit que la combinaison de l'oxygène avec un autre corps simple s'appelle *acide* si elle rougit la couleur bleue du tournesol ; *oxyde*, si elle ramène au bleu cette couleur rougie par un acide. La distinction entre l'acide et l'oxyde deviendrait en certains cas fort difficile à faire, mais il y a un caractère plus général qui différencie ces deux composés *binaires* (1) ; c'est la manière dont ils se comportent avec la pile de Volta : l'*acide* se rend au fil positif, et l'*oxyde* au fil négatif.

Un même corps simple peut former, en s'unissant avec l'oxygène, plusieurs oxydes et plusieurs acides. Dans ce cas, l'oxyde où il entre le moins d'oxygène est appelé *protoxyde,* le suivant *deutoxyde,* le troisième *tritoxyde;* cette dernière combinaison se présente rarement, toutefois elle existe ; on connaît même des *quadroxydes* qui sont encore plus rares. Quand on est arrivé au dernier degré d'oxydation d'un corps, que ce soit le deuxième, le troisième ou le quatrième, on le désigne aussi sous le nom de *peroxyde,* qui signifie oxyde le plus oxygéné. Ex. : *oxyde de carbone, protoxyde d'azote, deutoxyde d'azote, peroxyde de manganèse.*

---

(1) On appelle ainsi un composé formé de *deux* corps simples ; on appelle *ternaire* celui qui est formé de *trois; quaternaire*, celui qui l'est de *quatre.*

On désigne un *acide* par le nom du corps simple qui est uni à l'oxygène, en le faisant suivre de la terminaison *ique* et le faisant précéder du mot générique *acide;* ainsi le soufre (*sulfur*) donne l'*acide sulfurique.* — De même que l'oxygène peut former plusieurs oxydes avec un corps simple, de même il peut former plusieurs acides. Ence cas la terminaison *eux* remplace la terminaison *ique,* pour désigner le second acide moins oxygéné : ainsi l'on a l'acide *arsénieux* au-dessous de l'acide *arsénique;* l'acide *chloreux* au-dessous de l'acide *chlorique.*

Les acides ne contiennent pas tous de l'oxygène, plusieurs sont formés par deux métalloïdes ; on les désigne en réunissant ensemble les noms de leurs principes constituants, et en donnant à cette réunion la terminaison *ique.* Ainsi l'on dit acide *hydrochlorique* (1), acide *fluosilicique.* Les acides où entre l'oxygène sont appelés *oxacides ;* on désigne les autres sous le nom d'acides *métalloïdiques.* On réunit encore quelquefois sous le titre d'*hydracides* ceux qui comptent l'hydrogène au nombre de leurs éléments.

Les sels sont, comme nous le savons, des composés *quaternaires* formés de deux corps binaires, *acide* et *oxyde.* La terminaison *ique* de l'acide, changée en *ate,*

(1) Plusieurs chimistes ont adopté le mot *chlorhydrique ;* ils placent le second le corps qui est négatif par rapport à l'autre et qui joue par conséquent le rôle de l'oxygène ; on a de même les acides *iodhydrique* (iode et hydrogène), *sulphydrique* (soufre et hydrogène), etc., etc.

indique le groupe des sels appartenant à un même acide ; on spécifie les sels de chaque groupe en ajoutant le nom de l'oxyde; ex. : *carbonate de fer*, *carbonate de chaux*. Quand l'acide finit en *eux*, on change la terminaison *ate* en *ite :* ainsi l'acide sulfureux forme les *sulfites*.

Mais cela ne suffit pas : un même acide se combine avec les divers oxydes d'un même métal. De là la nécessité de désigner le degré de l'oxyde, et de dire, par exemple : *sulfate de protoxyde de fer*, *sulfate de peroxyde de fer*. Un même acide peut donner divers sels avec un même oxyde : on les désigne, comme nous l'avons dit, par les mots sel *acide*, sel *neutre*, sel *basique* ou *sous-sel*.

Ici il se présente un fait intéressant ; c'est que les quantités variables de *base* qui forment avec une même quantité d'acide, 100 grammes par exemple, des sels *acide*, *neutre*, *basique*, sont toujours en *rapport simple* avec la quantité de base qui entre dans le sel neutre : par *rapport simple*, on entend des nombres simples, tels que 2, 3, 4, 1/2. Ces relations de composition se désignent par les mots *bi*, *tri*, *quadri*, *sesqui*, employés comme dans l'exemple suivant : *sesqui-phosphate de chaux*, sel acide où la quantité de chaux est 1 1/2 celle de la chaux du phosphate neutre ; *bi-phosphate de chaux*, sel acide où la quantité de chaux est deux fois celle neutre ; *phosphate sesqui-basique de chaux*, sel basique où la quantité de chaux est 1 fois 1/2 moindre que celle du sel neutre ; et enfin, *phosphate bi-basique de chaux*, sel *basique* où la quantité de chaux est 2 fois moindre.

On appelle *hydrate* la combinaison d'un *oxyde métallique* avec l'eau ou protoxyde d'hydrogène.

Il nous resterait maintenant, pour donner un aperçu complet de la chimie, à indiquer quels sont les composés chimiques les plus employés dans les arts et l'industrie, et encore la composition chimique des matières les plus usuelles ; mais ce travail, quelque concis que nous pussions le faire, exigerait une place que nous ne pouvons lui consacrer. Nous renvoyons donc nos lecteurs qui voudraient connaître la science tout entière à l'ouvrage intitulé *Cours de chimie*, de L.-J. Thenard, et ceux qui n'en voudront qu'une teinture, au Manuel publié par Roret, libraire.

§ III.

MÉTÉOROLOGIE.

La météorologie est l'explication des phénomènes de l'atmosphère. On appelle *atmosphère* le fluide transparent et léger qui environne le globe et s'étend à quinze ou vingt lieues environ autour de lui.

L'atmosphère est composée de deux parties principales : l'*air* et les *vapeurs*.

AIR.

Nous avons indiqué à l'article *Chimie* de quel gaz se compose l'air respirable, et quelle quantité chaque individu en absorbe. Nous renvoyons le lecteur à cet article.

L'air est *incolore;* en petites masses, il est complétement transparent et invisible ; mais les rayons de la lumière, réfléchis par les masses entières de ce fluide, colorent en bleu les objets aperçus dans le lointain. Voilà pourquoi le ciel nous paraît être une voûte azurée. A mesure qu'on s'élève, cette couleur bleue diminue, et, sur le sommet d'une haute montagne, le ciel semble presque noir.

L'air est *inodore,* il n'est que le véhicule des odeurs; *transparent*, ceci n'a pas besoin d'explication. Il est *intangible,* c'est-à-dire qu'il ne peut être saisi; bien que nous soyons sans cesse en contact avec lui, nous ne saurions le percevoir par le toucher.

L'air est *pondérable ;* sans doute il pèse fort peu relativement à l'espace qu'il occupe; mais enfin il pèse. Il est un moyen facile de s'en convaincre : que l'on mette successivement dans le plateau d'une balance délicate un ballon de verre privé d'air par la machine pneumatique, puis le même ballon plein d'air, la deuxième pesée donnera un poids plus fort que la première. L'air étant pondérable est soumis aux lois de la pesanteur, et les couches de ce fluide sont d'autant plus épaisses qu'elles sont plus rapprochées de la terre, parce qu'alors elles ont à supporter un plus grand nombre de couches supérieures. Le *baromètre* est l'instrument qui sert à mesurer la pesanteur de l'air. Une colonne d'air depuis les extrémités de l'atmosphère jusqu'à la mer est aussi pesante qu'une colonne de mercure d'un même diamètre, haute de 28 pouces, ou qu'une colonne d'eau de 32 pieds. Sous cette pression, et à la température de la glace fondante, le poids de l'air est, à volume égal, 770 fois moindre que celui de l'eau distillée. Si au niveau de la mer, le mercure du baromètre se tient à 28 pouces, on conçoit qu'en s'élevant dans les régions supérieures, on verra ce mercure s'abaisser en proportion de la hauteur de la colonne d'air qu'il aura à supporter; c'est par ce moyen que l'on parvient à déterminer les hauteurs des différents points de la surface du globle au-dessus du niveau de la mer.

Température de l'air.

Le chaud et le froid résultent d'un même principe que l'on nomme calorique. S'il y a abondance de calorique en un lieu ou sur un point, il y a chaleur; s'il y a au contraire peu de *calorique,* on dit qu'il fait froid. La chaleur distend, le froid condense ou resserre les liquides et les fluides. C'est en partant de ce principe que l'on a construit le *thermomètre,* petit instrument qui donne exactement la température. C'est un tube de verre, le long duquel on a tracé des chiffres indiquant les degrés et qui, à l'intérieur contient un liquide, du mercure ou de l'esprit de vin. A mesure que la température varie, le liquide descend ou monte dans le tube, et vient s'arrêter vis-à-vis du degré de chaleur que possède le corps auquel on l'applique, ou le lieu dans lequel on le transporte.

L'élévation et l'abaissement de la température dépendent de la quantité des rayons calorifiques absorbés, et comme la terre est susceptible d'absorber une grande quantité de ces rayons, lorsqu'ils tombent dans une direction perpendiculaire, elle s'échauffe et communique sa chaleur aux couches d'air voisines. La chaleur reste auprès de la masse de la terre, et ne s'élève pas dans les régions supérieures de l'atmosphère; c'est pour cela qu'on éprouve souvent sur le sommet des hautes montagnes de la zone torride un froid plus rigoureux que dans certaines contrées de la zone glaciale. On remarque que le voisinage de la mer procure généralement aux pays une température plus égale. La nature et la couleur du sol, le degré de culture auquel un pays est parvenu, influent beaucoup sur la température.

Réfraction des rayons solaires,

L'atmosphère fait éprouver une variation aux rayons du soleil et les réfracte vers nos yeux, en sorte que nous jouissons de la lumière de cet astre lorsqu'il n'est pas encore au-dessus ou qu'il est déjà au-dessous de l'horizon. Cette augmentation accidentelle du jour se nomme *aurore* et *crépuscule*.

La réfraction des rayons solaires donne encore lieu à quelques phénomènes remarquables, tels que les *parhélies*, qui nous font voir plusieurs soleils à côté de l'astre véritable; les *parasélènes*, qui multiplient l'image de la lune; enfin, l'*arc-en-ciel* et le *mirage*, dont nous parlerons plus loin.

Vents.

L'air, comme l'eau, se présente sous deux états; tantôt il est mobile, agité, tantôt il reste immobile. C'est à l'air mobile que l'on donne le nom de *vent*. L'action de la chaleur qui raréfie l'air et celle du froid qui le condense causent dans l'atmosphère une agitation continuelle. En effet, lorsqu'une colonne d'air est raréfiée, comme elle tient plus de place, elle opère le refoulement des autres parties de l'air; une autre colonne doit se mouvoir pour lui faire place. Quand, au contraire, une colonne d'air se condense subitement, il doit s'opérer autour d'elle une espèce de vide qui, pour être rempli, demande aussi le déplacement de quelque autre colonne. C'est ce mouvement de l'air déplacé qui produit le vent.

On divise les vents en *constants* ou *généraux*, *variables* et *partiels*. Les vents constants ou généraux sont ceux qui, produits par une cause invariable, embrassent une grande étendue de pays : les principaux sont les vents *alizés* et les *moussons*. Les vents alizés soufflent de l'E. à l'O. entre les tropiques; les moussons dans la zone torride, du N.-E. pendant six mois, et du S.-O. pendant six autres mois. Ils ont pour cause l'excessive chaleur qui dilate et raréfie l'air, ce qui forme un trop-plein considérable qui repousse l'air des zones plus froides. Les zones tempérées n'ont pas de vents généraux, et sont toujours soumises à l'action des vents variables et irréguliers.

Les *brises* de terre et de mer sont des vents partiels, mais périodiques, produits par le changement subit que fait éprouver à la température la succession du jour et de la nuit.

Les *trombes* sont produites par deux vents opposés qui se rencontrent, pressent un nuage et produisent un tourbillon rapide, dont l'intérieur entraîne tout ce qui se trouve au-dessous de lui. Ce phénomène est des plus dangereux.

La décomposition des matières animales et végétales altère la pureté de l'atmosphère, et les dangereuses émanations qu'elle produit, transportées par les vents, occasionnent des maladies épidémiques.

VAPEURS.

Elles se composent des émanations que la chaleur enlève aux différents corps de la terre, particulièrement aux eaux. Plus légères que l'air, elles s'élèvent, et leur réunion forme les *nuages;* puis, se rapprochant, elles composent des gouttes plus pesantes que l'air qui les soutient, et tombent ; c'est ce qu'on appelle la *pluie*. Si cette chute a lieu par un temps très-froid, la vapeur se convertit en *neige;* et si la décomposition des vapeurs s'opère dans les hautes régions de l'atmosphère, entre deux nuages électrisés diversement, il se forme de petites boules de glace connues sous le nom de *grêle*. On appelle *brouillards* les nuages qui s'élèvent très-peu au-dessus de la terre ; *serein* et *rosée*, les portions de vapeurs déposées, le soir ou pendant la nuit, par l'atmosphère sur les corps refroidis; si le corps est très-refroidi, la rosée se gèle et prend le nom de *gelée blanche.*

La quantité d'eau qui se résout en pluie varie selon les climats ; elle est plus abondante en été qu'en hiver, bien que le nombre de jours pluvieux soit plus grand dans cette dernière saison que dans la première. Entre les tropiques les pluies reviennent périodiquement, et se précipitent par torrents pendant plusieurs mois.

Fluides électriques et magnétiques.

L'explication de l'électricité et du magnétisme tient à la physique. Disons seulement que l'électricité est ce fluide subtil qu'il nous est facile de produire en frottant un peu fortement la fourrure d'un chat dans l'obscurité et par un temps froid et sec; il se manifeste alors par de légères étincelles. L'évaporation de l'eau développe l'électricité; il en est de même de la combinaison des gaz, notamment de l'oxygène de l'air avec le carbone des plantes. L'atmosphère restitue ce fluide à la terre quand il en est trop surchargé ; c'est d'ordinaire par la foudre que cette surabondance se manifeste. L'étincelle qui accompagne l'explosion, c'est *l'éclair;* l'explosion même, c'est le *tonnerre.*

Lorsque l'atmosphère est fortement chargée d'électricité, les gouttes d'eau brillent comme du métal à l'approche de la terre : c'est ce qu'on nomme *pluies phosphorescentes.*

On appelle *feu Saint-Elme* des lueurs qu'on voit en

mer voltiger autour des mâts, des cordages et généralement des parties saillantes des navires. Ces lueurs sont incontestablement de nature électrique.

L'*aurore boréale* est une espèce de nue blanche et lumineuse qui paraît vers le Nord et reste immobile pendant quelques heures; quelquefois cette lumière est rougeâtre, et alors on dirait d'un vaste incendie qui aurait lieu à quelque distance. Ce phénomène est également électrique selon toutes les apparences.

Arc-en-ciel.

Lorsque les globules dont résultent les nuages sont réunis de manière à former des gouttes d'eau, les rayons lumineux qui y pénètrent sont divisés par la réfraction et viennent frapper en un point postérieur de la goutte; puis, réfléchis une ou plusieurs fois dans son intérieur, ils sortent ensuite divisés en leurs couleurs primitives, c'est-à-dire en sept couleurs (rouge, orangé, jaune, vert, bleu, indigo, violet). Pour que ce phénomène ait lieu, il faut que le soleil darde ses rayons sur des gouttes de pluie provenant d'un nuage placé devant l'observateur qui a le dos tourné au soleil. L'arc-en-ciel est d'autant plus brillant que la partie du ciel derrière laquelle il se montre est plus noire.

Terminons par quelques mots sur le *mirage*. Ce phénomène est particulier aux pays chauds. A une distance peu considérable, on voit tous les objets que porte la surface du sol apparaître en même temps droits et renversés; le sol lui-même prend l'aspect d'une immense nappe d'eau ; la voûte du ciel ne semble qu'une surface d'eau réfléchissante, et en même temps on l'aperçoit comme on l'apercevrait dans un lac. C'est ordinairement dans de vastes plaines que ce phénomène a lieu ; mais s'il se trouve des arbres, une colline, ils ne rompent pas l'illusion, et apparaissent dans le tableau comme autant d'îlots de verdure jetés au milieu d'un large cours d'eau ou d'une petite mer. Pour qu'il y ait mirage, il faut que la température du sol soit très-élevée et que le vent ne souffle pas. Ce phénomène n'a pas été expliqué d'une manière satisfaisante.

§ IV.

GÉOLOGIE.

La science qui fait connaître la nature et la disposition des terrains constituant la croûte extérieure du globe terrestre se nomme *géologie*. Cette science recherche aussi les causes de la formation de ces terrains divers.

Quoique les géologues aient depuis quarante ans fait d'immenses travaux pour amener la géologie au point où elle est, nous ne connaissons qu'une superficie minime de la surface du globe. Il y a des excavations artificielles qui atteignent des profondeurs énormes pour nous, des puits artésiens, des mines qui n'ont pas moins de mille mètres ; il y a des volcans dont le cratère est quelquefois plus profond encore. Mais cette profondeur, relativement à la masse totale du globe, n'est pas plus que ne serait sur une boule de huit pieds de diamètre la trace presque imperceptible d'une pointe d'épingle.

TERRAINS.

Cependant dans cette minime partie de la surface terrestre qui a été explorée, l'on a trouvé quatre espèces de terrains.

La première est considérée comme TERRAIN PRIMITIF et elle en porte le nom. A leur base, ces terrains comprennent les pierres les plus dures, que l'on nomme *granit*, et au-dessus le *schiste*, pierre plus tendre, mélangée tantôt de *mica*, tantôt d'*argile*.

Dans ces diverses matières, il ne se trouve mêlé nuls débris d'animaux ou de végétaux.

Au-dessus des terrains primitifs s'en trouvent d'autres que l'on a nommés TERRAINS INTERMÉDIAIRES OU TERRAINS DE TRANSITION. Ce sont encore des *granits* et des *schistes*, mais mélangés de débris d'animaux ou de végétaux, la plupart semblables à ceux que l'on trouve maintenant sous les tropiques, c'est-à-dire dans les pays les plus chauds. Il y a aussi du *calcaire* et des *houilles*. Toutes ces substances ont moins de dureté que celles primitives.

Au-dessus sont les TERRAINS SECONDAIRES; ils contiennent plusieurs dépôts successifs, composés alternativement : 1° de *sable* en poudre, ou sable réuni en *grès;* 2° de *calcaire;* 3° d'*argile* et de *houille*.

Dans ces terrains l'on a trouvé en grand nombre des

débris de végétaux et d'animaux qui n'existent pas dans nos climats, ou même qui n'existent dans aucune partie du monde ; il y a aussi beaucoup de coquillages de mer et d'eau douce.

Enfin, sur les terrains secondaires se trouvent les TERRAINS dits TERTIAIRES, composés de *brèches coquillières* ou *osseuses*, de *faluns*, de *gravier*, de *sable*, de *calcaire-moellons,* avec lesquels se trouvent aussi des débris d'animaux et de végétaux, dont quelques-uns, mais en petit nombre, ne sont plus connus aujourd'hui ; l'on y a même trouvé quelques ossements humains.

SYSTÈMES.

Une foule de systèmes ont été proposés pour expliquer la formation et l'existence des divers terrains et des matières qu'ils renferment. Les plus accrédités admettaient un grand nombre de *cataclysmes*, ou révolutions générales du globe, et faisaient remonter l'existence du monde à des temps de beaucoup antérieurs à la chronologie de l'Écriture-Sainte ; mais les travaux récents de M. Chaubard ont établi la concordance des faits géologiques avec les faits historiques tels qu'ils se trouvent dans la Bible.

1re FORMATION.

Il admet comme point de départ qu'au moment où la terre commença ses révolutions, elle était dans un état de liquidité causé par l'énorme chaleur que produisait la pression de la masse immense des eaux qui couvraient sa surface, ou par toute autre cause inexpliquée jusqu'à présent, mais qui ne peut être révoquée en doute, puisque aujourd'hui encore on a remarqué que la chaleur s'accroît à mesure que l'on s'enfonce dans les entrailles de la terre, et que l'on a calculé qu'à une profondeur de quelques lieues, elle suffirait pour fondre toutes les matières connues, même le granit.

Dès que l'eau se trouva en contact avec ces matières fondues, elle les solidifia ; puis, quand le TOUT-PUISSANT sépara la terre de l'eau et voulut que le superflu des liquides restât suspendu dans l'air, les matières qui étaient en dissolution au sein des eaux se déposèrent, d'abord lentement, puis avec plus de promptitude, et formèrent ainsi les *terrains primitifs,* plus durs et plus parfaits dans la partie inférieure que dans la partie supérieure.

La croûte du globe était encore bien faible pour opposer une digue toujours suffisante aux matières fondues qui formaient le noyau terrestre ; aussi, à diverses reprises, brisèrent-elles l'enveloppe qui les contenait, et vinrent-elles se déverser au-dessus de ces terrains formés par le dernier sédiment des eaux, et que nous avons nommé *schiste argileux.*

Telle est sans doute l'origine des monceaux de granit que l'on trouve parfois mélangés avec les schistes d'une formation plus récente.

VOLCANS.

C'est aussi à ces accidents que durent leur naissance les nombreux volcans qui, dans les premiers temps, existèrent sur divers points du globe, et notamment dans l'ancienne province d'Auvergne. Mais à mesure que la croûte terrestre s'est épaissie, ces accidents sont devenus plus rares, et la plupart de ces bouches qui donnaient issue aux matières enflammées de l'intérieur, se sont comblées ; quelques-unes seulement sont restées ouvertes, et quand quelques causes que nous ne pouvons connaître, viennent agiter cet intérieur du globe, elles vomissent encore des matières qui, surtout quand elles se durcissent au contact de l'eau, sont tout à fait semblables aux plus anciens des terrains primitifs.

FORMATION DES MONTAGNES.

Le peu d'épaisseur de la surface de la terre donna lieu encore à de grands bouleversements ; plus d'une fois les eaux pénétrèrent jusqu'à la masse enflammée ; aussitôt elles se réduisirent en vapeurs, et ces vapeurs, cherchant à se frayer un passage, soulevèrent dans certaines parties l'enveloppe solide ; ces soulèvements ont formé les montagnes. Plus d'une fois, dans ces masses soulevées, les vapeurs s'ouvrirent passage par des fissures énormes ; alors les matières en fusion s'élancèrent à leur suite. Aussi remarque-t-on dans plusieurs chaînes de montagnes, les Alpes, les Pyrénées, les Cordillères, de telles fissures que le granit est venu combler.

SOULÈVEMENT ET TREMBLEMENT DE TERRE.

Ces grands événements ont eu lieu à diverses époques, soit dans les premiers temps, soit dans des temps postérieurs; mais l'on peut en connaître la date, en examinant la composition des montagnes qui en ont été le théâtre; les terrains soulevés, d'*horizontaux* qu'ils étaient, sont devenus presque *verticaux;* leur composition peut être observée très-facilement, et l'on voit aussi ce qu'ils étaient à l'époque où ce changement de position a eu lieu.

C'est probablement encore à quelques vaporisations semblables qu'il faut attribuer et les tremblements de terre et l'élévation subite de certaines montagnes et de quelques îles au sein des mers.

2e FORMATION.

La formation des *terrains de transition* est due au déluge universel. Quand il eut lieu, la terre se trouva dans la même situation qu'au jour de la création; une masse d'eau considérable la couvrit et mit en dissolution la plupart des matières minérales qui étaient à sa surface; elle s'empara aussi de tous les corps animaux et végétaux, de même que de cette immense quantité de coquillages, madrépores et autres produits marins, qui, comme aujourd'hui, pavait le fond des mers.

Dans la première période du déluge, les eaux, après avoir fait invasion des mers sur la terre, s'augmentèrent, par l'effet de pluies abondantes, jusqu'à ce qu'elles couvrissent les montagnes qui existaient alors.

Les matières les plus lourdes se composaient des débris des roches primitives dont l'intempérie des saisons avait détaché les parties superficielles; elles ne tardèrent pas à se déposer peu à peu, et à former de nouvelles roches, de nouveaux terrains au-dessus de ceux de première origine; quelques débris de végétation ou d'animaux se trouvèrent entraînés; ainsi se formèrent de nouveaux granits et de nouveaux schistes, amalgame de débris du premier. Ensuite les débris marins les plus pesants vinrent se déposer, et formèrent le calcaire; enfin, les parties végétales et animales se précipitèrent et composèrent les amas de houille qui contiennent le carbone, base principale des corps végétaux et animaux. Les choses durèrent ainsi cinq mois.

3e FORMATION.

Après ce temps, les eaux se retirèrent, non pas progressivement, non pas subitement, mais par un mouvement alternatif de retraite et d'envahissement. C'étaient comme d'immenses marées qui duraient des mois entiers en montant et en descendant. A chaque mouvement nouveau, les matières suspendues dans les eaux se trouvaient agitées, puis rentraient insensiblement dans le repos; il en résultait que des dépôts successifs eurent lieu sur les terrains que l'eau envahissait. Quand elle avait repris sa tranquillité, toutes les matières tenues en suspension venaient se déposer dans un ordre que déterminait leur pesanteur relative; puis, l'eau se retirait et allait puiser dans le réservoir commun les aliments nouveaux qu'elle venait encore déposer. Dans beaucoup de lieux l'on a reconnu sept dépôts successifs, et dans chacun d'eux les éléments déposés donnent toujours, dans un ordre presque identique, les mêmes matières : ce sont, sauf des variations peu importantes dans la composition et la disposition, des *grès* ou *sable,* du *calcaire* et de l'*argile.*

Dans ces terrains se trouvent mélangés, ainsi que nous l'avons dit, des débris d'animaux et de végétaux, dont un assez grand nombre a disparu de la surface du globe. Si ces animaux n'habitaient pas le pays où vivait le patriarche Noé, s'ils ne trouvèrent pas refuge dans l'arche, leur disparition était une conséquence nécessaire du déluge.

Telle fut la formation des *terrains secondaires.*

4e FORMATION.

Les *terrains tertiaires* sont aussi le résultat d'un déluge, mais d'un déluge qui ne fut pas universel. Les Égyptiens, les Grecs et d'autres peuples encore ont conservé le souvenir d'un envahissement de la terre par les eaux. M. Chaubard explique la cause de ce déluge par le prodige de Josué, qui arrêta le Soleil, ou plutôt qui arrêta le mouvement de rotation de la Terre. Quand eut lieu cet événement miraculeux, l'immensité des eaux dut continuer le mouvement qui lui était commun avec le globe, et se répandre sur la terre avec une vitesse qui, sous l'équateur, surpassait du double celle d'un boulet de canon. Tout ce qui se sera trouvé sur son passage aura été enlevé et transporté au loin ; les hommes et les animaux auront été noyés, et leurs corps brisés et voiturés par les flots.

C'est principalement sous la ligne équatoriale que les choses se seront ainsi passées. Dans les pays plus tempérés, et en approchant des pôles, le mouvement aura été moins violent, et les désastres ne se seront pas étendus bien avant dans les terres ; seulement les rivages à une certaine distance auront été couverts de sable, de débris marins, de coquilles, arrachés par les mers au fond de leur bassin.

C'est précisément ainsi que se présentent les terrains tertiaires ; ils ne composent pas des roches comme les autres, ce ne sont que des sables, des coquillages et quelques débris d'animaux entassés en masse sur les bords, ou portés à quelque distance ; tous ces dépôts paraissent le résultat d'un envahissement subit et qui a duré très-peu de temps. En effet, les matières ne sont pas disposées dans un ordre régulier, comme il arrive lorsque, après avoir été tenues en dissolution, elles se précipitent lentement; au contraire, on les trouve toujours mélangées, brisées et entassées au hasard. Les coquilles ainsi amalgamées composent ce que l'on nomme tantôt *falun*, tantôt *calcaire-moellon*. Les dépouilles des animaux qui ont péri se trouvent souvent réunies par masses dans les mêmes lieux, et forment sur le rivage des *brèches osseuses* ; et, dans de certaines grottes, qui sans doute leur servirent de refuge, ce que l'on appelle des *cavernes à ossements*.

Enfin, vers les pôles, aux endroits où vient s'arrêter le mouvement d'impulsion donné sous l'équateur, l'on a trouvé non-seulement une grande quantité d'ossements des animaux habitant la zone torride qu'y portèrent les eaux, mais aussi des corps entiers de ces mêmes animaux, avec la chair, la peau et les poils, conservés pendant des siècles, au milieu des masses glacées; l'on a vu notamment des cadavres complets d'éléphants.

CONCLUSION.

Ces explications géologiques ne sont sans doute pas suffisantes pour résoudre toutes les difficultés que l'on peut élever sur la matière que nous avons effleurée; il faut que l'on songe aussi que la géologie est, pour ainsi dire, née d'hier; qu'il y a encore dans cette science bien des observations à faire et bien des recherches à tenter. D'ailleurs tous les systèmes présentés jusqu'à ce jour sont des essais que les faits à venir pourront placer au rang des hypothèses spécieuses, mais dépourvues de vérité.

Les personnes qui seront curieuses de faire le rapprochement détaillé des faits géologiques avec les faits consacrés par la Bible, pourront consulter l'ouvrage publié par M. Chaubard en 1833.

§ V.

MINÉRALOGIE.

L'on appelle *minéralogie* la science des corps *bruts*, c'est-à-dire formés naturellement, et que l'on rencontre, soit dans l'intérieur de la terre, soit à sa surface; elle embrasse dans son objet la connaissance de leurs propriétés générales, celle des caractères qui les distinguent les uns des autres; celle de leur manière d'être dans la nature, de leur emploi dans les arts et dans l'industrie; enfin, de leur classification.

Les corps bruts se nomment aussi *minéraux;* ils sont composés d'un grand nombre de molécules unies entre elles par simple cohésion ou par affinité. Ces réunions de molécules n'ont pas toujours lieu confusément et irrégulièrement. Au contraire, lorsqu'un corps passe avec lenteur de l'état aériforme ou liquide à l'état solide, les molécules semblables qui le composent, cédant à leur attraction réciproque, se tournent dans des positions semblables et s'espacent avec symétrie. Cet arrangement régulier des particules intégrantes des corps constitue ce que l'on appelle la *cristallisation* et les produits se nomment *cristaux.* Tout cristal est traversé par des fissures planes, dans une multitude de sens, et c'est en les suivant que les corps se brisent quand ils sont fortement choqués. Ces fissures fragiles se nomment *clivages;* lorsqu'on peut les apercevoir toutes, on voit qu'elles se coordonnent autour d'un point central dont elles dessinent la forme régulière. Ce solide intérieur se nomme *forme primitive* ou *noyau;* on peut en faire dériver toutes les formes extérieures des cristaux de la même espèce. La *structure* de ces cristaux est appelée *régulière.*

Les minéraux non cristallisés n'ont qu'une *structure irrégulière,* provenant de la réunion confuse de leurs molécules. Quand ils ne présentent qu'une masse homogène, ils forment des corps *compactes;* quand les parties sont discernables, elles forment des corps *agrégés.* On distingue plusieurs sortes de structures d'agrégation; on les désigne par des noms particuliers. La structure *lamellaire* indique l'accumulation de petits cristaux ou lames présentant leurs clivages dans tous les sens. Si les cristaux sont fort petits, on leur donne le nom de *saccharoïde; granulaire* indique une multitude de grains cristallins entassés; *oolithique*, l'accumulation de globules à couches concentriques; *fibreuse* désigne la réunion de cristaux très-alongés, groupés entre eux dans le sens de leur longueur, ou radiés autour d'un centre; *feuilletée,* celle des masses composées d'un grand nombre de feuillets séparables; *terreuse,* indique celle produite par l'entassement confus de petits cristaux tellement serrés qu'on ne peut les discerner. L'on dit aussi que la structure est *cariée, cellulaire, poreuse, ponceuse,* ce qui n'a pas besoin d'explication, et enfin *organique,* ce qui signifie qu'elle s'est modelée sur des corps organisés, ou en a pris la place; c'est ce qu'on appelle des *pétrifications,* des *fossiles.*

La nomenclature des minéraux présentait des difficultés assez grandes, car ils n'ont pas de caractères bien tranchés, et on les rencontre dans la nature mélangés en tant de proportions diverses et de tant de façons différentes, qu'il est difficile d'éviter la confusion. La classification du célèbre Haüy a déjà vieilli et ne suffit pas à la science dans l'état où elle se trouve aujourd'hui. Nous dirons donc seulement que l'on doit distinguer : 1° les minéraux en grandes masses, et qui forment des parties notables de l'écorce du globe ; 2° les minéraux métalliques ; 3° les minéraux combustibles.

MINÉRAUX EN GRANDES MASSES.

Ils composent parfois des montagnes considérables, des collines, ou bien forment des couches, des amas qui s'enfoncent dans la terre à de grandes profondeurs ; nous citerons le QUARTZ, le plus abondant des minéraux, et qui constitue ce que l'on appelle vulgairement *grès, caillou, pierre meulière, sable, jaspe*, etc. C'est un corps très-dur, indissoluble, si ce n'est par des moyens chimiques, et qui fait feu par le choc de l'acier.

FELDSPATH. Moins abondant que le quartz, et se présentant ordinairement en roches de structures variées, que l'on a nommé *granit*, *gneiss*, *sélénite*, *porphyre*.

CALCAIRE. Cette substance mélangée forme la *pierre à bâtir* ; unie au soufre, produit le *plâtre*, que l'on emploie à la construction des maisons ; le *marbre* et l'*albâtre* sont aussi des calcaires.

TERRE. Ce sont des oxydes de minéraux qui ont un aspect terne, et que l'on désigne sous le nom de *terreux*.

ARGILE. Plusieurs espèces sont employées dans les arts, notamment pour fabriquer les faïences.

Schiste. Argile ordinairement grisâtre, qui se sépare en feuillets, et qui sert à couvrir les maisons.

Mica. Il se divise en lames transparentes, et en divers pays s'emploie comme le verre; ce que l'on appelle *pierre à Jésus* est du mica.

Amphibole. Substance terreuse qui peut se cristalliser.

Grenat. Corps noirâtre, et qui ressemble à du verre; on le trouve en grandes masses.

MINÉRAUX MÉTALLIQUES.

On nomme ainsi des corps simples qui sont opaques et ont un certain éclat qui leur est propre. Très-rarement on les trouve dans la terre ou à la surface à l'état de pureté; ils sont mélangés de métalloïdes (voir la *Chimie*) ou d'oxygène. Aussi, pour les employer, faut-il leur faire subir des préparations dont l'ensemble constitue la *métallurgie*. Le plus souvent on ne les trouve qu'à de grandes profondeurs, et, pour les arracher du lieu de leur formation, l'on est obligé de pratiquer d'immenses excavations, de longues galeries souterraines que l'on appelle *mines*. Nous avons donné, dans la Chimie, l'énumération de tous les métaux connus; nous allons passer en revue seulement les plus remarquables et faire connaître leurs propriétés et leur emploi.

Fer. C'est vraiment le plus précieux des métaux; il

est employé dans tous les usages de la vie; il n'y a pas un instant de la journée où il ne nous rende quelque service; la Providence, dans sa bonté, a voulu que, de tous les corps métalliques, ce fût le plus abondant. Il est *fusible* à une très-forte chaleur; *malléable*, c'est-à-dire susceptible d'être travaillé au marteau, surtout quand on l'a fait rougir au feu, et *ductile*, c'est-à-dire qu'il s'alonge par une forte pression. L'*aimant* est une espèce de fer; chacun connaît sa propriété d'attirer le fer ordinaire et de donner à l'aiguille qu'il a touchée la propriété de se tourner vers le Nord.

Plomb. Est moins employé que jadis; il est très-mou et très-fusible.

Étain. Son usage principal est pour l'étamage des ustensiles de cuivre.

Zinc. Son usage devient de plus en plus commun pour les toitures et la confection des ustensiles; il s'oxyde facilement.

Or. Le plus brillant et le plus coûteux des métaux, n'est employé que pour les dorures, les bijoux et la monnaie; sauf le platine, c'est le plus lourd des métaux.

Argent. Employé comme l'or; on en fait aussi la vaisselle de luxe,

Platine. C'est le plus pesant, le plus inaltérable et le moins fusible des métaux; on en fait peu d'usage, il sert seulement à faire des vases pour les affineurs d'or, et de la monnaie en Russie.

Antimoine. C'est un métal blanc et cassant ; il purge très-violemment.

Sodium. Métal blanc et brillant plus léger que l'eau et très-mou ; dans ses combinaisons avec d'autres corps, il produit le *sel de cuisine* et la *soude*.

Potassium. Métal tout semblable ; il donne la *potasse* et le *salpêtre*.

Arsenic. C'est un poison des plus dangereux ; en brûlant il exhale une forte odeur d'ail ; c'est un moyen de le reconnaître.

MINÉRAUX COMBUSTIBLES.

Ce sont les substances minérales qui peuvent brûler ; les plus utiles à l'homme sont celles-ci :

Houille ou charbon de terre. Minéral composé principalement de bitume et de charbon, qui se présente en masses noires et à cassures brillantes et donne une chaleur considérable par la combustion ; c'est de la houille qu'on extrait le gaz hydrogène carboné qui sert à l'éclairage ; après cette opération, le résidu se nomme *cooke*.

Diamant. C'est le carbone pur ; à un feu très-ardent, le diamant se résout en gaz, comme un morceau de glace sur le feu se réduirait en vapeur.

Soufre. Ce corps simple se trouve dans la nature à

l'état de pureté ; il est peu utilisé dans les arts ou l'industrie. Il cristallise en aiguilles.

Bitume. C'est une substance dont on fait aussi peu d'usage ; elle répand en brûlant une odeur particulière. Il y a des sources de bitume liquide qu'on appelle *naphte*.

Tourbe. C'est un détritus de plantes qui s'accumule en certains lieux ; après avoir été séché au soleil, il brûle assez bien. A proprement parler, ce n'est pas un minéral, mais une masse de débris végétaux.

FIN DU CINQUIÈME ET DERNIER LIVRE.

TABLE DES MATIÈRES.

LIVRE SECOND.

LEVÉE DES PLANS.

LIVRE TROISIÈME.

TRAVAUX.

CHARPENTE.

MAÇONNERIE.

TERRASSES.

LIVRE QUATRIÈME.

ARCHITECTURE.

LIVRE CINQUIÈME.

CONNAISSANCES DIVERSES.

FIN DE LA TABLE.

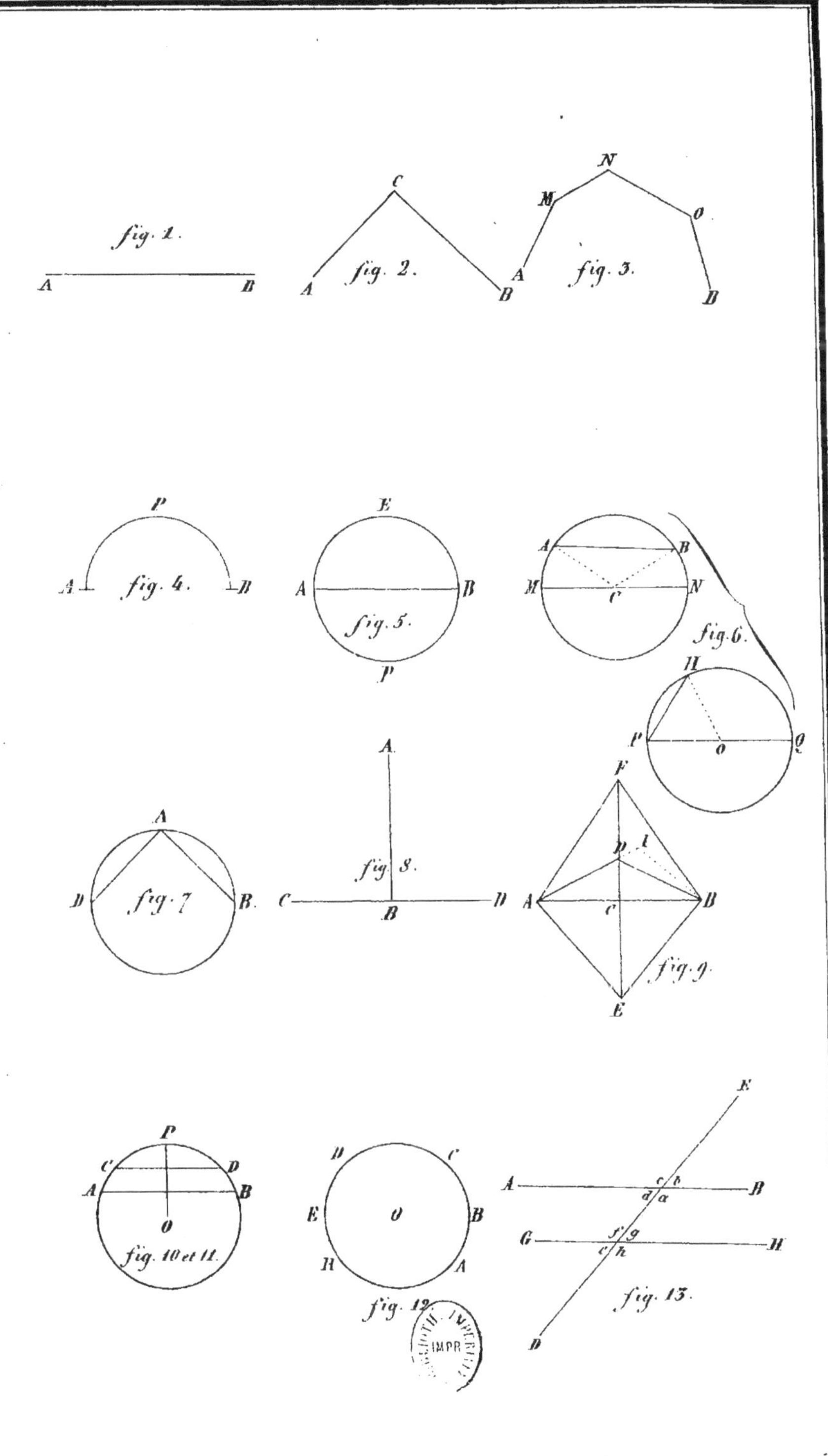
fig. 1.
A
B
C
fig. 2.
A
B
N
M
O
A
fig. 3.
B
P
A
fig. 4.
B
E
A
B
fig. 5.
P
A
B
M
C
N
fig. 6.
H
P
O
Q
A
D
fig. 7
B.
A.
fig. 8.
C
B
D
F
D
I
A
C
B
fig. 9.
E
P
C
D
A
B
O
fig. 10 et 11.
D
C
E
O
B
H
A
fig. 12.
E
A
c
b
B
d
a
G
f
g
H
e
h
fig. 13.
D

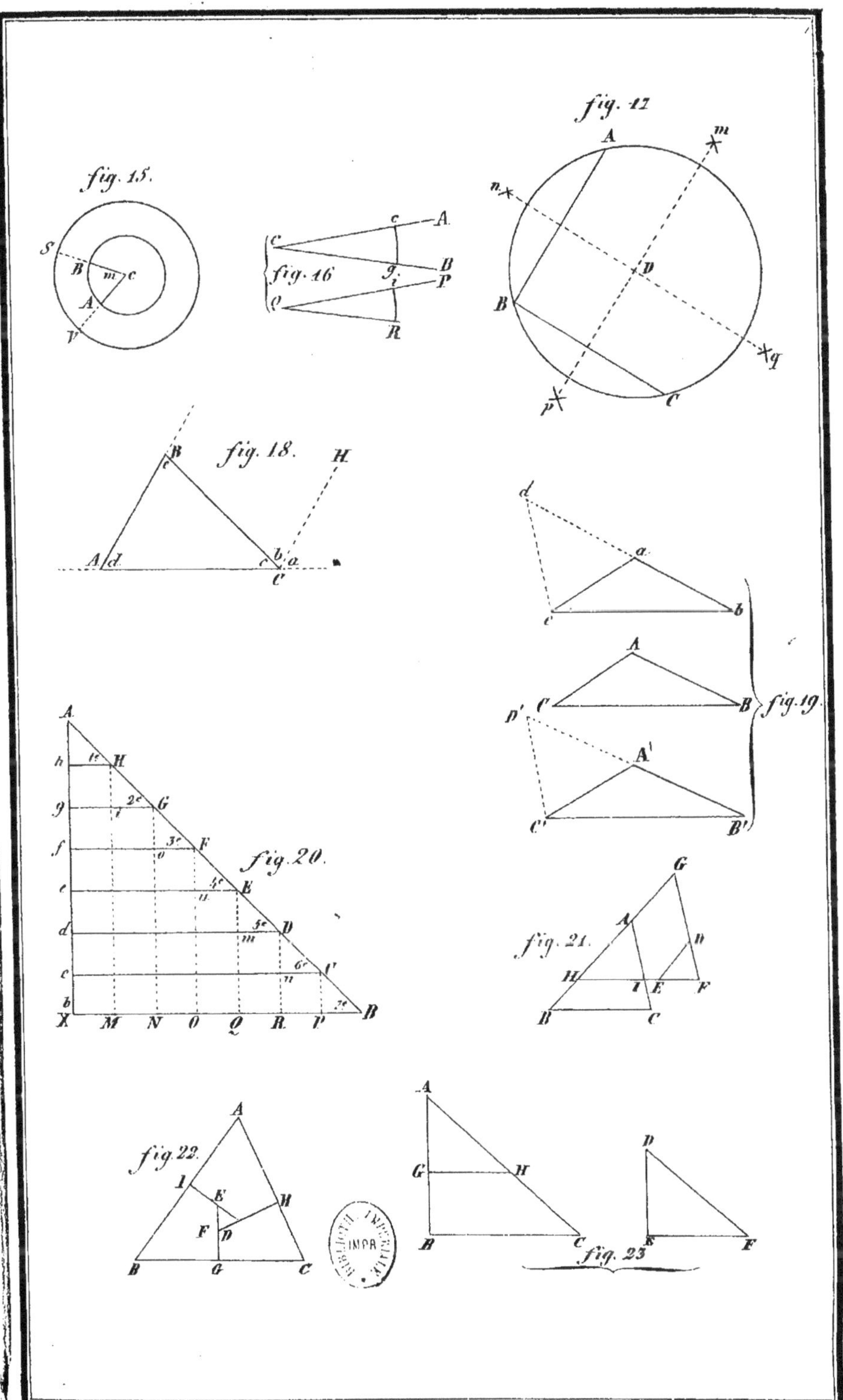

Lith. Donnadieu, Montp.r

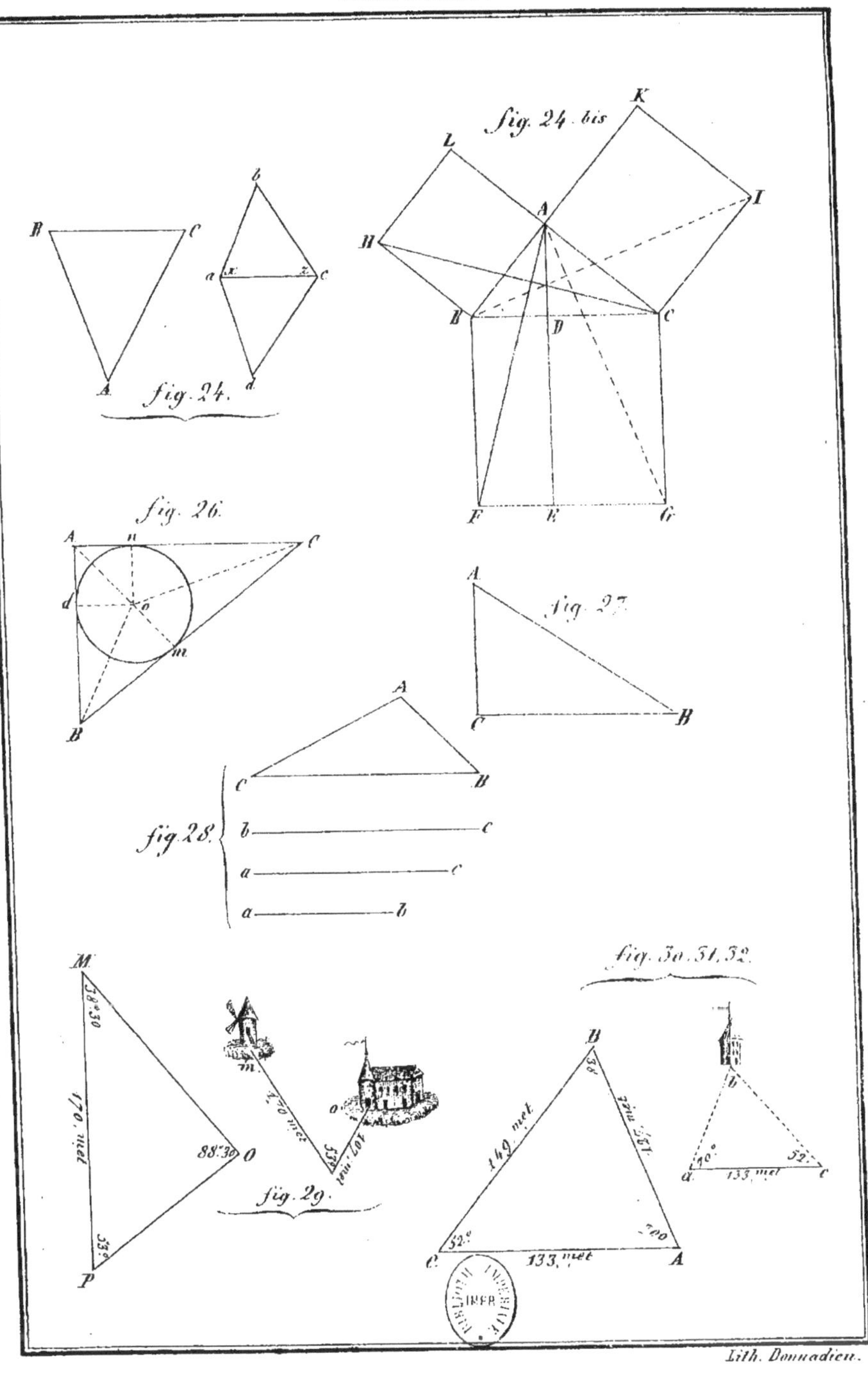

Lith. Donnadieu.

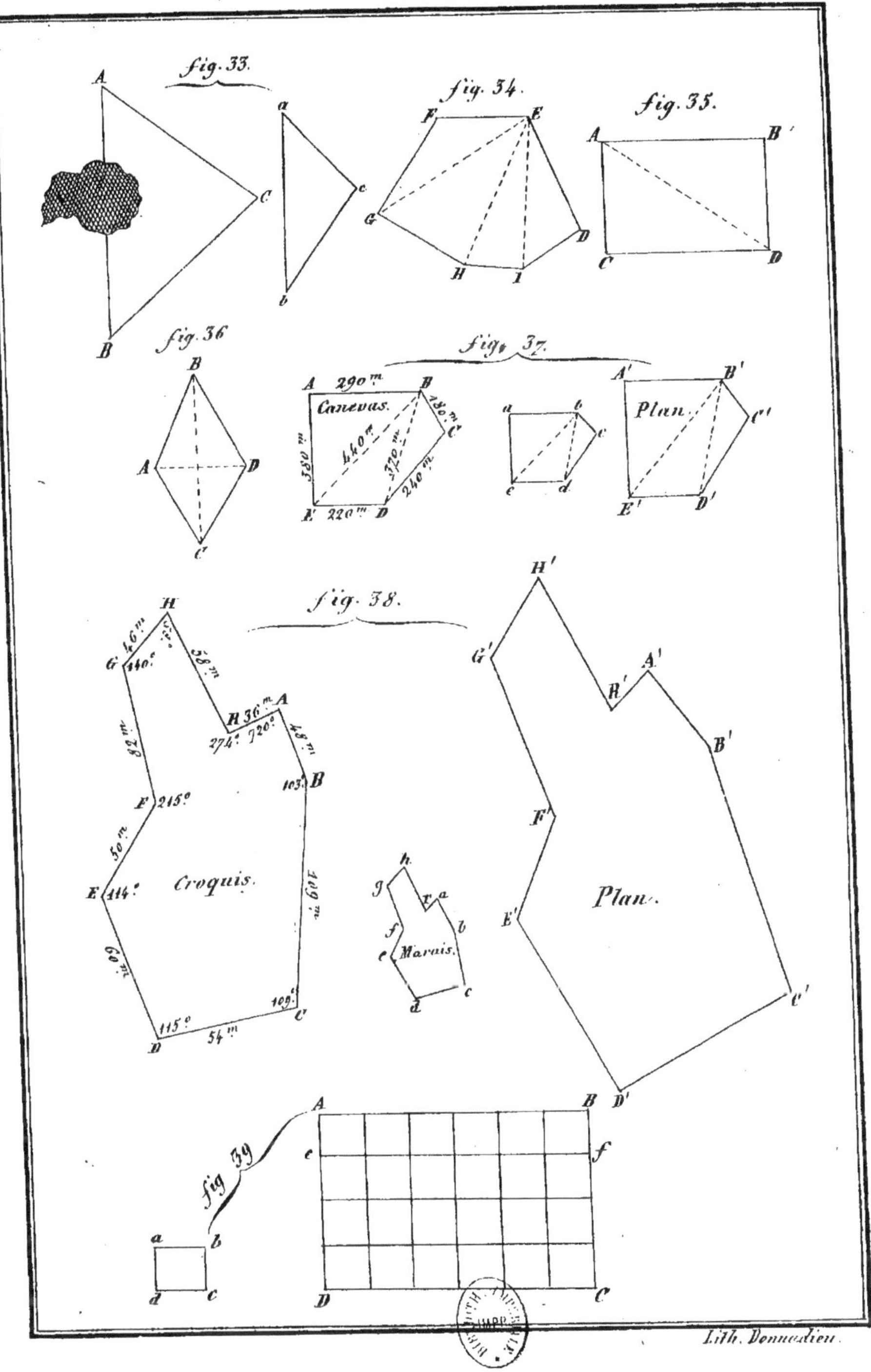
fig. 33.
A
B
C
a
b
c
fig. 34.
F
E
G
D
H
I
fig. 35.
A
B'
C
D
fig. 36
B
A
D
C
fig. 37.
A 290m
B
Canevas.
180m
C
380m
440m
320m
240m
E 220m D
a
b
c
e
d
A'
B'
Plan.
C'
E'
D'
fig. 38.
H
46m
G 140°
58m
R 36m A
274° 120°
82m
48m
103° B
F 215°
50m
E 114°
Croquis.
109m
60m
109° C
115°
D
54m
h
g
r a
f
b
e
Marais.
c
d
H'
G'
A'
R'
B'
F'
E'
Plan.
C'
D'
fig. 39
A
B
e
f
a
b
d
c
D
C
Lith. Donnadieu.

GÉOMÉTRIE.

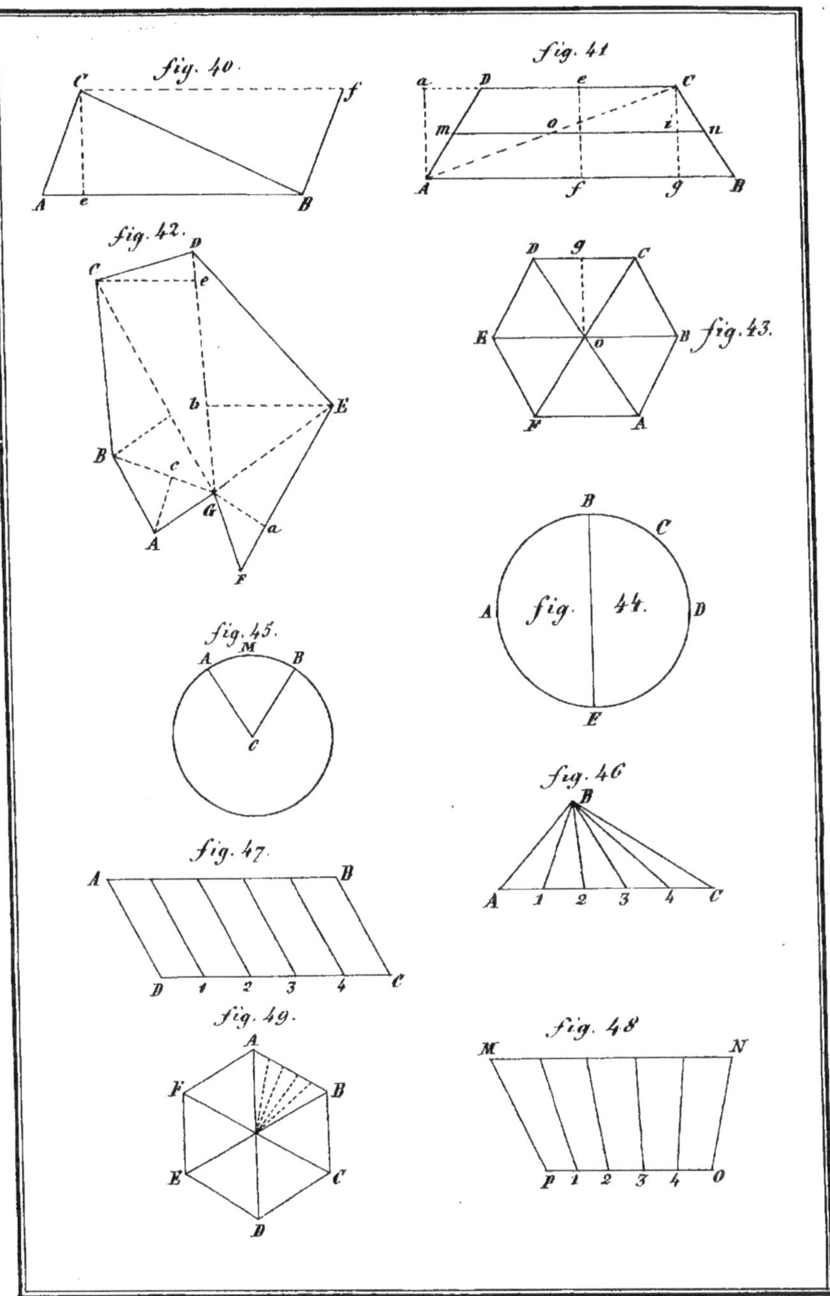

Lith. Dounadieu.

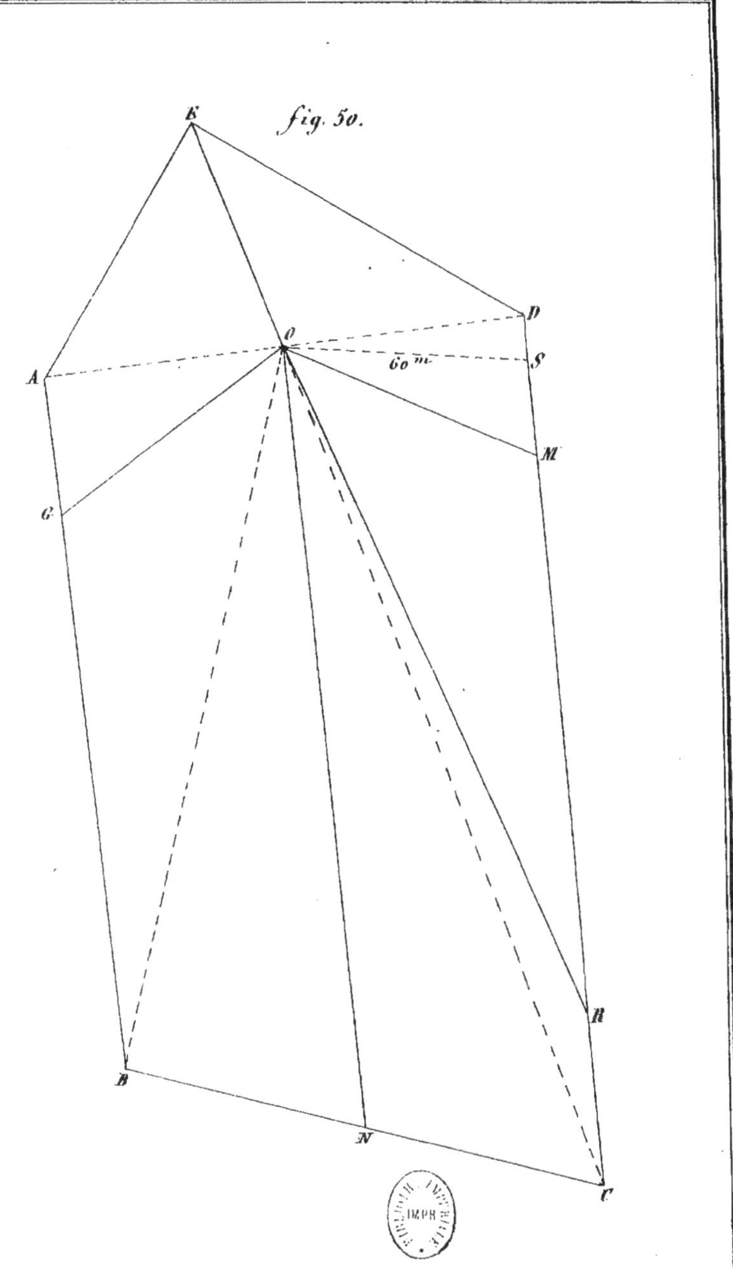

Lith. Donnadieu.

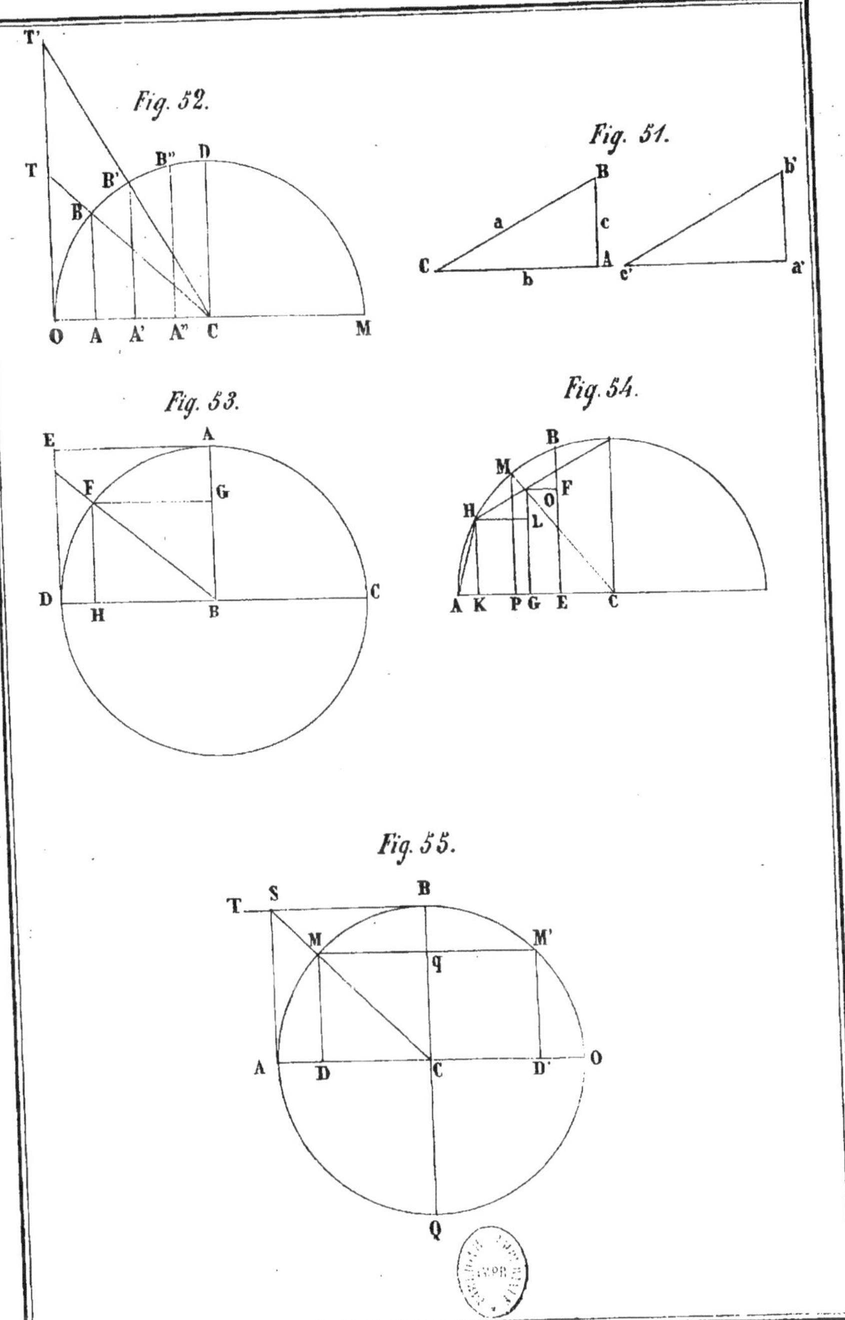

Lith. Donnadieu, Montp.r

STATIQUE.

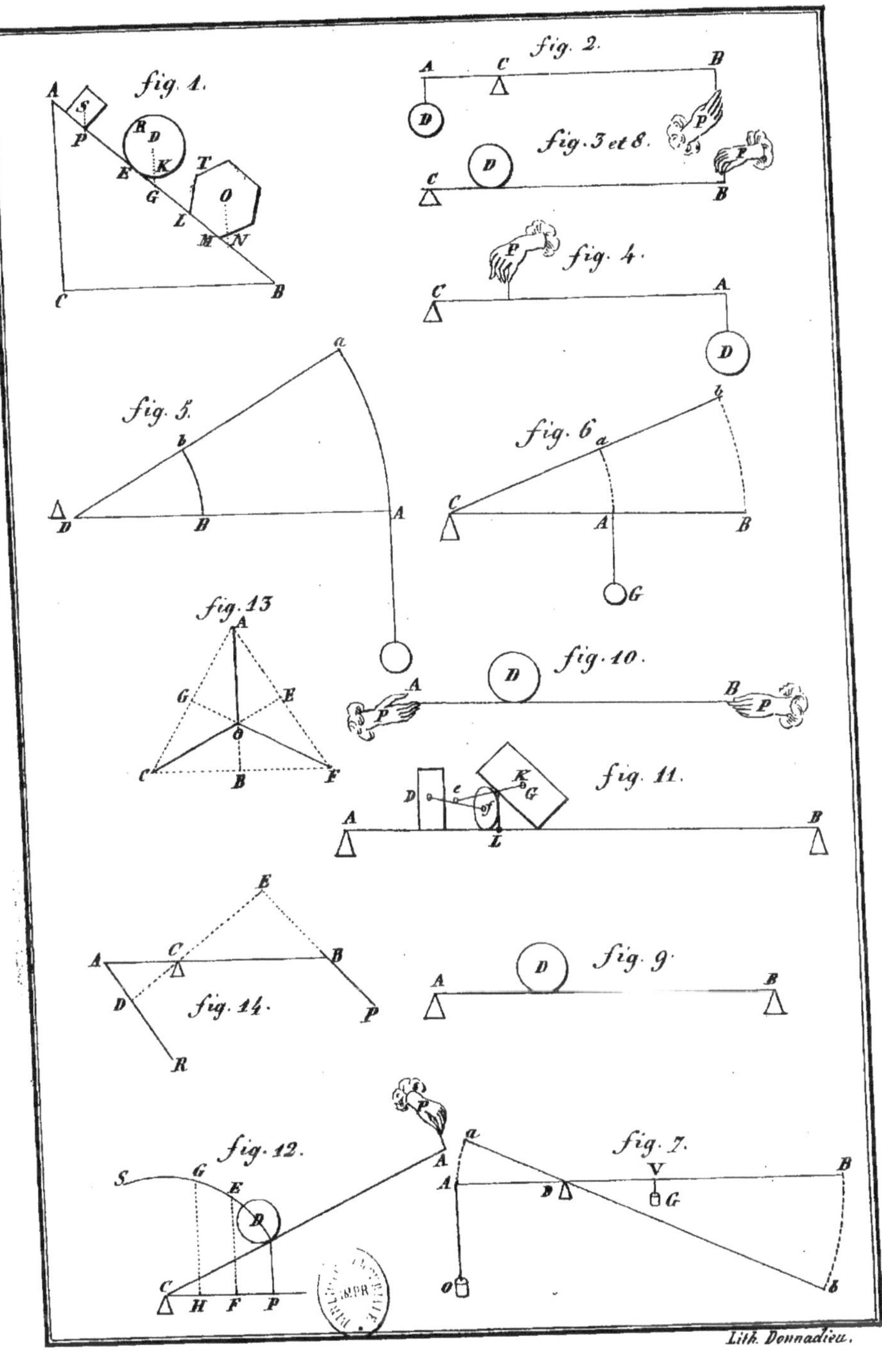

Lith. Donnadieu.

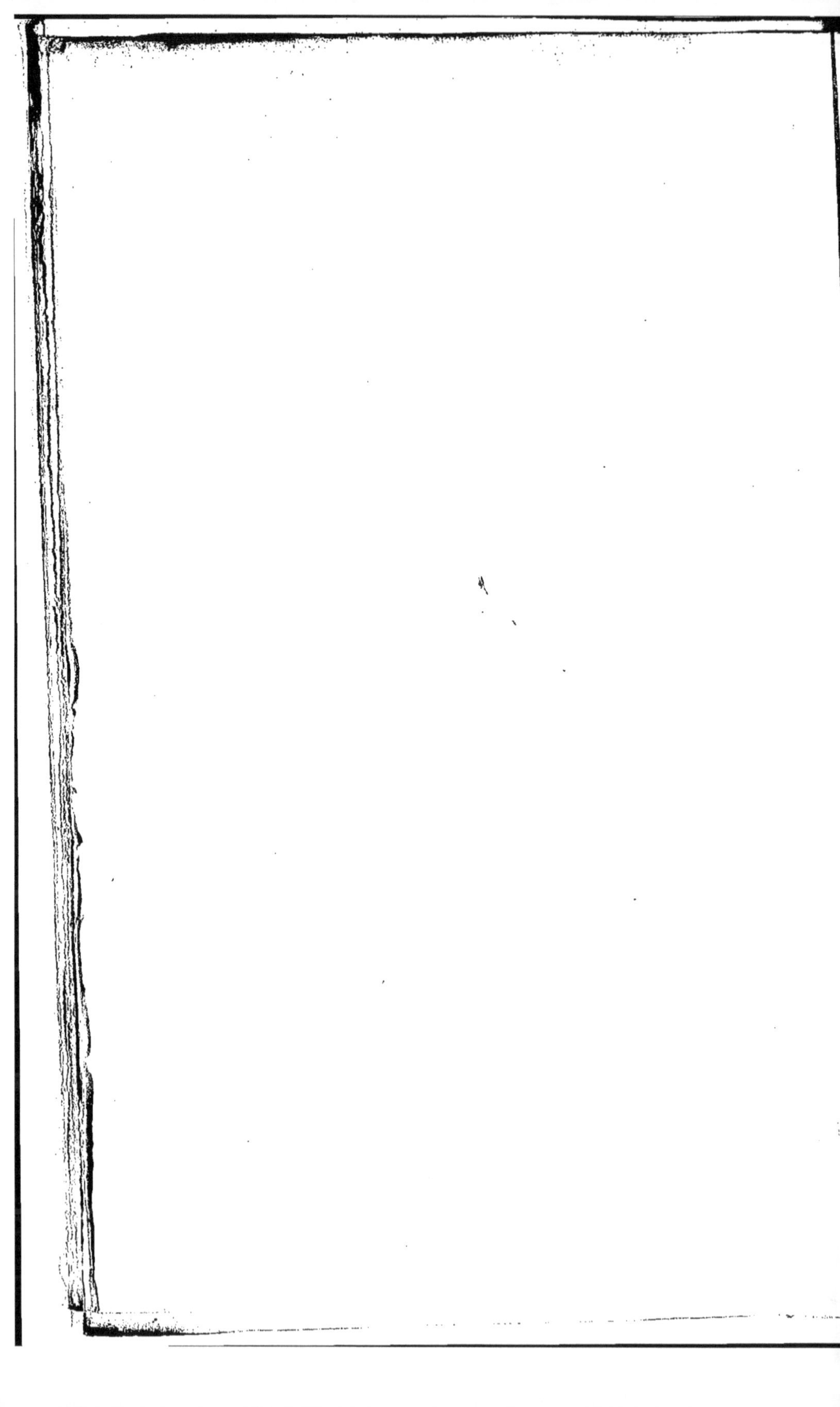

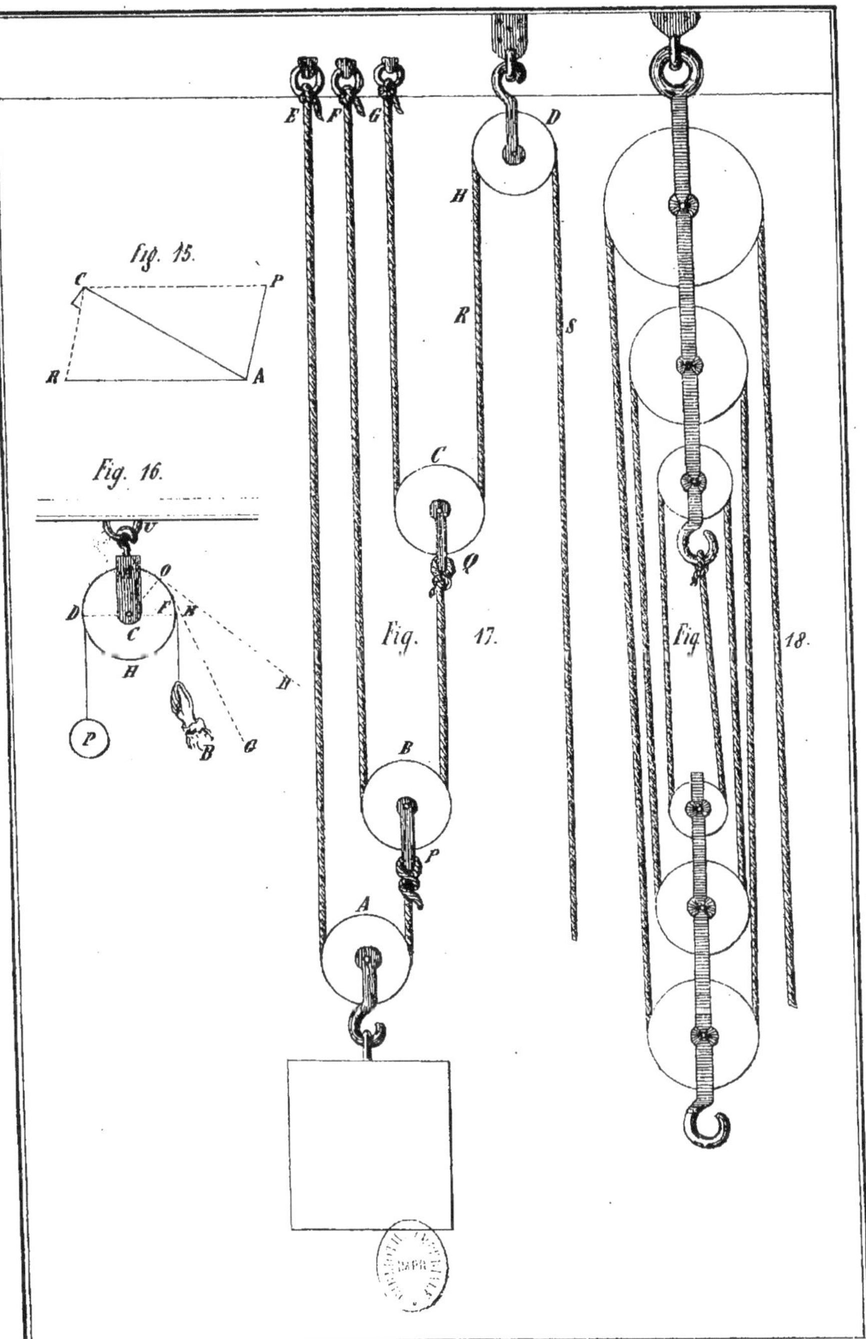

Lith. Donnadieu, Montp.

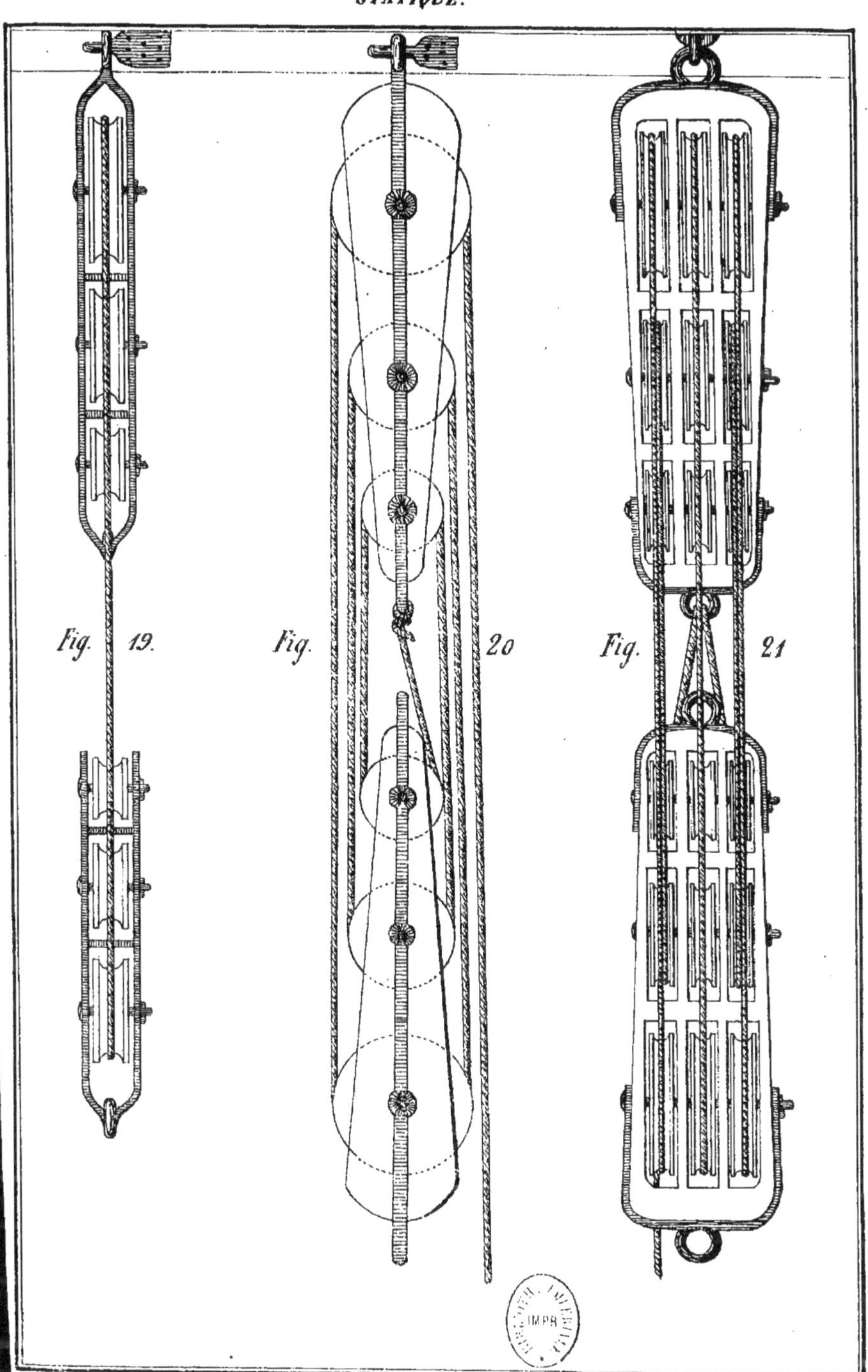

Lith. Donnadieu, Montp.

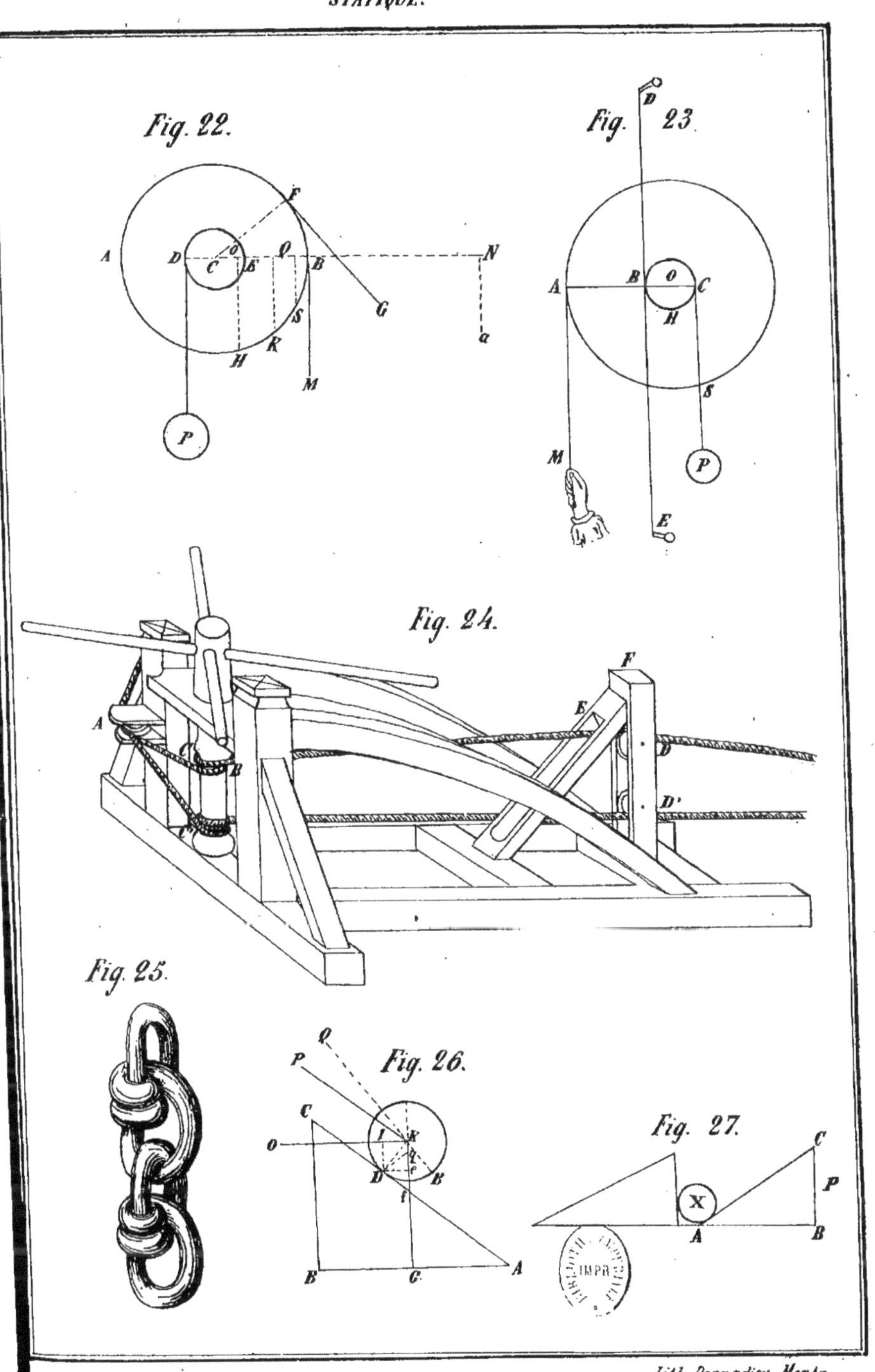

Lith. Donnadieu, Montp.

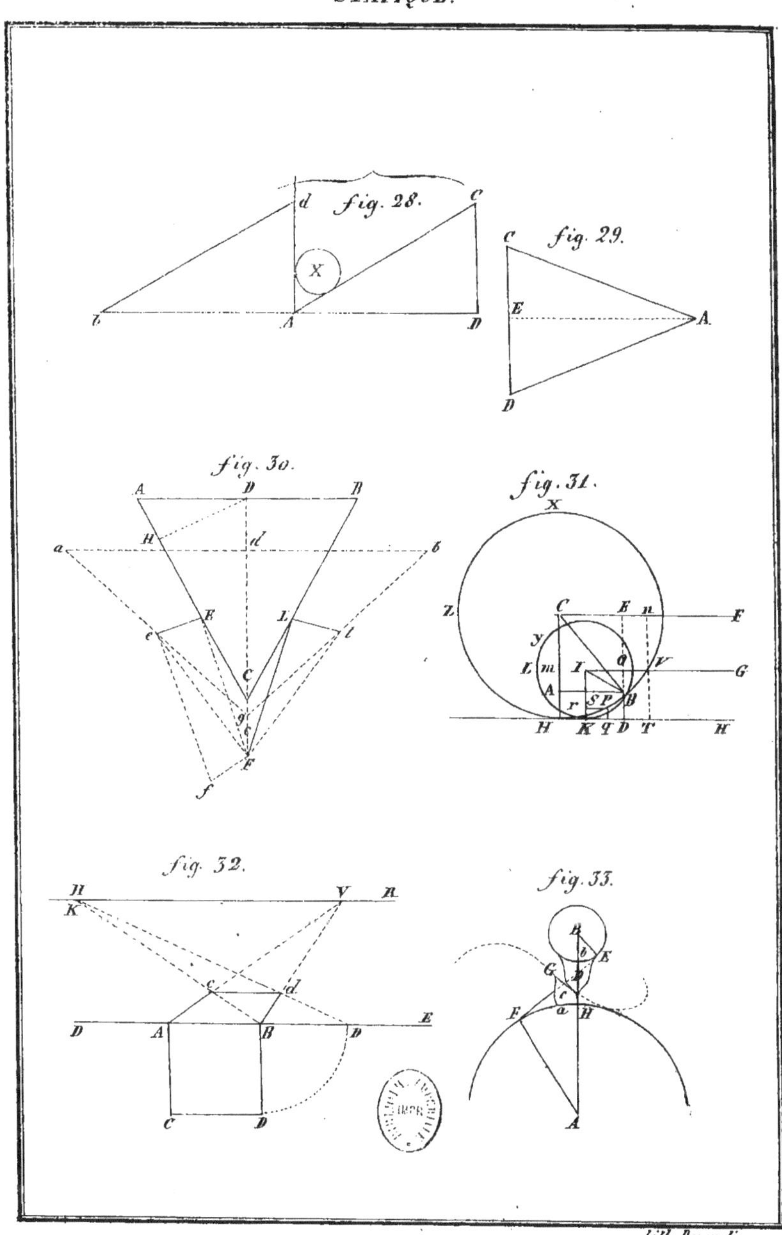

Lith. Donnadieu.

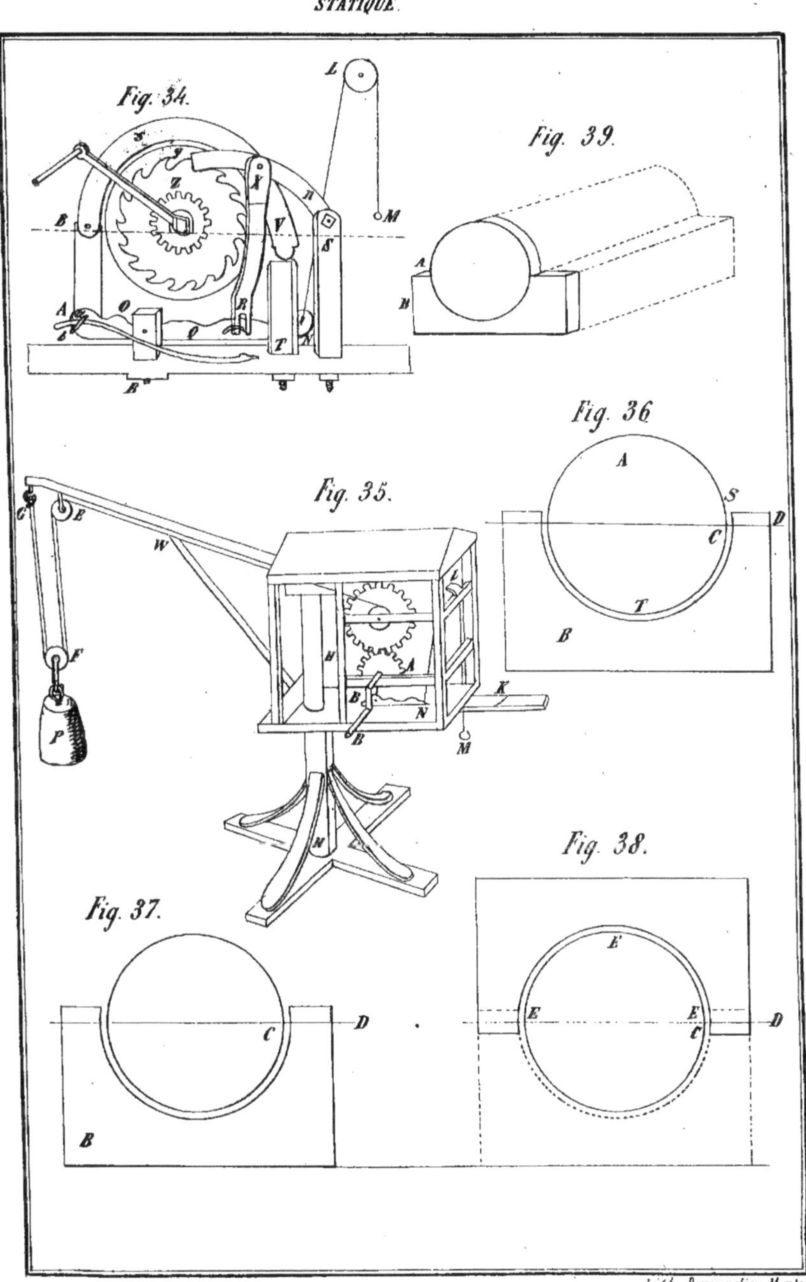

Lith. Donnadieu, Montp.

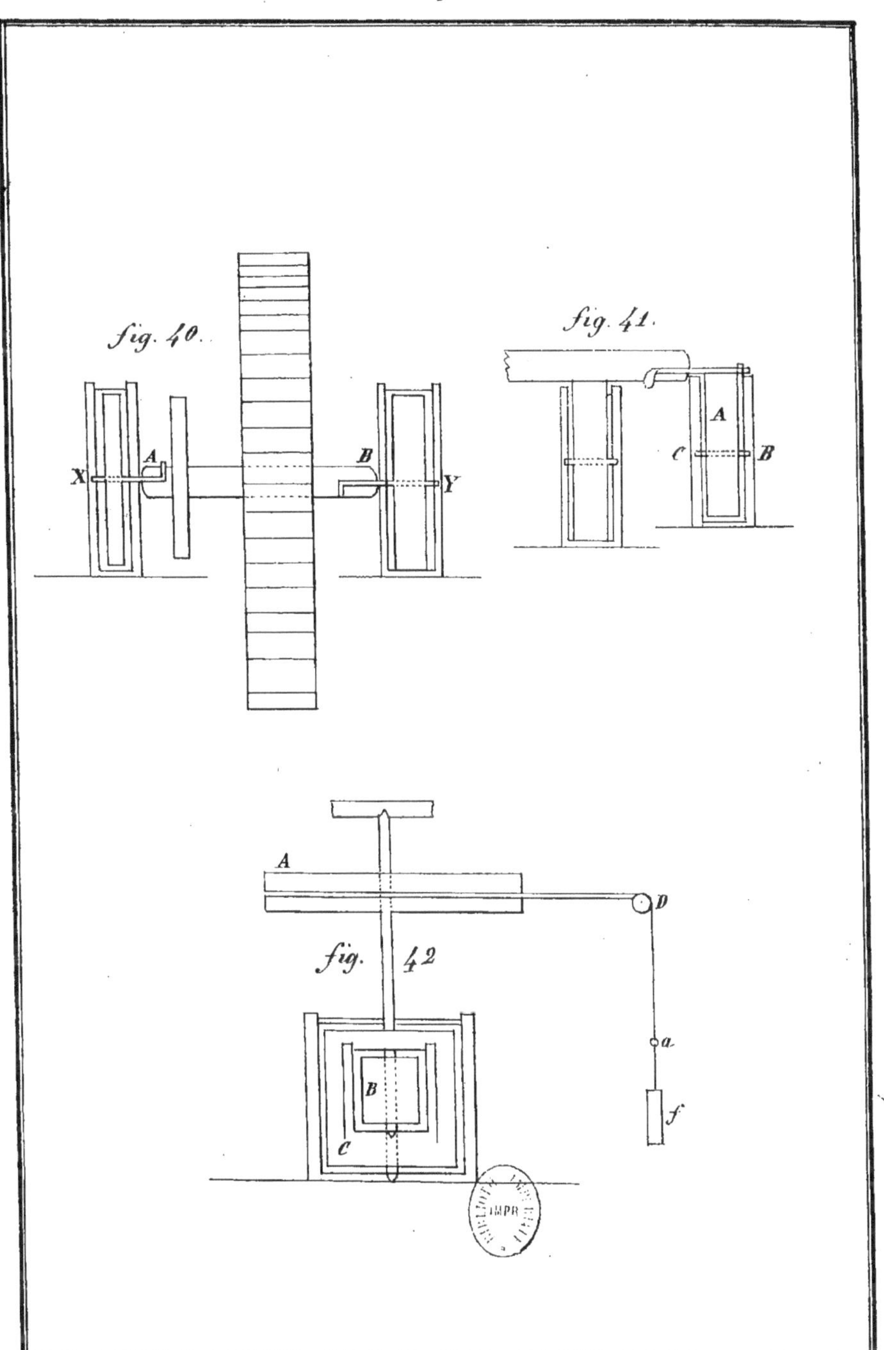

Lith. Donnadieu.

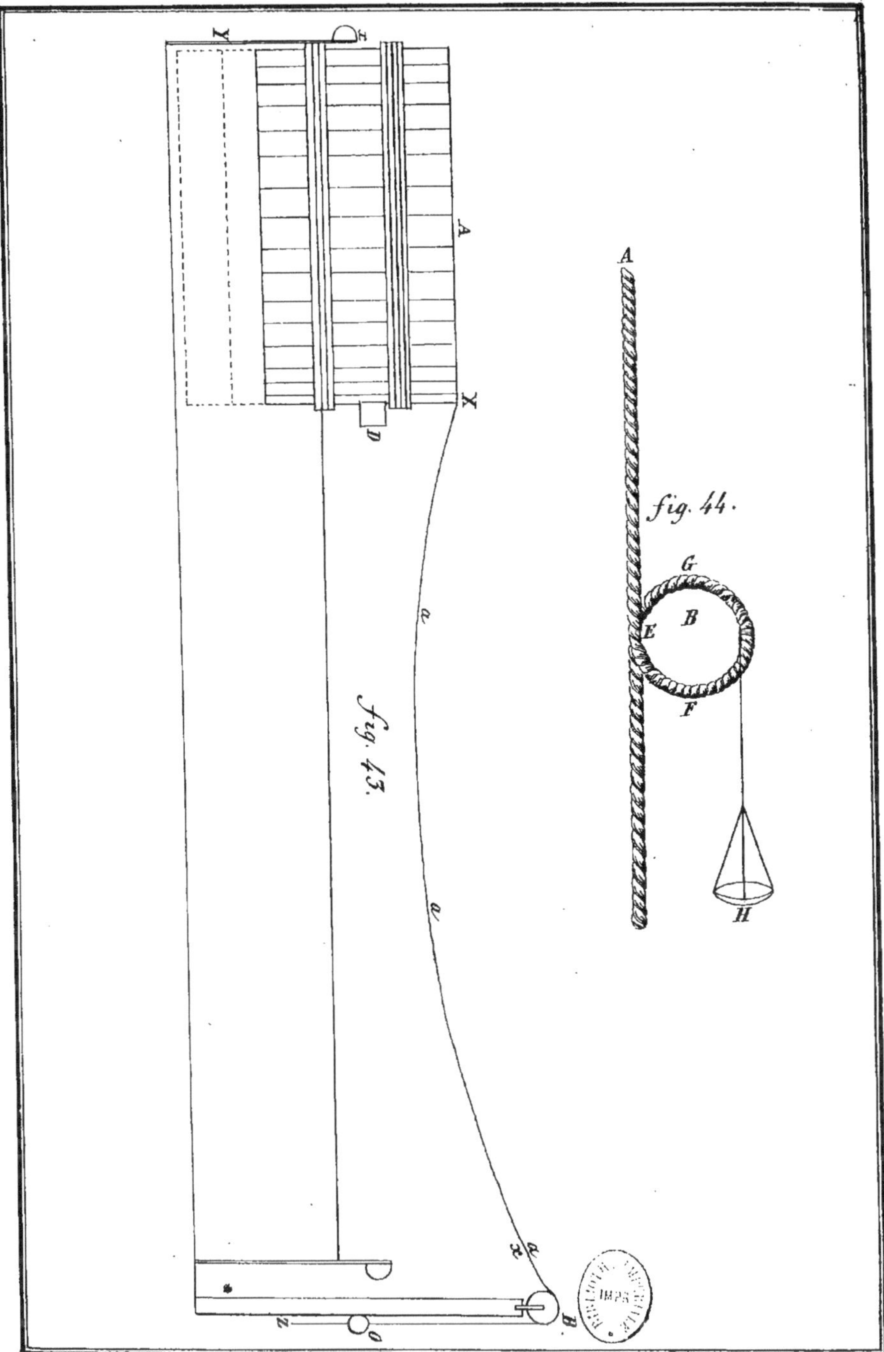

Lith. Donnadieu.

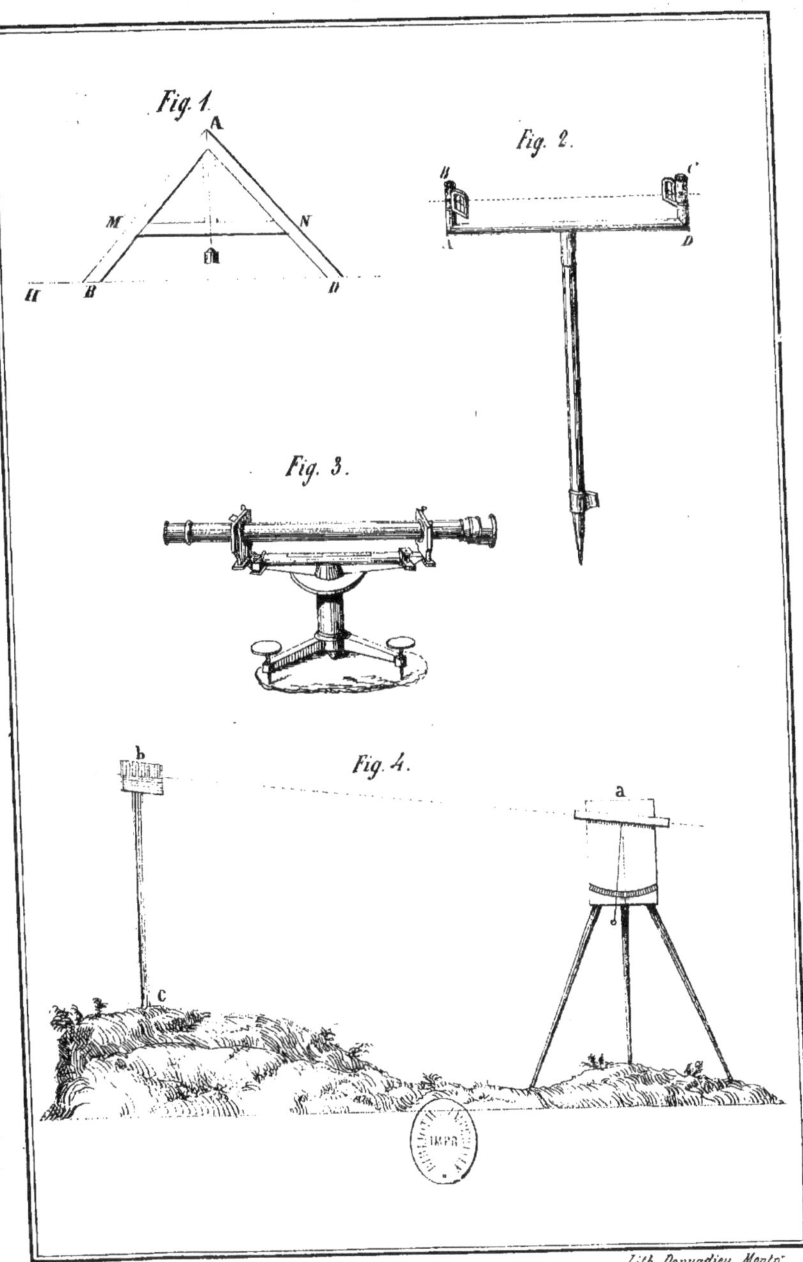

Lith. Donnadieu, Montp.

LEVÉE DES PLANS, NIVELLEMENT.

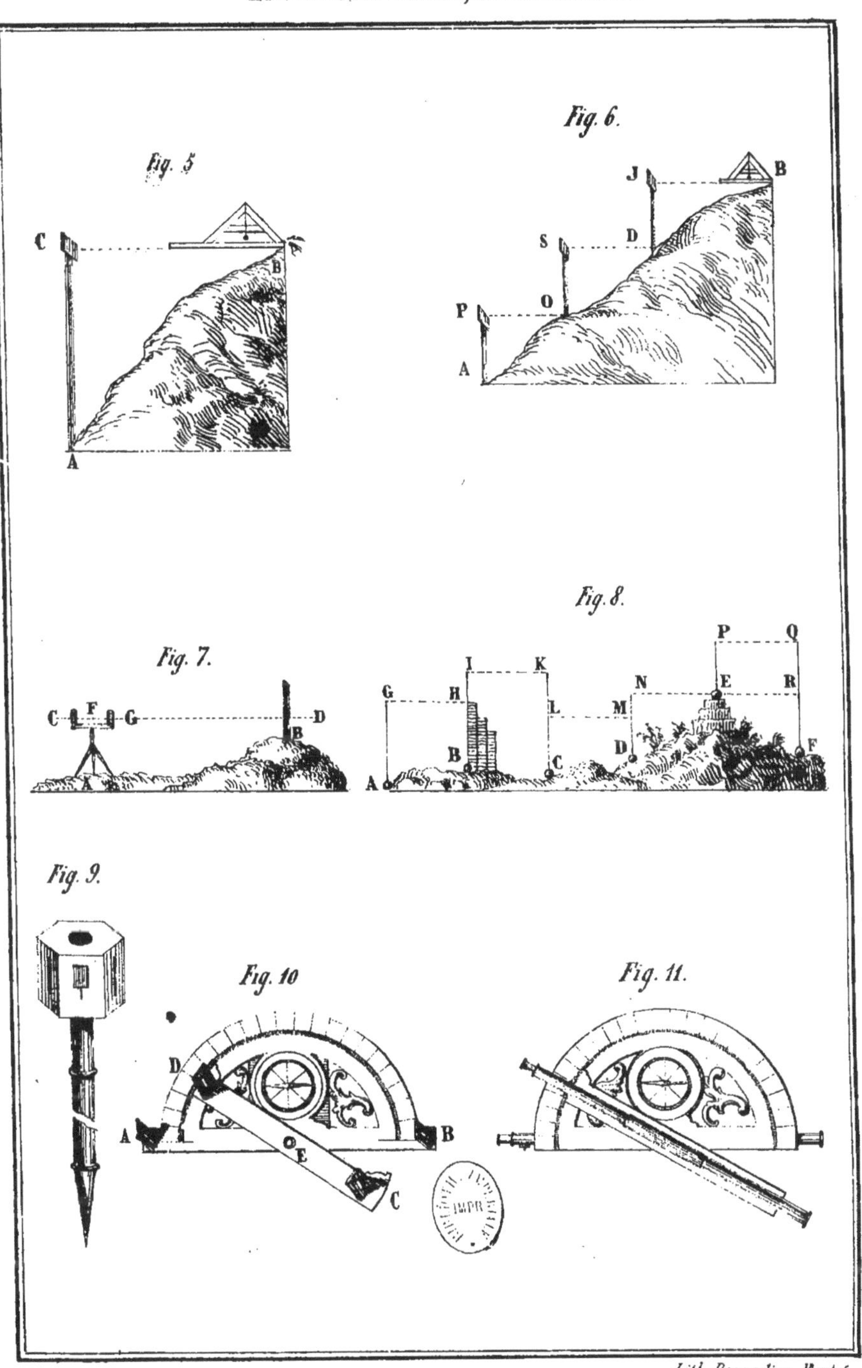

Lith. Donnadieu Montp.

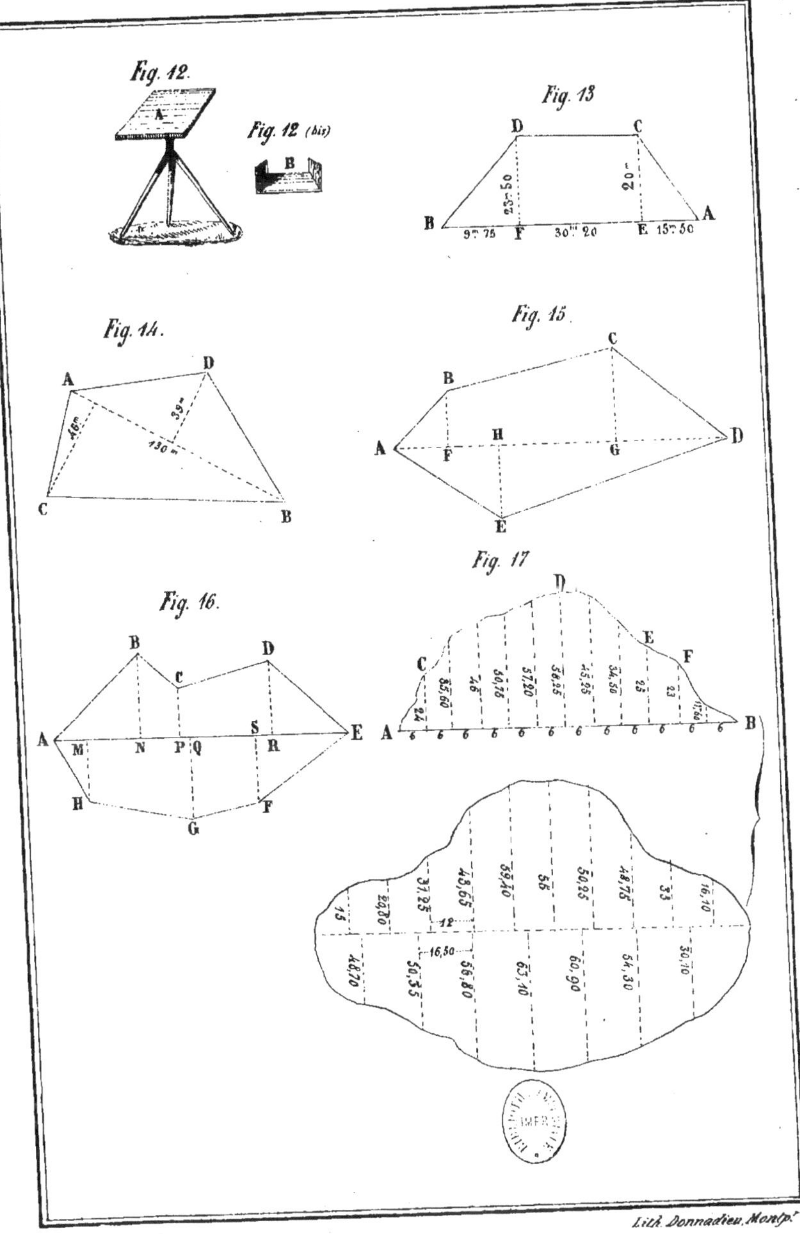

Lith. Donnadieu, Montp^r

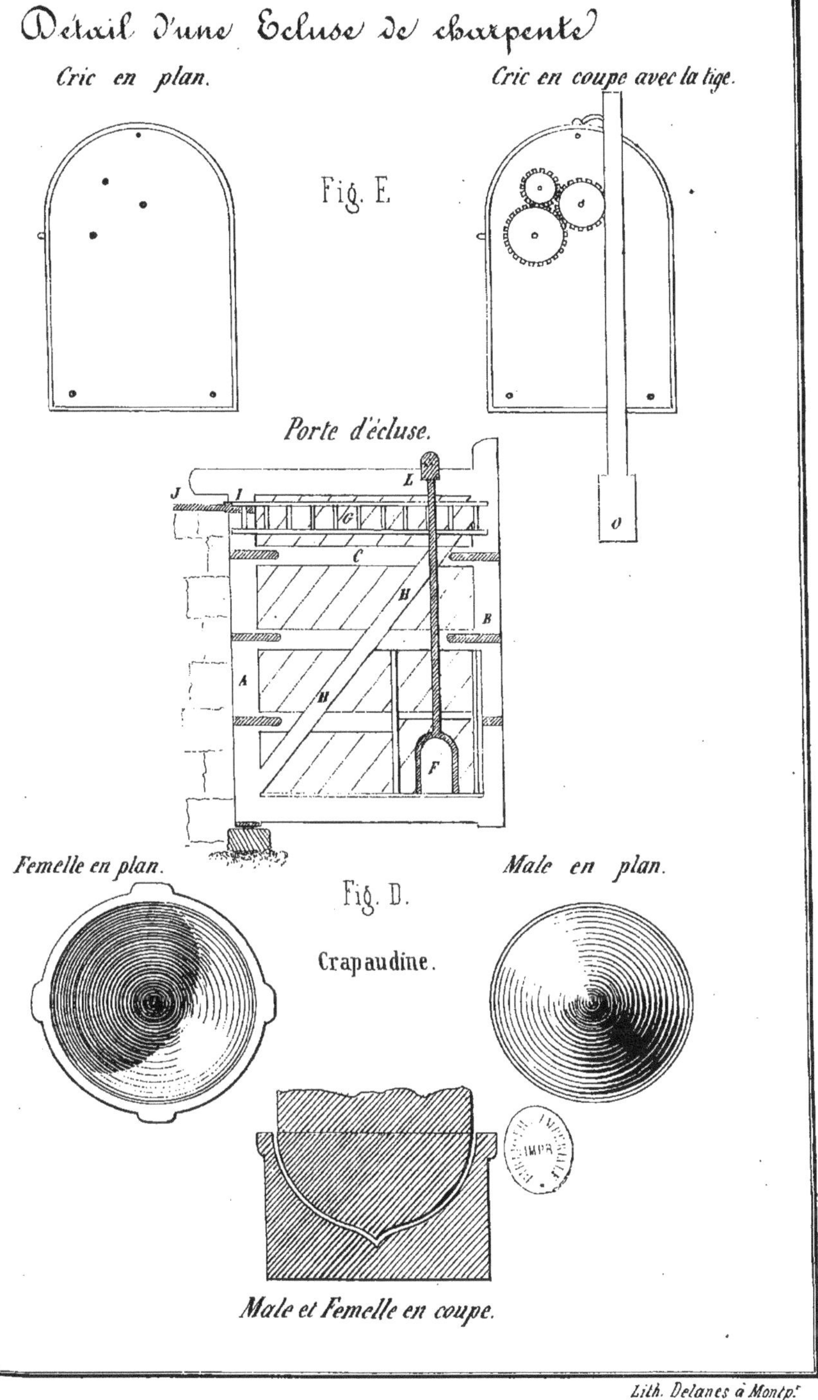

Lith. Delanes à Montp^r

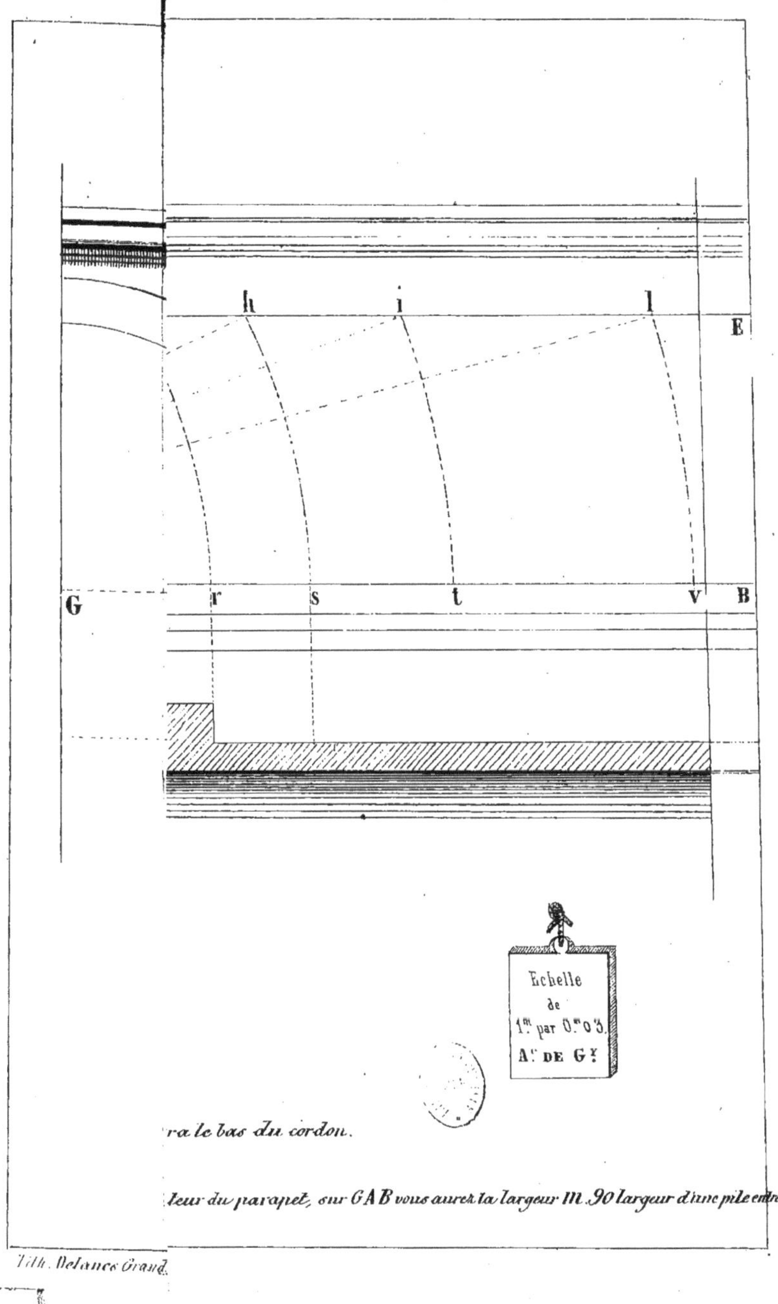

ra le bas du cordon.

leur du parapet, sur G A B vous aurez la largeur m. 90 largeur d'une pile entre

Lith. Delancs Grand.

PLAN D'UN PONT A PLEIN CINTRE.

Figure 1.

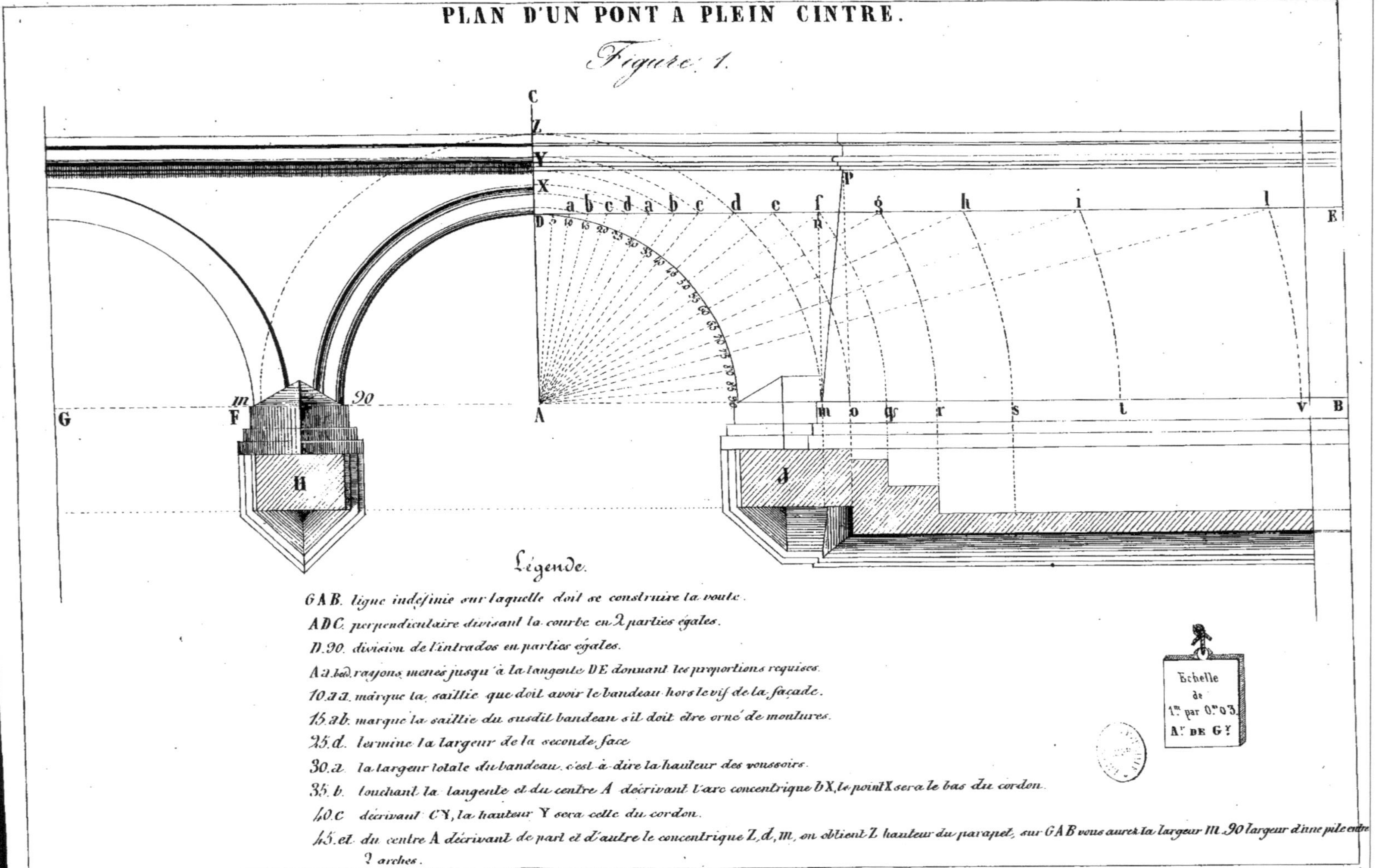

Légende.

GAB. ligne indéfinie sur laquelle doit se construire la voute.

ADC. perpendiculaire divisant la courbe en 2 parties égales.

D.90. division de l'intrados en parties égales.

A a.bcd. rayons menés jusqu'à la tangente DE donnant les proportions requises.

10.a a. marque la saillie que doit avoir le bandeau hors le vif de la façade.

15.ab. marque la saillie du susdit bandeau s'il doit être orné de moulures.

25.d. termine la largeur de la seconde face

30.a. la largeur totale du bandeau, c'est-à-dire la hauteur des voussoirs.

35.b. touchant la tangente et du centre A décrivant l'arc concentrique bX, le point X sera le bas du cordon.

40.c décrivant CY, la hauteur Y sera celle du cordon.

45.et du centre A décrivant de part et d'autre le concentrique Z,d,m, on obtient Z hauteur du parapet, sur GAB vous aurez la largeur m.90 largeur d'une pile entre 2 arches.

Lith. Delanoe Grand-rue Mauln.t

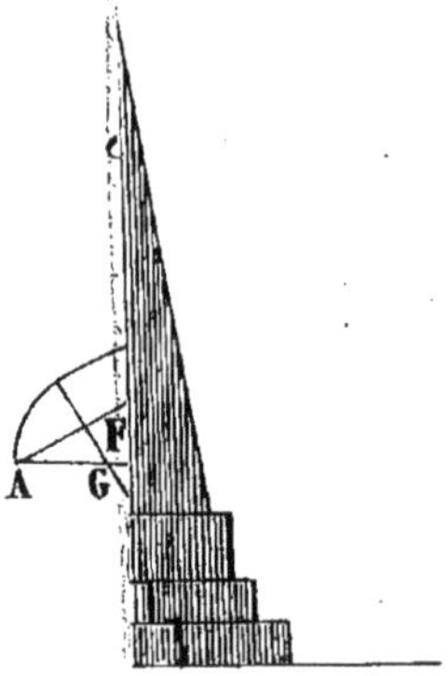

A G F

A I

o épaisseur de la culée.

ulée.

e m p on a le talus à donner aux épaulements

Lith. Delaucs Gra

Figure 1 bis.

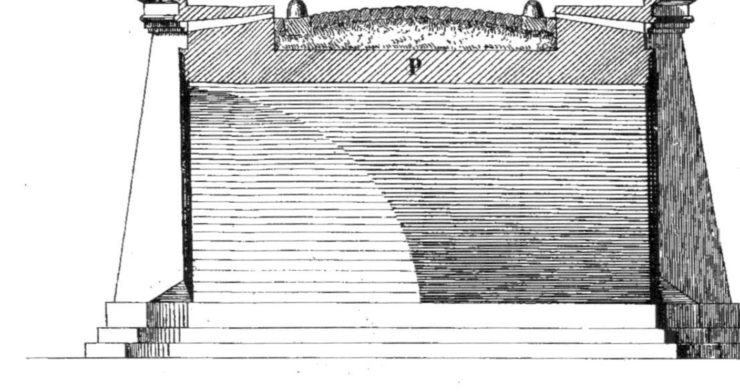

Figure 3.

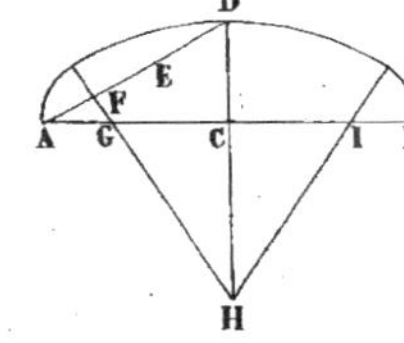

Figure 2.

Légende de la figure 1 et 1 bis.

50. e donne l'ouverture pour décrire e, 0 lequel établit sur GAB la distance 90. 0 épaisseur de la culée.

55. f donne f, q qui sur la diamétrale AB fournit la 90. q pour une plus grande culée.

Sur AB et au point 0 élevant 0p et du point p au point m traçant l'oblique mp on a le talus à donner aux épaulements

P coupe du pont avec ses épaulements.

Lith. Delanes Grand-rue Montp.r

CHEMINS.

Profil de Route
en plaine en levée et sans fossé.
fig. 1.
Profil d'une Chaussée en empierrem.t
(Échelle de 0,007 pour un mètre
fig. 4.
Profil de Route en plaine
avec fossé de chaque côté.
0,65. 1,95. 3,90. 2,92. 2,92. 3,90. 1,95. 1,95.
fig. 2.
fig. 3.
3,90. 2,92. 2,92. 3,90. 0,65.
Lith. Donnadieu.

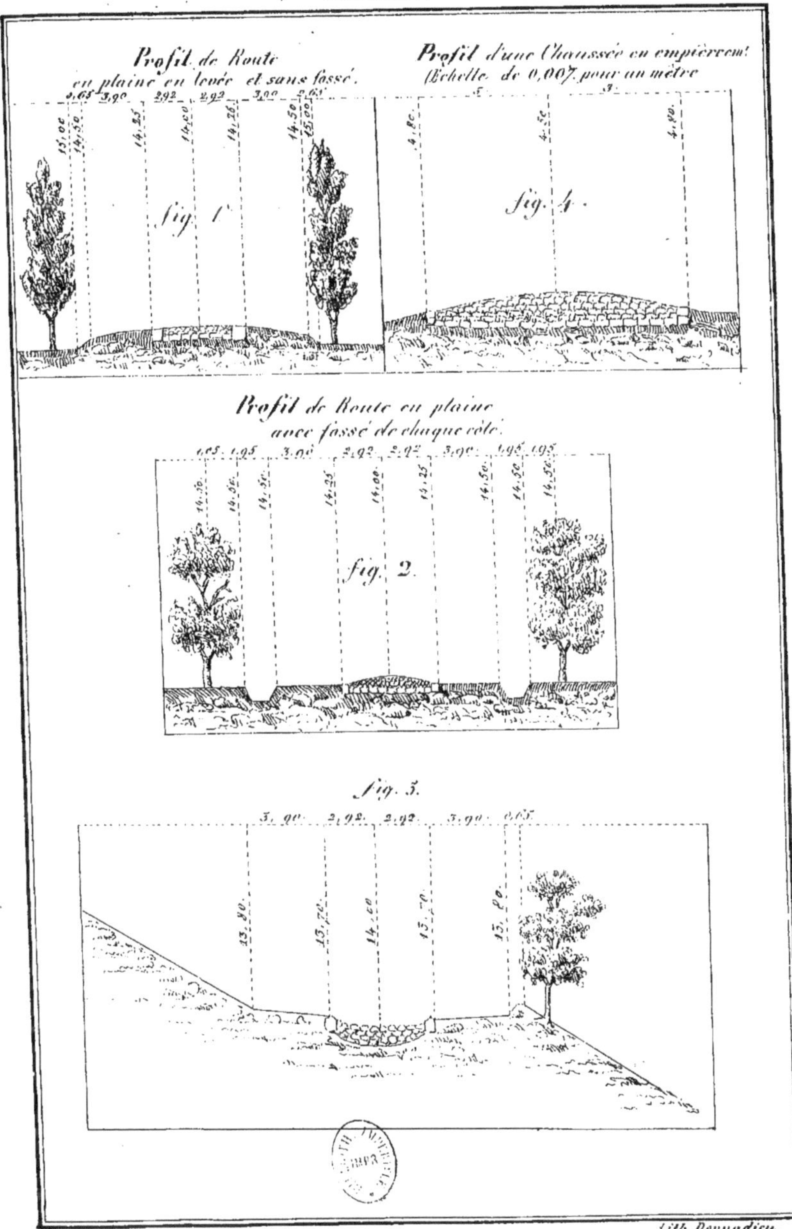

CHEMINS.

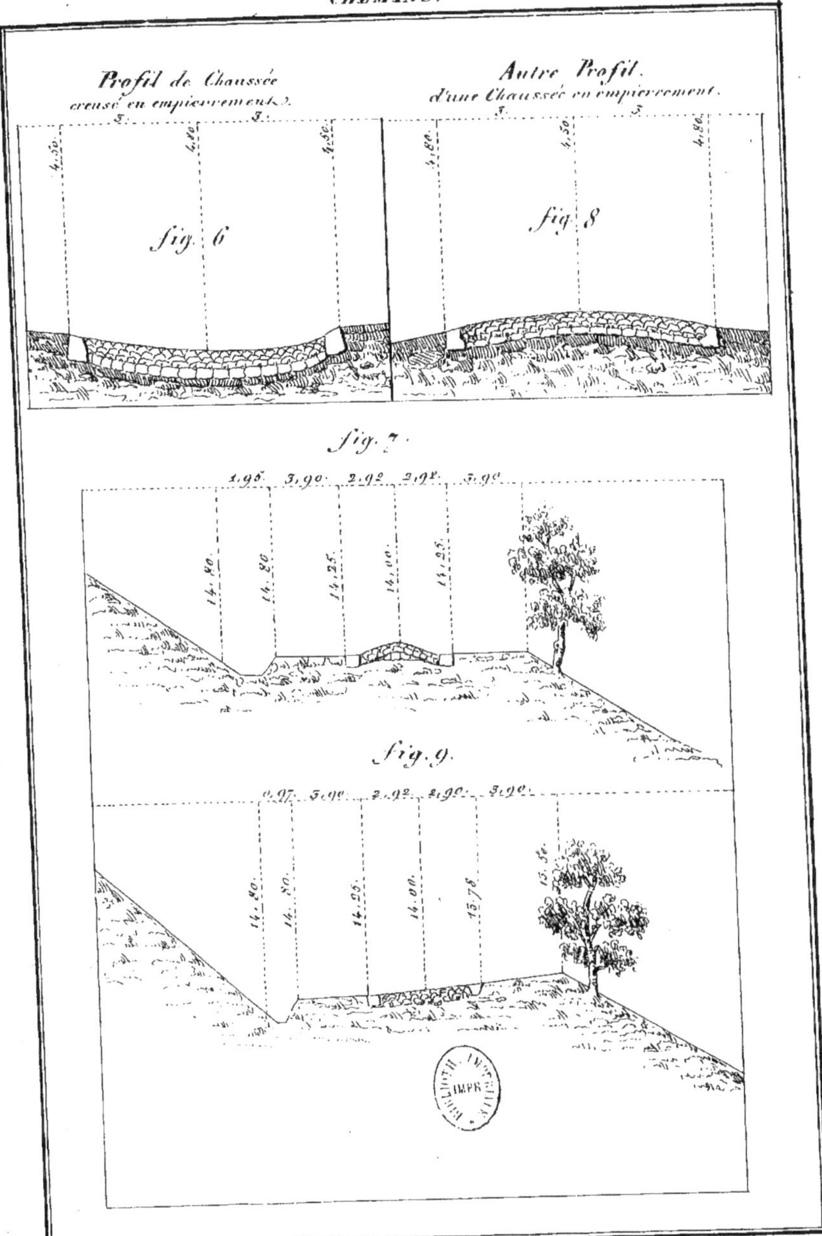

Lith. Donnadieu.

Profil aux a[illegible] dans les pentes faibles et parties de niveau.

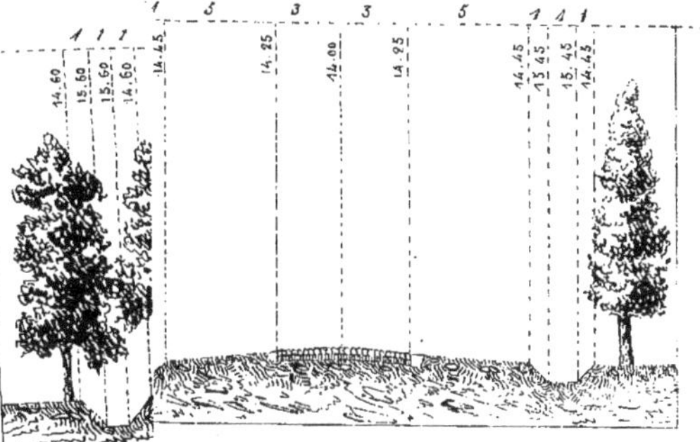

Autre Profil de chaussée en empierrement.

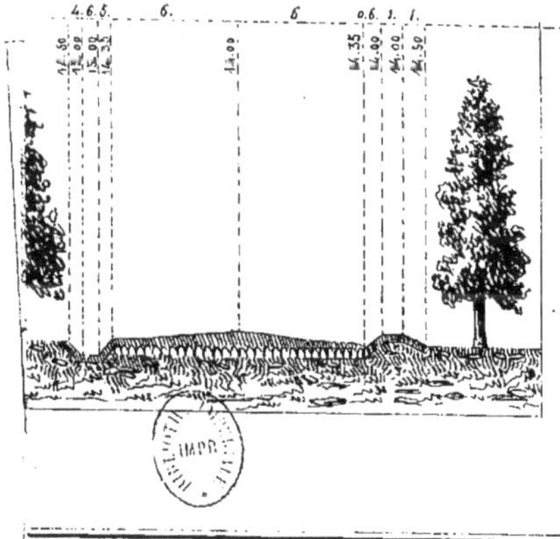

Lith. Donnadieu, Montp.r

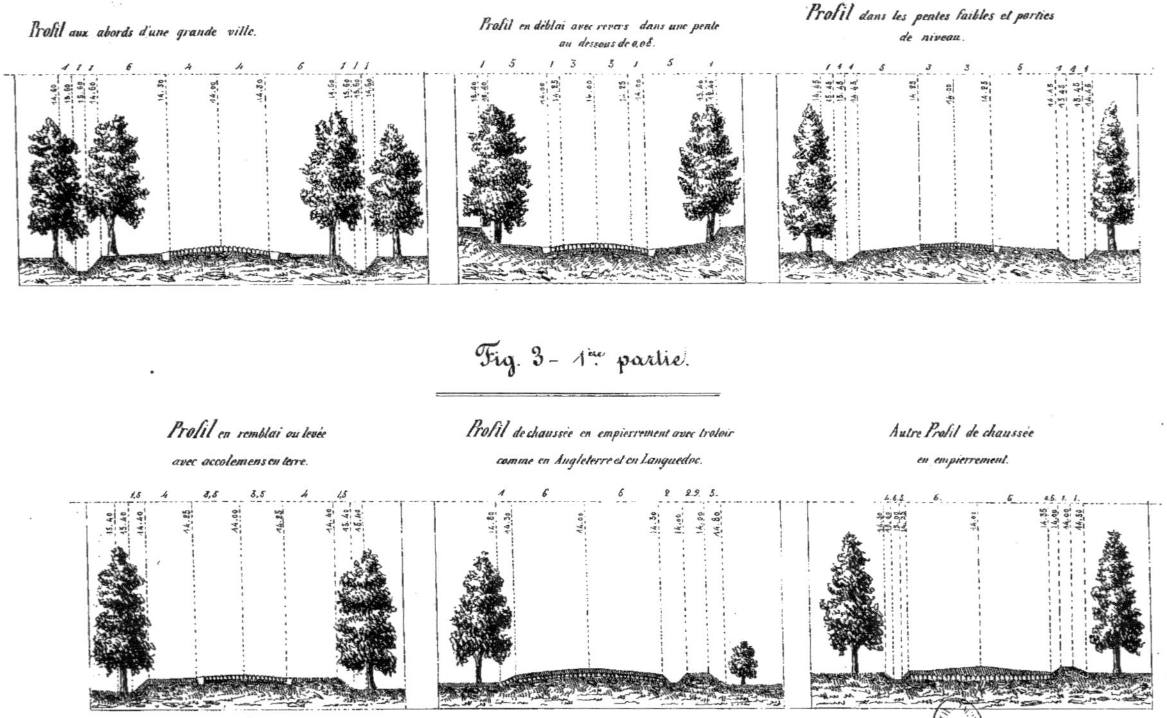

Profil aux abords d'une grande ville.

Profil en déblai avec revers dans une pente au dessous de 0,05.

Profil dans les pentes faibles et parties de niveau.

Fig. 3 - 1re partie.

Profil en remblai ou levée avec accolemens en terre.

Profil de chaussée en empierrement avec trotoir comme en Angleterre et en Languedoc.

Autre Profil de chaussée en empierrement.

Lith. Donnadieu, Montpr.

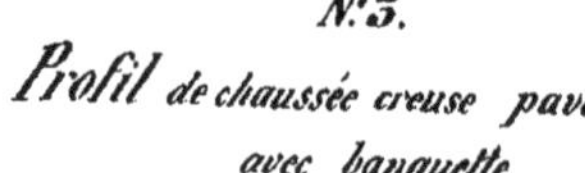

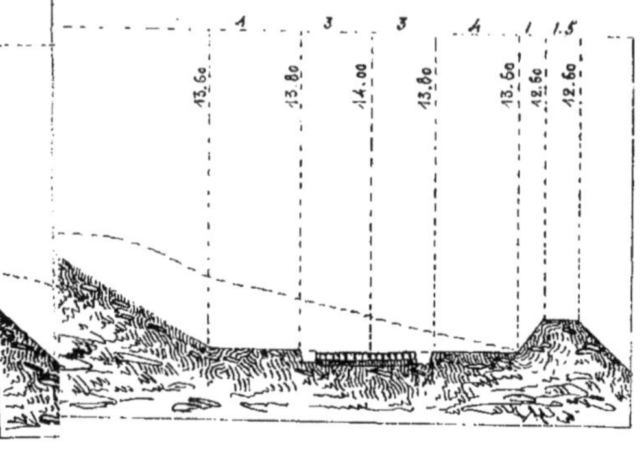

N.º 6.

/ de route avec mur de soutènement
aux abords d'une rivière.

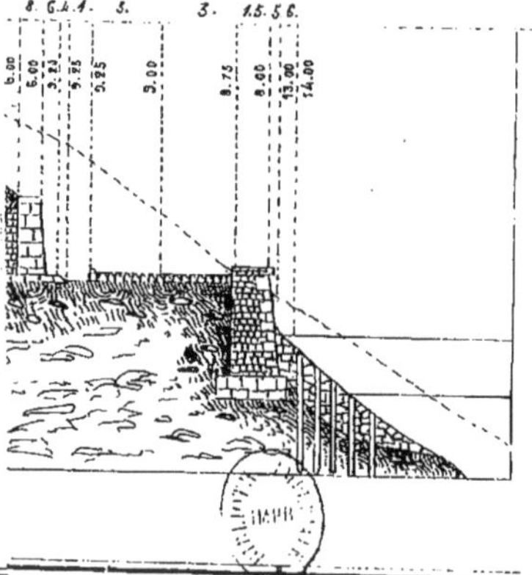

Lith. Donnadieu, Montp.r

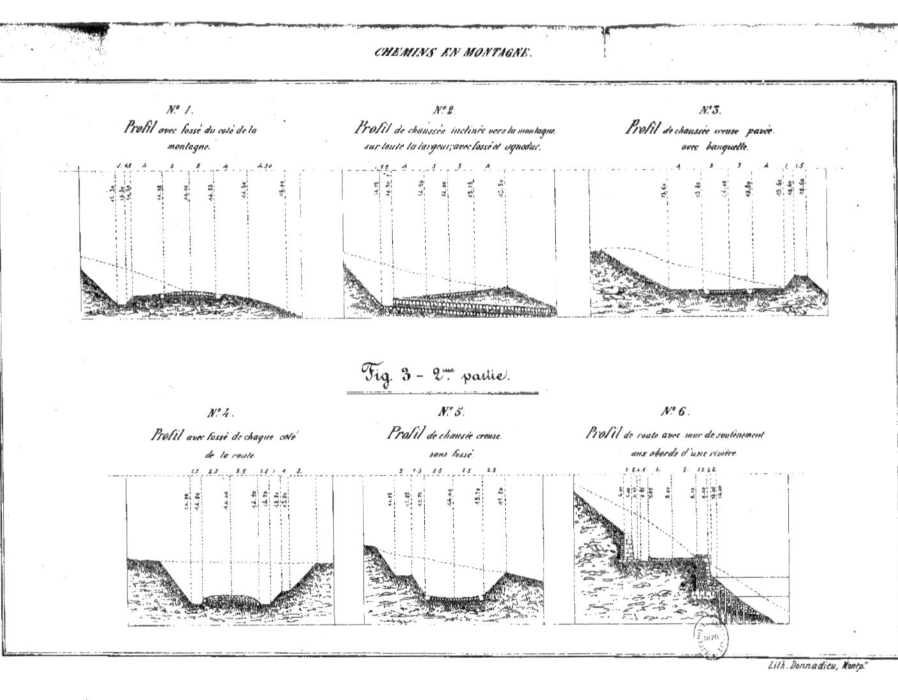
CHEMINS EN MONTAGNE.
N° 1.
Profil avec fossé du coté de la montagne.
N° 2.
Profil de chaussée inclinée vers la montagne sur toute la largeur; avec fossé et aqueduc.
N° 3.
Profil de chaussée creuse pavée avec banquette.
Fig. 3 - 2me partie.
N° 4.
Profil avec fossé de chaque coté de la route.
N° 5.
Profil de chaussée creuse sans fossé.
N° 6.
Profil de route avec mur de soutènement aux abords d'une rivière.
Lith. Donnadieu, Montp.

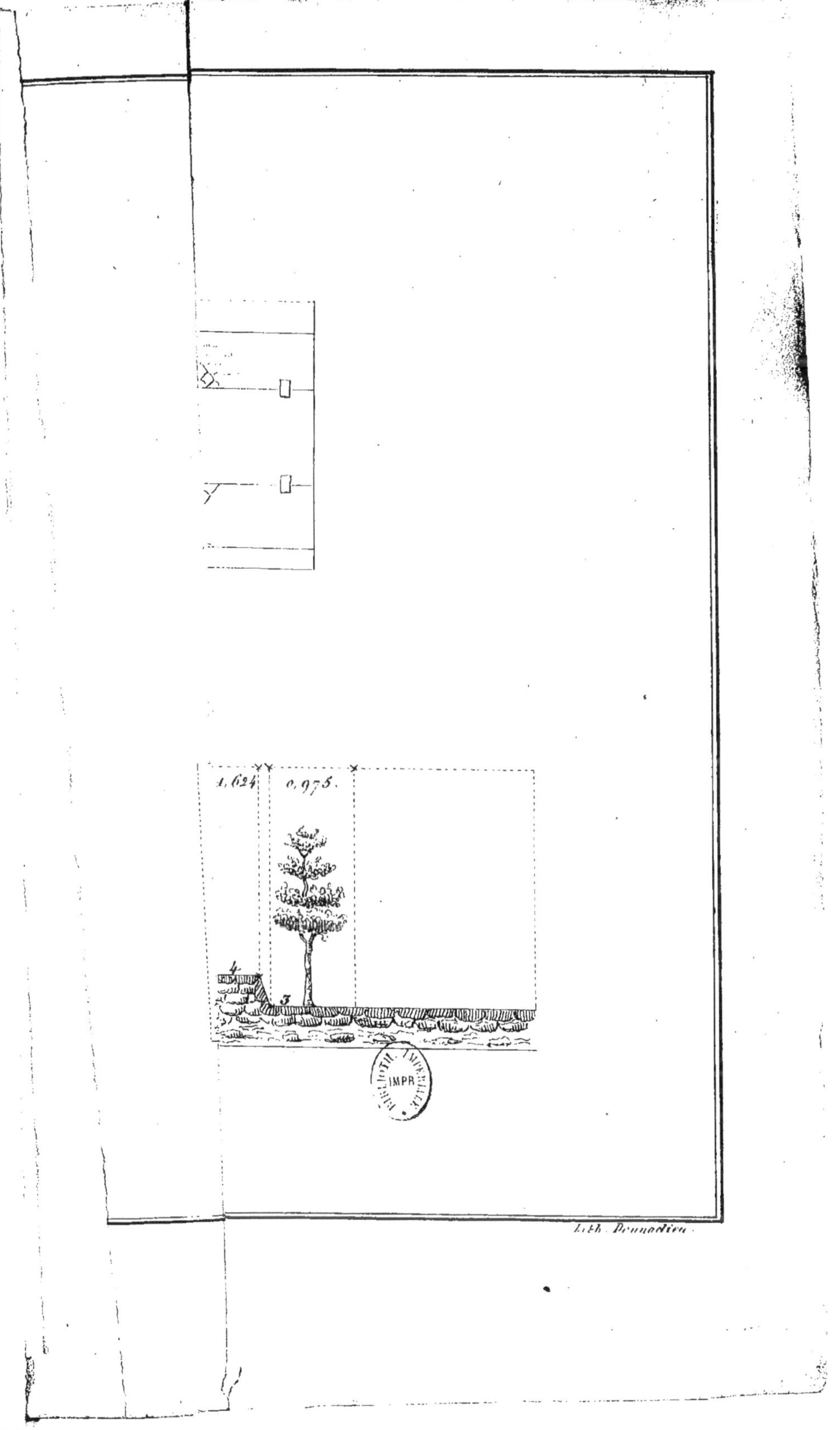
1,624
0,975
4
3
Lith. Doumadieu

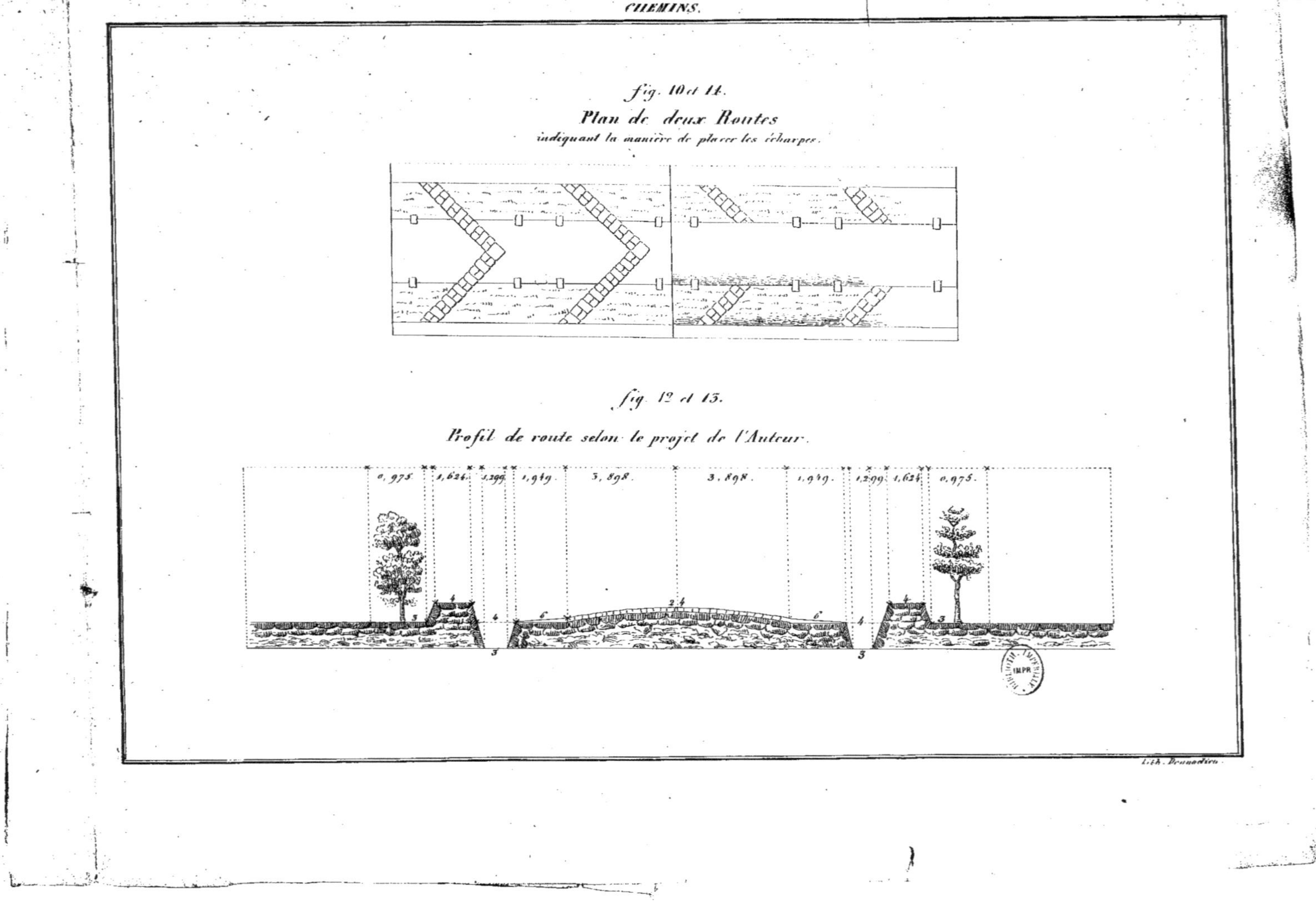
Fig. 10 et 11.
Plan de deux Routes
indiquant la manière de placer les écharpes.
Fig. 12 et 13.
Profil de route selon le projet de l'Auteur.
0,975.
1,624.
1,299.
1,949.
3,898.
3,898.
1,949.
1,299.
1,624.
0,975.
24
6
6
4
4
4
4
3
3
3
3
Lith. Brunadien.

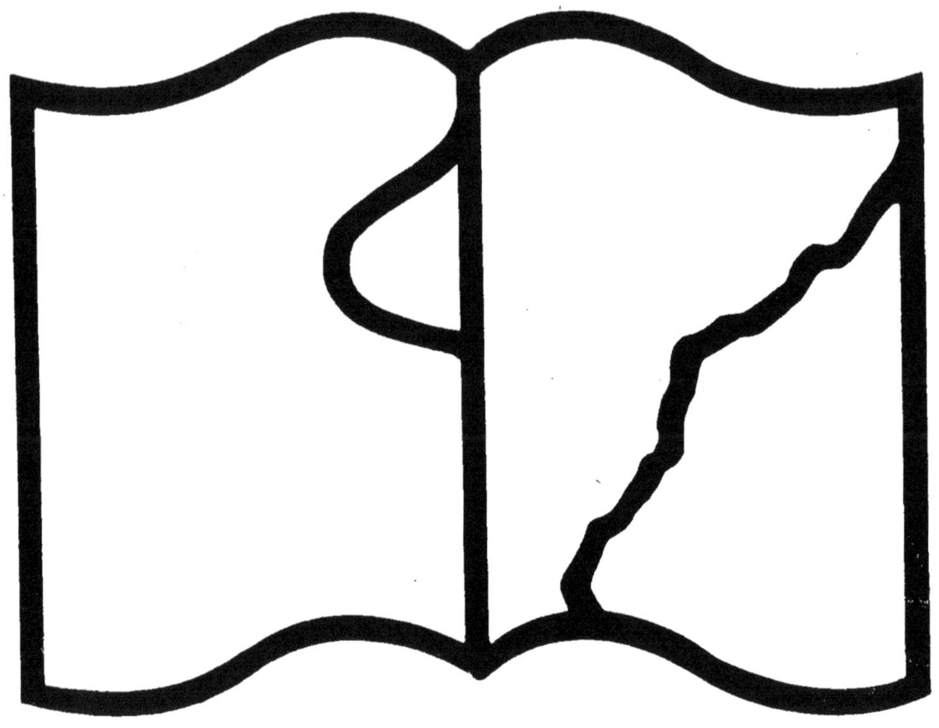

Texte détérioré — reliure défectueuse

NF Z 43-120-11

Contraste insuffisant

NF Z 43-120-14

www.ingramcontent.com/pod-product-compliance
Ingram Content Group UK Ltd.
Pitfield, Milton Keynes, MK11 3LW, UK
UKHW021842190726
13855UKWH00001B/109

9 782012 933156